Taxonomía integrativa
de las babosas del género
Arion (Gastropoda: Arionidae)
de la Península Ibérica

José Castillejo
Andrés Baselga
M. Olalla Lorenzo-Carballa
Javier Iglesias
Carola Gómez-Rodríguez

Taxonomía integrativa de las babosas del género *Arion* (Gastropoda: Arionidae) de la Península Ibérica

2024
Universidade de Santiago de Compostela

Taxonomía integrativa de las babosas del género *Arion* (Gastropoda : Arionidae) de la Península Ibérica / José Castillejo, Andrés Baselga, M. Olalla Lorenzo-Carballa, Javier Iglesias, Carola Gómez-Rodríguez.-Santiago de Compostela : Universidade de Santiago de Compostela, Edicións USC, 2024
389 p. ; 17x24 cm
D.L. C1683-2024.- ISBN : 978-84-10142-40-4
1. Babosas-Ibérica, Península.I. Castillejo Murillo, José,1949-, aut.II. Universidade de Santiago de Compostela. Edicións USC, ed.
594.3

Deseño e maquetación
Alberto R. Rodríguez Pérez
Fundación USC

Edita
Edicións USC
Campus Vida
15780 Santiago de Compostela
www.usc.gal/publicacions

Imprime
Fundación USC
Campus Vida

Depósito legal C 1683-2024
ISBN 978-84-10142-40-4

Índice

Resumen

En esta monografía se lleva a cabo un estudio morfológico, anatómico, molecular y sistemático de los ariónidos de la Península Ibérica. El estudio anatómico y morfológico se hizo incluyendo topotipos (es decir, ejemplares recogidos en las localidades tipo de las especies) de todas las especies de babosas del género *Arion* que han sido descritas en la Península Ibérica desde que existen registros documentados. En todas las localidades tipo se intentó recoger ejemplares en diferentes fases de desarrollo y en distintas épocas del año. Los muestreos se realizaron desde el año 1980 hasta el año 2018, muestreando con mayor intensidad aquellas localidades en las que potencialmente coexisten varias especies de *Arion* o en las que fueron recogidos los ejemplares tipo de las distintas especies. A lo largo de 40 años se han recogido más de 5000 especímenes, los cuales fueron fotografiados, anestesiados y conservados *in situ*. Su determinación específica se basó en la morfología externa de juveniles y adultos y en la anatomía del sistema genital y estructuras anexas. Además, a partir del año 2015 se recogieron ejemplares con el objetivo de estudiar las relaciones evolutivas entre las distintas especies. Un total de 456 especímenes fueron seleccionados para este análisis filogenético, los cuales fueron conservados en etanol al 96% y a -20ºC hasta su procesamiento. Se realizó la extracción de ADN y la amplificación del fragmento *barcode* (extremo 5´del gen mitocondrial *cox1*) para todos los especímenes, así como el marcador mitocondrial *16s* para un número reducido de dichos ejemplares. Asimismo, se obtuvieron secuencias de GenBank para algunas especies no representadas en estos datos. Las relaciones filogenéticas entre especies fueron reconstruidas en base a árboles bayesianos. En la Península Ibérica se han descrito o citado más de 25 especies del género *Arion*. Tras este estudio morfológico, anatómico y molecular, se reconocen un total de 14 especies válidas presentes en la Península Ibérica, por lo que se procede a la sinonimización de algunas de las especies previamente descritas, pero también a la descripción de dos especies nuevas para la ciencia, *Arion amygdaliformis* sp. nov. y *Arion torquiformis* sp. nov. Como resultado de esta revisión, las especies válidas presentes en la Península Ibérica, y que se han estudiado en esta monografía, son: *Arion amygdaliformis, Arion ater, Arion flagellus, Arion gilvus, Arion* cfr. *hortensis, Arion hispanicus, Arion intermedius, Arion iratii, Arion fuligineus, Arion molinae, Arion ponsi, Arion rufus, Arion torquiformis* y *Arion vulgaris.* Cabe destacar que *Arion* cfr. *hortensis* se considera un complejo de especies que, seguramente, también incluya las especies *Arion owenii* y *Arion distinctus,* las cuales no pudieron ser estudiadas pero que aparecen como especies diferenciadas en los estudios filogenéticos realizados en este trabajo. Además, también se realiza el estudio de *Arion subfuscus* a partir de ejemplares recolectados en Francia. Esta especie había sido citada previamente en la Península Ibérica, sin embargo el presente estudio sugiere que no se encuentra en este territorio.

Palabras clave: Arionidae, *Arion*, moluscos terrestres, Península Ibérica, España, Portugal, biodiversidad, biogeografía, distribución, filogenia, sistemática.

ABSTRACT

In this study we examine the morphology, anatomy, molecular variation and systematics of the arionid species in the Iberian Peninsula. The anatomical and morphological study included topotypes (i.e., specimens collected at the type localities of the species) of all slug species of the genus *Arion* described in the Iberian Peninsula. We collected specimens at various developmental stages and at different times of the year in each type locality. Sampling was conducted from 1980 to 2018, with increased effort in localities where multiple *Arion* species potentially coexist or where type specimens were originally collected. Over 40 years, more than 5000 specimens were collected, photographed, anesthetized and preserved *in situ*. Species-level identification was based on the external morphology of juveniles and adults, as well as the anatomy of the genital system and adjacent structures. From 2015 onwards, some specimens were collected specifically for studying the evolutionary relationships among species. A total of 456 specimens were selected for phylogenetic analysis, which were preserved in 96% ethanol at -20ºC until processing. DNA extraction and amplification of the *barcode* fragment (5' end of the mitochondrial *cox1* gene) were performed for all specimens, whereas the mitochondrial *16s* gene was amplified for a subset of these specimens. Additionally, GenBank sequences were obtained for some species not represented in our data. Phylogenetic relationships between species were reconstructed based on Bayesian trees. Over 25 species of the genus *Arion* have been described or cited in the Iberian Peninsula. Following this morphological, anatomical and molecular study, 14 valid species are recognized in the Iberian Peninsula, with some previous species being synonymized and two new species described: *Arion amygdaliformis* sp. nov. and *Arion torquiformis* sp. nov. As a result of this revision, the valid species present in the Iberian Peninsula are: *Arion amygdaliformis, Arion ater, Arion flagellus, Arion gilvus, Arion* cfr. *hortensis, Arion hispanicus, Arion intermedius, Arion iratii, Arion fuligineus, Arion molinae, Arion ponsi, Arion rufus, Arion torquiformis* and *Arion vulgaris*. Notably, *Arion* cfr. *hortensis* is considered a species complex likely including

Arion owenii and *Arion distinctus*, which were not directly studied but are identified as distinct species based on the phylogenetic analyses. Additionally, *Arion subfuscus* was also studied based on specimens collected in France. Although this species had been previously reported for the Iberian Peninsula, this study suggests that it is not present in this territory.

Keywords: Arionidae, *Arion*, terrestrial mollusks, Iberian Peninsula, Spain, Portugal, biodiversity, biogeography, distribution, phylogeny, systematics.

Introducción

Las babosas terrestres de la Península Ibérica

Al igual que la mayoría de los moluscos, las babosas terrestres son animales protóstomos no segmentados, hermafroditas, con simetría bilateral, celoma reducido y sistema circulatorio abierto. Su cuerpo se divide en cabeza, masa visceral y pie musculoso ventral. Dorsalmente está parcialmente cubierto por un epitelio especializado, denominado manto, el cual delimita la cavidad del manto o cavidad paleal, situada bajo este epitelio y sobre la masa visceral, donde se encuentra el pulmón y desembocan el tubo digestivo y el aparato excretor. El manto es responsable de la secreción de la concha en aquellas especies que la poseen. El aparato digestivo se caracteriza por la presencia de una estructura bucal, la rádula, con función raspadora y semejante a una cinta dentada.

Los moluscos son, después de los artrópodos, el filo animal con mayor diversidad (GIRIBET y EDGECOMBE, 2020). No obstante, la determinación del número de especies y, en general, la clasificación de los moluscos a nivel de género y especie es problemática, existiendo numerosas sinonimias para muchas especies (BRUSCA, MOORE y SHUSTER, 2016). Además, las relaciones evolutivas entre los principales clados han sido foco de intenso debate, lo que ha derivado en la reelaboración de la sistemática del grupo en numerosas ocasiones. Cabe destacar que los tres grupos históricamente reconocidos dentro de los Heterobranchia (Prosobranchia, Opisthobranchia y Pulmonata) no se reconocen en la clasificación actualmente aceptada del grupo, basada en caracteres anatómicos y moleculares. Sin embargo, estas clasificaciones se encuentran en estado de constante revisión, por lo que la sistemática actual de los heterobranquios, y de los moluscos en general, puede considerarse que no está totalmente resuelta (PONDER, LINDBERG y PONDER, 2020).

Las babosas terrestres son moluscos gasterópodos que se incluyen dentro de la subclase Heterobranchia. Dentro de los heterobranquios, la mayoría de las babosas terrestres pertenecen al orden Stylommatophora de los Panpulmonata, dentro de la infraclase Euthyneura (Figura 1). Los Stylommatophora son un grupo muy diverso, formado principalmente por los caracoles y las babosas terrestres. El carácter más llamativo de las babosas terrestres es la ausencia de concha (externa) o, en aquellas especies que la poseen, su tamaño es muy reducido, como sucede en las especies del género *Testacella*. La ausencia de concha incrementa el riesgo de muerte por desecación, por lo que la distribución de las babosas terrestres está muy ligada a la presencia de humedad. Asimismo, también incrementa la vulnerabilidad a la depredación. En cambio, otorga la ventaja de poder acceder a refugios pequeños que serían inaccesibles en caso de poseer una concha rígida. Cabe destacar que, en términos generales, las babosas terrestres son un grupo polifilético, ya que la adopción de este diseño corporal, asociado a la pérdida o reducción de la concha, ha ocurrido de forma independiente en varios linajes, dando lugar a un claro ejemplo de convergencia evolutiva (PONDER, LINDBERG y PONDER, 2020). Sin embargo, a pesar de este origen diverso, todas las babosas terrestres presentan una morfología externa muy semejante y ocupan nichos ecológicos equivalentes en sus respectivas comunidades.

Otro carácter destacable de las babosas terrestres, extensible a todo el clado Panpulmonata, es la presencia de un pulmón derivado de la cavidad del manto. Este pulmón posee una apertura contráctil, denominada pneumostoma, que permite el paso del aire al pulmón del individuo, el cual está altamente vascularizado para facilitar el intercambio gaseoso. Esta modificación de la cavidad del manto ha sido clave en la adaptación de estos moluscos a los ambientes terrestres.

La fuerte dependencia que las babosas terrestres tienen de la humedad ambiental condiciona su distribución y comportamiento. De igual forma, su actividad también se ve reducida en las noches claras y con luna llena. Se ha observado que, durante la noche, los individuos juveniles son los primeros que salen de sus refugios y están activos, mientras que los adultos salen más tarde, cuando la humedad ambiental es mayor. Cabe destacar que la actividad nocturna no es continua: las babosas terrestres suelen salir de sus refugios y esconderse varias veces a lo largo de la noche.

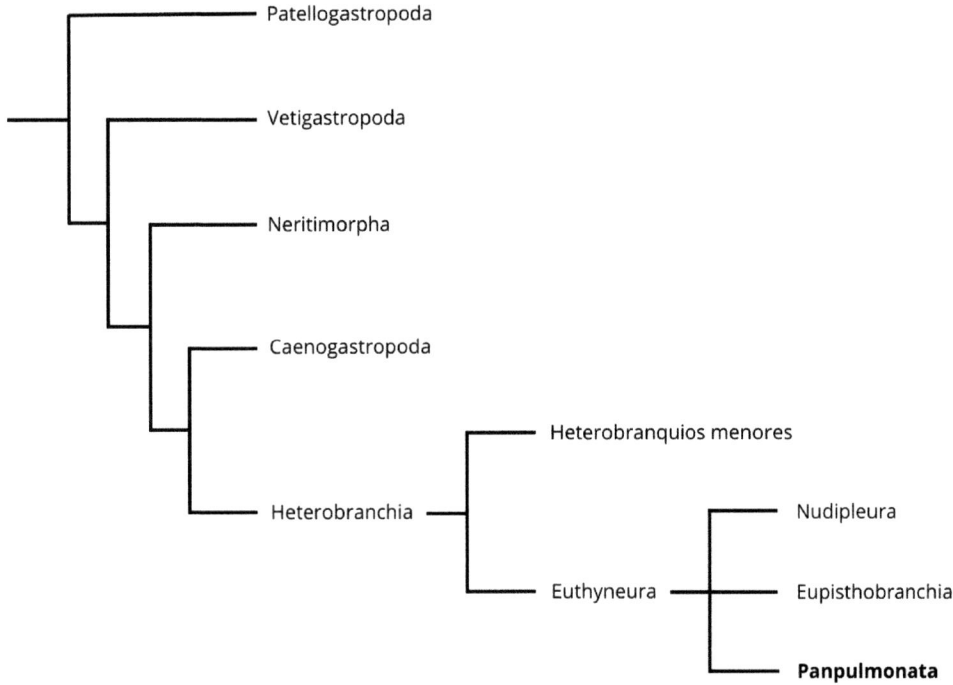

Figura 1. Clasificación de los gasterópodos según la filogenia para grandes grupos propuesta por PONDER, LINDBERG y PONDER (2020) y la clasificación de la subclase Heterobranchia de BRUSCA, MOORE y SHUSTER (2016). Las babosas terrestres pertenecen a la cohorte Panpulmonata y, dentro de ella, a los Eupulmonata (verdaderos pulmonados).

El orden Stylommatophora está formado por más de 100 familias de moluscos terrestres (BOUCHET et al., 2017). Dentro de este orden, la familia Arionidae Gray, 1984 [= Tetraspididae Hagenmüller, 1885] está formada por un linaje claramente definido, caracterizado, según WIKTOR (1984), por una tendencia general a la fuerte reducción de la concha y de los conductos copuladores masculinos (pene y epifalo), así como la posesión de pies anchos. Los principales géneros de esta familia son *Arion*, *Geomalacus* y *Letournexia*. Cabe destacar que *Geomalacus maculosus* es una especie de Interés Comunitario, apareciendo citada en los Anexos II y IV de la Directiva Hábitat 92/43/CEE.

En la Península Ibérica se han citado un total de 71 especies de babosas pertenecientes a 16 géneros y distribuidas en ocho familias: Agriolimacidae (*Deroceras* y *Furcopenis*), Arionidae (*Arion* y *Geomalacus*), Boettgerillidae (*Boettgerilla*), Limacidae (*Gigantomilax*, *Limax*, *Limacus*, *Lehmannia* y *Malacolimax*), Milacidae (*Milax* y *Tandonia*), Onchidiidae (*Onchidella*), Papillodermatidae (*Papilloderma*), Parmacellidae (*Drusia*) y Testacellidae (*Testacella*). De ellas, 13 se encuentran recogidas en el *Atlas y Libro Rojo de los*

Invertebrados Amenazados de España (Especies Vulnerables) (VERDÚ, NUMA y GALANTE, 2011). La especie *Geomalacus maculosus* está incluida en el *Listado de Especies Silvestres en Régimen de Protección Especial* (LESRPE; Real Decreto 139/2011). Dentro del género *Arion*, las especies *Arion baeticus*, *Arion iratii* y *Arion fuligineus* han sido categorizadas como Vulnerables, si bien no existen medidas de conservación ni protección legal para ninguna de ellas. En la actualidad no hay ninguna especie de babosa terrestre recogida en el *Catálogo Español de Especies Exóticas Invasoras* (Real Decreto 630/2013).

Aspectos clave de la morfología, anatomía y biología de las babosas del género *Arion*

Las babosas terrestres poseen un cuerpo blando y alargado que puede dividirse longitudinalmente en tres partes: la cabeza, el manto o escudo y el tronco o cola (Figura 2). Su principal característica es la ausencia de concha (externa) o, si está presente, es de reducido tamaño. En el caso del género *Arion*, la concha o limacela está representada por un acúmulo interno de granos calcáreos. La cabeza tiene dos pares de tentáculos sensoriales, siendo los superiores retráctiles y funcionando como soporte de los ojos. El manto se localiza en la parte posterior de la cabeza y en el costado derecho se encuentra, de forma generalmente muy visible, el pneumostoma.

El tronco o cola está cubierto por tubérculos, con forma característica en cada grupo de especies, notorios sobre el dorso y más tenues en los costados. La babosa se desliza sobre la suela pedia o pie, que es lisa y musculosa, rica en glándulas que producen moco que le sirve de lubricante para el desplazamiento. En la parte final del tronco, dorsalmente, se localiza una glándula mucosa, a veces muy conspicua, cuya función principal todavía no está clara. La suela pedia tiene un reborde, de color variable dependiendo de la especie, que puede ser negro, rojo, amarillo o gris. El reborde de la suela pedia tiene una serie de lineolas transversales, que en ocasiones son negras. El orificio genital se localiza en la parte anterior de los individuos, próximo a la cabeza. La coloración del género *Arion* es muy variable, pudiendo variar entre el castaño-ocre y el negro.

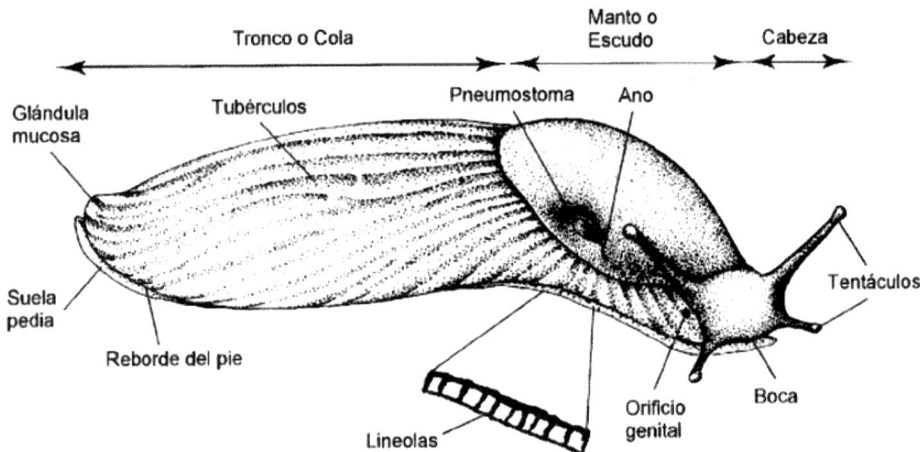

Figura 2. Morfología externa típica de una babosa terrestre del género *Arion*.

La morfología externa de las diferentes especies de babosa puede variar en función de factores extrínsecos (clima, suelo, vegetación, tipo de roca, etc.) o intrínsecos, como puede ser el desarrollo sexual. La morfología de un mismo individuo puede variar notablemente entre la fase juvenil, la fase adulta masculina, la fase adulta femenina y la fase senil. En el caso del género *Arion*, se ha observado que el cuerpo de los especímenes que viven en latitudes más septentrionales o a mayor altitud tiende a ser de color más oscuro, predominando el castaño o negro. Por el contrario, los especímenes de zonas más meridionales y cálidas son de colores más vistosos. El tipo de alimentación también determina el color del cuerpo y del mucus, dando lugar, por ejemplo, a colores más ocres-amarillentos en otoño, cuando las setas son un elemento importante de su alimentación. Por otro lado, la fase de desarrollo también determina la apariencia externa de estos moluscos más allá de las meras diferencias que se podrían observar en el tamaño de los individuos. Por ejemplo, se ha observado que algunos individuos juveniles presentan dos bandas oscuras sobre el dorso y el escudo, que no suelen estar presentes en la fase adulta de la especie. Además, existe una interrelación entre el papel de los factores extrínsecos e intrínsecos, ya que la altitud y la zona geográfica donde viven los especímenes determina el grado de madurez sexual que presentan en distintas épocas del año, por lo que este aspecto debe ser tenido en cuenta a la hora planificar las campañas de muestreo y la identificación de ejemplares. Por ejemplo, en los Pirineos se observan cópulas en el mes de mayo, mientras que en la Cordillera Cantábrica, más próxima al mar, se observan cópulas en invierno. Es importante destacar que para la correcta identificación de las especies, lo más adecuado es examinar la morfología externa y la anatomía interna de los individuos en fase reproductora.

El aspecto más relevante de la anatomía interna de las babosas, desde el punto de vista de la delimitación e identificación de especies, es el sistema genital (Figura 3). En la descripción de la anatomía del sistema genital hay que tener en cuenta el hecho de que las babosas terrestres son animales hermafroditas proterándricos, de forma que el tejido gonadal (ovotestis) produce primero espermatozoides y posteriormente óvulos, en fases distintas de la vida del individuo. En las babosas terrestres la fecundación es cruzada y síncrona: los dos individuos que participan en la cópula, ambos en fase masculina, intercambian sus respectivos espermatóforos, en los cuales está encapsulado el esperma. El espermatóforo es una estructura quitinosa, fina y alargada, que presenta pequeñas expansiones dentadas («dientecillos») en toda su longitud, a modo de carena de barco, que le confieren un aspecto aserrado.

La glándula hermafrodita u ovotestis está formada por una serie de acini, en cuyo interior se forman primero los espermatozoides y después los óvulos. Su tamaño y color dependen de la madurez sexual del individuo, siendo el endotelio que la recubre blanco en los juveniles y negro en los adultos. El conducto hermafrodita conduce primero el esperma y después los óvulos, desde la ovotestis al espermoviducto, el cual está formado por dos conductos (espermiducto y oviducto) que discurren en paralelo y que en conjunto están recubiertos de una pared de aspecto glanduloso con función similar a la próstata. El espermiducto es el conducto que transporta tanto los espermatozoides del propio individuo hacia el exterior, como los del individuo con el que este ha copulado hacia el interior. Por el oviducto salen los huevos, una vez los óvulos han sido fecundados por el esperma del otro individuo en un reservorio denominado talón, el cual aparece en la zona de contacto del conducto hermafrodita y del espermoviducto en el momento de la fecundación (no representado en la Figura 3). Los óvulos fecundados son rodeados de sustancias de reserva para el desarrollo del embrión, producidas por la glándula de la albúmina, que vierte en esa misma zona del genital. En la parte distal del espermoviducto se separan el espermiducto y el oviducto. El espermiducto pasa a denominarse conducto deferente y este, al ensancharse, forma el epifalo. En el epifalo se acumulan los espermatozoides propios, que son empaquetados en un espermatóforo. El epifalo desemboca en una estructura denominada atrio. Puede haber un atrio proximal (cercano a la ovotestis) y un atrio distal, que es el que se abre al exterior por el orificio genital. Por su parte, una vez se han separado el espermiducto y el oviducto, este último se convierte en el oviducto libre, que puede presentar también una parte proximal y una distal. En algunas especies el oviducto libre distal aloja en su interior a la lígula (lígula intra-oviductal), y en estos casos el oviducto libre distal presenta un aspecto abombado, cilíndrico y musculoso, y es evaginable. En otras especies la lígula está alojada dentro del atrio (lígula intra-atrial) y, en ese caso, no existe oviducto libre distal. La lígula de los ariónidos tiene la función de transportar el espermatóforo recibido en la cópula hacia el interior del sistema genital. La lígula agarra y tira del espermatóforo recibido, guiándolo hacia el receptáculo seminal, en movimientos coordinados con la acción de los músculos retractores genitales. Por lo tanto, la lígula de los ariónidos no es un órgano estimulador, como ha sido frecuentemente considerada. En el atrio desembocan el epifalo, el oviducto libre y el canal del receptáculo seminal. Este último, denominado en ocasiones bolsa copulatriz, es el lugar en el que se va a depositar y almacenar el esperma recibido.

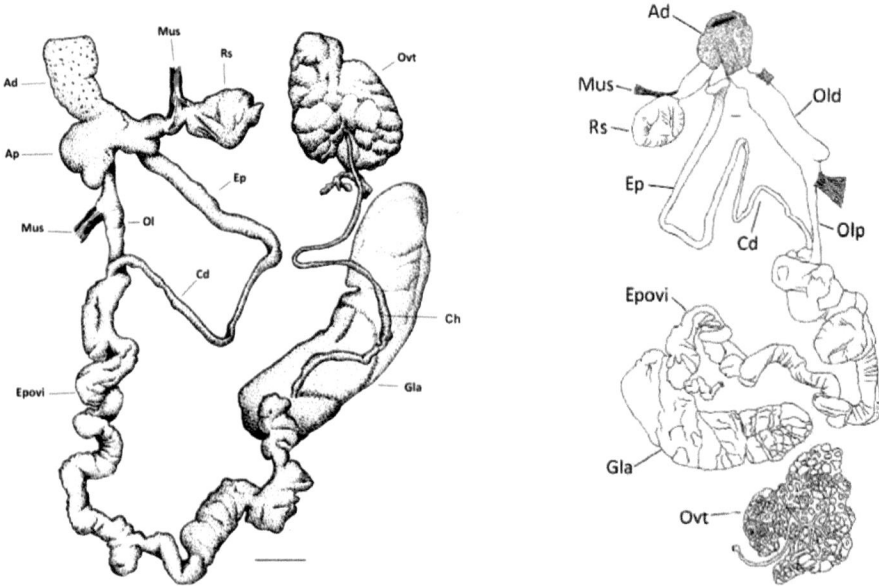

Figura 3. Esquema de las partes fundamentales del sistema genital en las especies de *Arion* (**izquierda:** *Arion ater;* **derecha:** *Arion fuligineus*).
Ad = atrio distal; Ap = atrio proximal; Cd = conducto deferente; Epovi = espermoviducto; Ep = epifalo; Gla = glándula de la albúmina; Mus = músculo retractor genital; Ol = oviducto libre; Old = oviducto libre distal; Olp = oviducto libre proximal; Ovt = ovotestis; Rs = receptáculo seminal

En los ariónidos, las cópulas suelen tener lugar durante la noche en posición de vuelta encontrada (Figura 4) y pueden llegar a durar horas, dependiendo de la longitud del epifalo. Tras la estimulación mutua, cada individuo evagina completamente su lígula y la coloca sobre su pareja, de tal manera que los orificios de los epifalos y de los oviductos libres de ambos individuos quedan enfrentados. La lígula agarra la punta del espermatóforo que asoma por el epifalo del otro individuo y, a medida que se retrae, va tirando del espermatóforo hacia el interior de su sistema genital, colocándolo dentro del atrio o dentro del oviducto. Por lo tanto, el espermatóforo no se desliza pasivamente por los conductos del sistema genital, sino que es envuelto y transportado activamente. El extremo del espermatóforo que primero entra se coloca en el oviducto y el extremo último en entrar se coloca en el canal del receptáculo seminal. El espermatóforo queda en su posición definitiva una vez que ha finalizado el proceso de retracción de la lígula, que coincide con el final de la cópula. Cabe destacar que la cópula no siempre es efectiva en la transferencia del espermatóforo y que también se ha observado la acumulación de varios espermatóforos en un mismo receptáculo seminal, lo que sugiere la existencia de múltiples cópulas en algunos casos.

Figura 4. Cópula de *Arion ater* en Bárcena Mayor, Cantabria.

Finalizada la cópula, los individuos se separan, las paredes del espermatóforo se disuelven y los espermatozoides quedan almacenados en el receptáculo seminal. Asimismo, la ovotestis cambia de signo y comienza a producir óvulos. En ese momento, o previamente, empieza a hiperdesarrollarse la glándula de la albúmina para producir el albumen que rodea a los óvulos. Los óvulos son fecundados con el esperma del otro individuo al salir del conducto hermafrodita, a la altura del talón, y continúan su madurez en el oviducto. El óvulo fecundado y el albumen son recubiertos por una ligera membrana que se va endureciendo a medida que asciende por el oviducto, donde se almacenarán hasta que estén completamente maduros y tenga lugar la oviposición. Cuando los huevos están maduros y formados, el individuo, esta vez en fase femenina, comienza a poner huevos. Una babosa puede llegar a poner cerca de 40 huevos. Finalizada la cópula y puestos los huevos, los individuos entran en fase senil y el sistema genital se relaja, cambiando el tamaño de los elementos que lo conforman. Por ello, las medidas de estos elementos, tanto en anchura como en longitud, varían dependiendo de la fase de desarrollo en la que se encuentre el individuo y, por tanto, de si están desempeñando una función o no en dicha fase. De la misma manera, el valor taxonómico de la lígula depende de la fase de desarrollo que se considere y hay que estudiarla tanto en fase juvenil, masculina, femenina, como senil.

En general, en individuos en fase juvenil el atrio genital distal es tubular y muy largo, y no posee recubrimiento glandular exterior. La ovotestis es muy grande, pero los acini no están muy compactados y el epitelio (endotelio) que los envuelve es de color claro. La glándula de la albúmina es un esbozo: es muy pequeña y con igual sección que el espermoviducto. Por el contrario, el sistema genital de los individuos adultos en fase masculina presenta un atrio genital distal cilíndrico y corto, sobre cuya pared se diferencia una masa de aspecto glanduloso de color ambarino, cuya función está probablemente asociada a facilitar la cópula. En esta fase, el canal deferente y el epifalo alcanzan su mayor desarrollo y longitud, ya que es en este último donde se van a almacenar los espermatozoides y a formarse el espermatóforo. Los acini de la ovotestis están más compactados y el endotelio que los recubre se torna oscuro, negruzco. La glándula de la albúmina se empieza a diferenciar, pero no es muy compacta. En los individuos adultos en fase femenina, la ovotestis tiene los acini de gran tamaño, el endotelio que los envuelve es negro, y empiezan a producir óvulos. El epifalo y el canal deferente vuelven a su estado normal y empieza su acortamiento en longitud y grosor. Por tanto, debido a la gran variación en la relación de las longitudes del epifalo y el canal deferente, las cuales dependen de la fase de desarrollo en la que se encuentren, no se considera un carácter informativo válido para la diferenciación de especies. Solamente son relevantes desde el punto de vista taxonómico cuando la relación entre los tamaños es dos o tres veces mayor/menor.

Consideraciones importantes para el diagnóstico e identificación de las especies del género *Arion*

La identificación específica de los ariónidos de gran tamaño de la Península Ibérica es difícil y problemática cuando se basa en un número reducido de individuos, o cuando estos no han alcanzado la madurez sexual. Los juveniles pueden tener bandas en el dorso y el escudo, que en los adultos pueden llegar a desaparecer. Además, el color del cuerpo generalmente es de tonos más claros en juveniles que en adultos. En muchos casos la suela pedia de los juveniles es blanquecina o gris claro, mientras que en los adultos, dependiendo de la especie, es anaranjada, amarillenta, negra, o con las áreas laterales oscuras y la central clara. Todo ello dificulta la utilización de caracteres externos asociados a la coloración para su identificación. De forma alternativa, se pueden realizar disecciones de los individuos para estudiar el sistema genital. El sistema genital de los juveniles se diferencia bien del de los subadultos o adultos, puesto que está menos desarrollado. Sin embargo, puede ser complicado identificar las especies en base a su sistema genital cuando comparamos un subadulto con un adulto o con un individuo senil, ya que las tres formas tienen el genital completamente desarrollado, pero varían las proporciones relativas de las distintas partes. Además, las dimensiones también se ven alteradas en función de la cópula. En los especímenes que han copulado y tienen el espermatóforo entero en el genital, el epifalo es generalmente de mayor diámetro y de menor longitud que en aquellos especímenes en los que solo aparecen fragmentos de espermatóforo o no han copulado, siendo esta diferencia más notoria en los juveniles y subadultos. Por todo ello, las identificaciones basadas en el sistema genital de un número reducido de especímenes también pueden llevar a conclusiones erróneas.

Una estructura que en principio nos puede dar información sobre la identidad de las especies es el espermatóforo. Para DAVIES (1987) es «*A distinctive form of spermatophore must indicate the reproductive isolation of a good species»*, y a continuación señala: «*If each variable species of* Arion *is characterised by the possession of a distintive, and much less variable, spermatophore, then the organs concerned in the production and exchange of spermatophore must be of considerable taxonomic importance»*. Por tanto, se asume que la longitud y la escultura de los espermatóforos tienen un papel en el aislamiento reproductivo entre especies, ya que espermatóforos largos tardarán más tiempo en intercambiarse que los cortos. Además, las expansiones denticuladas del espermatóforo, las cuales son producidas por la luz interna del epifalo, así como la propia escultura de los espermatóforos pueden ser relevantes a la hora de la transferencia.

La lígula y el comportamiento de los individuos en la cópula también debe tener importancia, y así lo reconoce DAVIES (1987) cuando indica: «*In stabilising the pair, and perhaps in estimulating the mating process, the position and movements of the ligula may be more important than its very changeable shape and size*». La colocación de la lígula durante la cópula puede ser relevante, ya que unas especies al evaginarla la adhieren fuertemente a la del otro individuo, otras la colocan en los costados del compañero, y algunas abrazan con ella la parte final del cuerpo del compañero.

Todo esto pone de manifiesto la gran dificultad que existe a la hora de identificar los ariónidos, ya que los tamaños y proporciones de los distintos órganos pueden variar por los factores intrínsecos arriba mencionados (grado de desarrollo, fase del ciclo en la que se encuentren, etc.), así como por factores extrínsecos (grado de relajación a la hora de morir, conservación, manipulación, etc.). De esta dificultad ya se dio cuenta SIMROTH (1889) cuando decía «*las fronteras de separación entre las especies del género* Arion *son menos claras que entre los Limácidos, y es por lo que tan fácilmente se crean nuevas especies*», y añade a continuación que «*lo que mejor nos autorizaría a hacer un juicio sobre qué debería incluirse bajo el mismo nombre, es el conocimiento del conjunto de la fauna a partir del desarrollo postembrional y la biología*». Para Simroth, la zona donde se tendría que llevar a cabo esta investigación es «*la costa oeste de Europa, el centro de la creación de los Ariónidos*».

Por todo esto, es necesaria una revisión de los tipos, y mejor aún de los topotipos, de todas aquellas especies que en el siglo pasado se describieron basándose en un número reducido de ejemplares, en muchos casos con desarrollo incompleto. La presente monografía se fundamenta en la observación de poblaciones enteras en biotopos distintos y en estaciones climáticas distintas, lo que permite conocer la variabilidad de las especies en el espacio y en el tiempo y así evitar considerar como especies diferentes lo que en realidad son variaciones intraespecíficas de un mismo taxón. La identificación basada en caracteres anatómicos, principalmente relacionados con la estructura del sistema genital, se complementa con información molecular, basada principalmente en el fragmento *barcode* (gen *cox1*-5') del ADN mitocondrial. Esta combinación de información es crucial porque permite contrastar las hipótesis sobre los límites específicos basadas en los caracteres anatómicos con la información independiente derivada de la estructura genética, que refleja el grado de aislamiento de diferentes poblaciones. De este modo, se sigue un procedimiento basado en la taxonomía integrativa (DAYRAT, 2005) para determinar qué especies de *Arion* están presentes en la Península Ibérica, así como las relaciones filogenéticas entre ellas.

Estudios previos sobre la taxonomía y la distribución de las babosas en la Península Ibérica

Los primeros datos globales sobre la distribución de las babosas en la Península Ibérica y Baleares se remontan a las publicaciones de GRAELLS (1846), HIDALGO (1875; 1916) y FAGOT (entre 1884 y 1907).

Dentro del ámbito ibérico, es en Portugal donde ha existido mayor tradición en el estudio de las babosas. En el siglo XIX, las babosas de Portugal fueron estudiadas por MORELET (1845), MABILLE (1868), POLLONERA (entre 1887 y 1890), SIMROTH (entre 1886 y 1893) y COLLINGE (1897), entre otros. Estos malacólogos basaban las descripciones de las especies en la observación de un número reducido de especímenes (en algunos casos en uno solo), mal conservados, y sin localidad precisa, como es el caso de *Arion dasilvae* Pollonera, 1887. Según CASTILLEJO y RODRÍGUEZ (1993a) muy posiblemente en más de una ocasión Morelet, Mabille, Simroth y Pollonera han confundido, mezclado o asignado a una misma especie caracteres anatómicos de taxones distintos, o viceversa, (ej.: *Arion lusitanicus* Simroth, 1891, *Deroceras lombricoides* Simroth, 1891 [non Morelet, 1845], etc.). Esto habría ocurrido porque habrían descrito los caracteres externos con ejemplares de una localidad, mientras que la descripción de la anatomía la habrían hecho con ejemplares de localidades distintas.

Otra fuente de confusión en la taxonomía de las especies ibéricas viene dada por la re-descripción de especies a partir de ejemplares recogidos en su localidad tipo pero que en realidad corresponderían a otra especie que también habitaba en esa localidad, existiendo así discrepancias entre las descripciones externas y falta de concordancia con la anatomía interna (ej.: *Arion timidus* Simroth, 1891 y *Arion pascalianus* Simroth, 1891 [non Morelet, 1845]).

Son curiosas las discrepancias y disputas científicas entre Pollonera y Simroth respecto a la fauna portuguesa de babosas. Así, muchas de las especies descritas por Pollonera en Portugal no eran aceptadas por Simroth, mientras que Pollonera, en cambio, sí aceptaba de buen grado la mayor parte de las especies instauradas por Simroth (a excepción de *Arion minimus* Simroth,1885 que Pollonera consideraba idéntico a *Arion intermedius*), e incluso daba por buenas especies nominales instauradas y posteriormente sinonimizadas por Simroth (ej.: *Arion hispanicus* Simroth, 1886, es considerado posteriormente por Simroth sinónimo de *Arion lusitanicus*; Pollonera, sin embargo, lo considera una buena especie).

Para poner fin a estas disputas tuvo que intervenir COLLINGE (1897), que estudió babosas provenientes de Portugal de las especies *Arion ater, Arion rufus, Arion empiricorum, Arion lusitanicus, Arion nobrei* y *Arion dasilvae*. Collinge acabó aceptando algunas de las especies nominales de Pollonera, pero sin sinonimizar todas las que proponía Simroth. Las conclusiones a las que llegó Collinge son que *Arion sulcatus* Morelet, 1845 es idéntico a *Arion empiricorum* Férussac, 1819; que *Arion dasilvae* Pollonera, 1887 es una buena especie; y que *Arion nobrei* Pollonera, 1889 es sinónimo de *Arion lusitanicus*.

REGTEREN ALTENA (1956), al estudiar la presencia de *Arion lusitanicus* en Francia, hace una sinopsis de los ariónidos portugueses (*Arion sulcatus*, *Arion hispanicus*, *Arion dasilvae*, *Arion nobrei*) e indica que «*no se ha establecido hasta ahora que sean diferentes a* Arion lusitanicus»; señala además que en su opinión «*es muy probable que en Portugal solo existan dos especies:* Arion lusitanicus *(syn.* Arion sulcatus *Poll. (non Morelet),* Arion nobrei *Poll.), y la otra, más pequeña,* Arion hispanicus *(syn.* Arion dasilvae *Poll.)*».

En los años 80 y 90 del siglo XX, el grupo de malacología de la Universidade de Santiago de Compostela (USC) realizó numerosos avances en el estudio de las babosas de la Península Ibérica. Una de las tareas prioritarias fue la reevaluación de las especies de Torres Mínguez (1923, 1924, 1925 y 1927). Dado que los tipos de estas especies depositados en el Museo de Zoología de Barcelona no pudieron ser localizados o estaban mal conservados, el grupo de la USC estudió los topotipos de dichas especies. Esto permitió a CASTILLEJO y RODRÍGUEZ (1991) realizar un inventario crítico de las babosas citadas en la Península Ibérica y Baleares, en el que incluyen mapas de distribución. GARRIDO, CASTILLEJO e IGLESIAS (1994) describen una serie de nuevas especies de ariónidos en la Península Ibérica. En los Pirineos describen *Arion lizarrustii, Arion molinae* y *Arion iratii*, y en Sierra Morena describen *Arion baeticus*. CASTILLEJO (1997) publica una monografía sobre babosas ibero-baleares, en la que aporta datos anatómicos, etológicos y de distribución. Finalmente, CASTILLEJO, RODRÍGUEZ–CASTRO e IGLESIAS–PIÑEIRO (2019) llevan a cabo una revisión de todos los ariónidos descritos por Alejandro Torres Mínguez en Cataluña, y en base a criterios bibliográficos, anatómicos y moleculares llegan a la conclusión de que *Arion ruginosus, Arion colominiato, Arion nigrachlamydae, Arion nuriae* y *Arion lineispede* son sinonimias de *Arion magnus* Torres Mínguez, 1923.

Los principales obstáculos que se interponen en el estudio de los ariónidos ibéricos son: (i) la amplia variación intraespecífica y (ii) la confusión nomenclatural, que muy probablemente deriva de la amplia variación intraespecífica observada dentro del género *Arion*. En relación con esto último, es necesario llevar a cabo revisiones de obras antiguas para comprobar la validez taxonómica de especies nominales ibéricas que pronto cayeron en desuso y que pueden afectar a la nomenclatura actual. En cuanto a la variación intraespecífica, debe tenerse en cuenta que muchas especies de pulmonados desnudos ibéricos, especialmente las encuadradas en la familia Arionidae, son difíciles de diferenciar apoyándose solo en la morfología, pues se da en ellas una considerable variación de los caracteres morfológicos, incluso en los órganos genitales, que hace dudar de los límites específicos y lleva a la instauración de taxones que no representan verdaderas especies. Es por ello por lo que la identificación de los ariónidos basada en ejemplares recolectados de manera esporádica, en lugares indeterminados y en distintas épocas del año, puede ser engañosa.

Por todo esto, es importante sustentar la identificación de las especies en estudios anatómicos que proporcionen información acerca de la variabilidad intra e inter-específica en el espacio y en el tiempo, teniendo en cuenta la variabilidad de las especies entre áreas distintas, con biotopos distintos y en épocas distintas; así como el estado de madurez sexual de los especímenes. Idealmente, el estudio morfológico debe complementarse con datos acerca de la bionomía y etología de las especies y, en los últimos tiempos, se ha mostrado fundamental el uso de técnicas moleculares para contrastar las hipótesis sobre los límites de las especies basadas en caracteres anatómicos con la información independiente aportada por el ADN, que informa acerca del grado de aislamiento de las diferentes poblaciones.

Dentro de la familia Arionidae, las secuencias de ADN han demostrado ser útiles para la identificación y delimitación de especies dentro del género *Arion*. Por ejemplo, ROWSON et al. (2014) emplearon secuencias del gen mitocondrial *16s* para identificar las especies de este género de Gran Bretaña e Irlanda; y otros estudios han demostrado la utilidad de las secuencias de ADN para dilucidar el origen geográfico de especies de ariónidos invasores (ej. BARR et al., 2009; Mc DONNELL et al., 2011). Cabe destacar que, al analizar el ADN mitocondrial de los ariónidos, las distancias genéticas entre individuos de una misma especie pueden ser muy elevadas e incluso superiores a las distancias genéticas observadas entre otras especies (DAVISON et al., 2009), por lo que el uso de secuencias de ADN para la identificación y delimitación de las especies en este género debe ser complementado con estudios anatómicos y el análisis filogenético de las secuencias obtenidas (DAVISON et al., 2009). Por otra parte, es común encontrar discordancias entre las filogenias de ariónidos basadas en marcadores nucleares y mitocondriales: por ejemplo, GEENEN et al. (2006), en su estudio de relaciones entre las especies del subgénero *Carinarion* (*Arion fasciatus*, *Arion sylvaticus* y *Arion circumscriptus*), hallaron una elevada divergencia genética en el ADN mitocondrial de estas especies, a pesar de no encontrar importantes diferencias en el ADN nuclear.

La mayoría de los estudios filogenéticos del género *Arion* se han enfocado en dos grupos: los denominados «grandes» *Arion* europeos (*Arion vulgaris*, *Arion ater* y *Arion rufus*), y las especies europeas dentro del complejo de *Arion subfuscus*. En el caso del complejo de *Arion subfuscus*, el uso de marcadores moleculares ha permitido dilucidar el estatus específico de *Arion fuscus* y *Arion subfuscus* (PINCEEL et al., 2004), así como identificar linajes genéticos divergentes dentro de ambas especies (PINCEEL et al., 2005a; 2005b) o redescubrir especies crípticas (*Arion transsylvanus*; JORDAENS et al., 2009). Respecto a los grandes *Arion*, la información basada en el ADN ha permitido clarificar el estatus de las especies *Arion ater* y *Arion rufus* (PELÁEZ et al., 2018), identificar linajes genéticos dentro de *Arion ater* s.l. (REISE et al., 2020), o clarificar el estatus taxonómico de los ejemplares identificados como *Arion lusitanicus* presentes en Europa, demostrando que estos ejemplares se correspondían con la especie *Arion vulgaris* (QUINTEIRO et al., 2005).

Pese al gran interés de la Península Ibérica para la sistemática del género *Arion* – debido a la gran cantidad de endemismos existentes – el número de estudios publicados que se centran en esta región es escaso. BACKELJAU et al. (1994) fueron los primeros en proponer la sinonimización de las especies *Arion urbiae* y *Arion anguloi* en base a datos de variación de alozimas, que complementaron con el estudio de la anatomía genital de ambas especies. Posteriormente, y ya en base a información procedente de secuencias de ADN, QUINTEIRO et al. (2005) encontraron que las especies endémicas de la Península Ibérica se agrupan en tres clados principales: un clado al que denominaron «Atlántico» formado por las especies *Arion lusitanicus*, *Arion nobrei*, *Arion fuligineus* y *Arion flagellus*; un clado «Continental-Mediterráneo» formado por las especies *Arion baeticus*, *Arion gilvus*, *Arion anguloi*, *Arion wiktori* y *Arion paularensis*; y un tercer clado compuesto por las especies de distribución pirenaica: *Arion molinae*, *Arion lizarrustii*, *Arion anthracius* y *Arion iratii*. El tercer estudio centrado en especies de *Arion* endémicas de la Península es el de BREUGELMANS et al. (2013), quienes usando secuencias de ADN mitocondrial y nuclear demostraron que los especímenes asignados en base a caracteres morfológicos a las especies *Arion ponsi* y *Arion gilvus* constituyen también especies diferentes desde un punto de vista filogenético.

En los últimos años, el enfoque de la mayor parte de los estudios sobre ariónidos se ha centrado en las especies con potencial invasor, en detrimento de los estudios de sistemática molecular. De esta forma, varios trabajos han tratado de dilucidar el origen de las poblaciones europeas de la especie invasora *Arion vulgaris* (PFENNINGER et al., 2014; ZEMANOVA et al., 2016; ZAJĄC et al., 2020), o los impactos que esta especie tiene sobre especies nativas como *Arion ater* y *Arion rufus* mediados por la introgresión genética (HATTELAND et al., 2015; ZEMANOVA et al., 2017; REISE et al., 2020). Recientemente se ha obtenido el genoma completo de la especie *Arion vulgaris*, lo cual ha permitido ampliar el conocimiento acerca de las bases genéticas del éxito invasor (CHEN et al., 2022); y también se han publicado los genomas mitocondriales completos de las especies *Arion vulgaris* (DOĞAN et al., 2020), *Arion rufus* (ROMERO et al., 2016) y *Arion ater* (WU et al., 2021). Cabe destacar que los genomas completos, tanto nucleares como mitocondriales, constituyen herramientas de gran utilidad potencial para los estudios filogenéticos, pudiendo ayudar a resolver ciertas relaciones filogenéticas poco claras, y contribuir al avance de la sistemática de este grupo.

Objetivo de esta monografía

El objetivo de esta monografía es abordar la compleja taxonomía de las especies ibero-baleares del género *Arion* mediante una aproximación integrativa. Para ello se ha llevado a cabo una completa revisión bibliográfica, se han estudiado colecciones particulares y los fondos de material tipo depositados en diversos museos europeos y en aquellos casos en los que fue imposible estudiar los holotipos o paratipos, se optó por recoger y estudiar los topotipos. De esta forma, se recogieron especímenes en todas las localidades tipo donde habían sido descritas o citadas especies nuevas o dudosas. Por último, se ha llevado a cabo la amplificación del fragmento *barcode* mitocondrial (gen *cox1-5'*) para un elevado número de ejemplares recogidos a lo largo de la Península Ibérica, incluyendo virtualmente todos los topotipos, así como otro marcador mitocondrial (*16s*) para un número más reducido de ejemplares. Como ya hemos mencionado, esta aproximación de taxonomía integrativa nos permite delimitar las especies de *Arion* de una manera mucho más robusta, puesto que utiliza dos tipos de información independientes. Los caracteres anatómicos del sistema genital aportan indicios acerca del aislamiento reproductor, mientras que los caracteres moleculares aportan indicios acerca de la limitación de flujo genético entre poblaciones, de tal manera que las hipótesis sobre los límites entre especies basadas en los caracteres morfológicos pueden contrastarse con la estructura genética aportada por los análisis moleculares.

MATERIAL Y MÉTODOS

Material estudiado

El material que se ha examinado en esta monografía fue recolectado por los autores en el periodo comprendido entre los años 1989 y 2021. Además, algunos ejemplares fueron proporcionados por investigadores colaboradores de otras instituciones. El material está depositado en el Departamento de Zoología, Genética y Antropología Física de la Facultad de Biología de la Universidade de Santiago de Compostela (A Coruña, España). La zona de muestreo fue toda la Península Ibérica (España, Portugal, y Andorra) e Islas Baleares. También se muestreó el sur de Francia, y se dispuso de material de Lituania, Noruega, Dinamarca y Polonia. Se visitaron todas las localidades tipo de la Península Ibérica en las que se habían descrito previamente especies del género *Arion,* así como otras localidades en las que existían citas previas y que se consideraron interesantes para complementar la información sobre la distribución de las especies. Las localidades tipo fueron visitadas en varias ocasiones, intentando capturar ejemplares a lo largo de distintas épocas del año y en distintas fases de desarrollo. Para llevar a cabo el muestreo se priorizaron zonas poco antropizadas y alejadas de casas y zonas de cultivo.

Los animales vivos fueron fotografiados *in situ*, en los lugares donde se encontraron, tanto por el día como por la noche. Se usaron tecnologías fotográficas analógicas y digitales adecuadas para dejar constancia de los biotopos donde se capturaron los especímenes y su aspecto natural en el momento de la captura. Durante los muestreos se observaron ocasionalmente cópulas, las cuales fueron fotografiadas o filmadas para ser estudiadas posteriormente.

Las babosas fueron capturadas, anestesiadas y conservadas en etanol al 70% o al 96%, en función de si iban a ser objeto de estudio anatómico o molecular. Se capturaron más de 5000 especímenes del género *Arion*, que fueron anatomizados para estudiar su sistema genital. Los ejemplares destinados a estudio molecular (n = 456) fueron sumergidos en agua de forma previa a ser conservados en etanol al 96% y congelados a -20ºC hasta su procesamiento.

En los procesos de disección y estudio anatómico se siguieron las pautas establecidas para este grupo biológico (CASTILLEJO, 1981; RODRIGUEZ, 1990). Se prestó especial atención a la variabilidad del sistema genital, la lígula y el epifalo, fotografiando cada uno de los pasos dados en el proceso de extracción de estas estructuras. Las fotografías de las disecciones se realizaron en laboratorio utilizando diversos equipos de fotografía de la gama profesional de la casa NIKON. Las fotografías de la anatomía del sistema genital fueron editadas con programas de edición fotográfica (ej. ADOBE PHOTOSHOP 2020), para borrar los alfileres utilizados para la disección, así como otras minucias que se emplearon en las anatomizaciones. Este programa también se empleó para colorear aquellas partes del sistema genital que era interesante resaltar.

Análisis molecular

El análisis de las relaciones filogenéticas entre las especies se realizó principalmente en base a secuencias del marcador mitocondrial *cox1-5'* (fragmento *barcode*). La extracción y purificación del ADN se realizó a partir de una porción del pie de cada individuo (n = 456), la cual fue sumergida en agua durante 30 minutos antes de la extracción de ADN con el kit DNeasy Blood & Tissue Kit (Qiagen). La región *barcode* del gen mitocondrial *cox1-5'* (655 pares de bases del extremo 5' del gen) fue amplificada mediante PCR para todas las muestras, utilizando los cebadores LCO/HCO (FOLMER et al., 1994), el kit Bioline MyTaq y el siguiente programa de amplificación: 94 °C durante 2 min y 30 s, 40 ciclos de 94 °C durante 30 s, 47 °C durante 45 s y 72°C durante 1 min y 15 s, con una extensión final de 72°C durante 10 min. Para un subconjunto de estos ejemplares (n = 66) se amplificó el gen mitocondrial *16s*, utilizando los cebadores 16SAr/16SBr (PALUMBI, 1996) y el mismo programa de amplificación que el utilizado para el gen *cox1-5'*. Los productos PCR fueron enviados al servicio de secuenciación StabVida (Lisboa, Portugal) para su purificación con partículas magnéticas y la secuenciación en ambas direcciones en un secuenciador ABI 3730xl. Los cromatogramas de las secuencias se ensamblaron y editaron manualmente en Geneious v.5.6 (Biomatters Ltd, Auckland, New Zealand). Las secuencias del *cox1-5'* se colapsaron en haplotipos únicos utilizando la herramienta DNAcollapser implementada en FaBox (VILLESEN, 2007), resultando en un total de 221 haplotipos. Adicionalmente, se obtuvieron secuencias de ADN de la base de datos GenBank, pertenecientes a secuencias de especímenes de *Arion* colectados en la Península Ibérica, y atribuidos a las siguientes especies: *Arion anguloi, Arion ater, Arion baeticus, Arion distinctus, Arion flagellus, Arion fuligineus, Arion gilvus, Arion hortensis, Arion intermedius, Arion lizarrustii, Arion lusitanicus, Arion molinae, Arion nobrei, Arion paularensis, Arion rufus, Arion owenii, Arion ponsi, Arion urbiae, Arion vulgaris* y *Arion wiktori*. Como grupo externo para el análisis filogenético se seleccionaron secuencias de *Deroceras reticulatum*, *Limax* sp., *Geomalacus anguiformis* y *Geomalacus maculosus*. Las secuencias se alinearon utilizando el programa MAFFT (KATOH et al., 2002). Los alineamientos finales constaban de 329 secuencias para el análisis basado en el fragmento *barcode* (655 pares de bases) y 121 secuencias en el caso del análisis combinado *cox1+16s* (655 y 418 pares de bases, respectivamente), también denominado análisis multilocus en esta monografía.

Las relaciones filogenéticas entre las especies fueron reconstruidas utilizando el método Bayesiano implementado en el software BEAST v.2.7.7 (BOUCKAERT et al., 2014), con los siguientes parámetros: el modelo de sustitución nucleotídica GTR+G+I con 4 categorías gamma y frecuencia de bases estimada, el modelo coalescente Yule calibrado como *prior*, y todas las secuencias, excepto los grupos externos, incluidas en un grupo monofilético. El análisis se corrió durante 10^8 generaciones MCMC. Para el análisis basado en los dos marcadores mitocondriales, se utilizó el método StarBEAST para la inferencia de árboles de especies basados en la teoría coalescente, implementado en el software BEAST v.2.7.7 (BOUCKAERT et al., 2014). El análisis se llevó a cabo con los parámetros siguientes: el modelo de sustitución nucleotídica GTR+G+I con 4 categorías gamma y frecuencia de bases estimada y el modelo coalescente Yule como *prior*. Este análisis se corrió durante 2^*10^8 generaciones MCMC. Una vez finalizados los análisis, se examinó la convergencia de las cadenas de Markov (tamaños de muestra efectivos (ESS) > 200) con el software Tracer v1.7.2 (RAMBAUT et al., 2018). Los árboles consenso se construyeron con el software TreeAnnotator v.2.7.6 (DRUMMOND et al., 2007), tras descartar el 10% de los árboles (*burn-in*).

La información acerca de la posición filogenética de los especímenes analizados en los árboles resultantes de estos análisis fue utilizada como criterio adicional para definir los límites entre especies y las sinonimias propuestas en esta monografía en base al estudio anatómico. Para ello, nos basamos tanto en la monofilia de los distintos clados como en la distancia entre ellos. A lo largo de la monografía se presenta, para cada especie, el detalle del árbol *cox1*-5' que muestra las relaciones entre los ejemplares secuenciados de dicha especie, y en el último capítulo se muestran los resultados del análisis filogenético para la totalidad de los ejemplares estudiados, así como los resultados en base al análisis de los genes *cox1*-5' y *16s* (árbol multilocus).

Nomenclatura utilizada en las ilustraciones del sistema genital

En esta monografía se presentan numerosas ilustraciones del sistema genital de las diferentes especies del género *Arion* de la Península Ibérica. Para orientar las partes del sistema genital se toma como punto de referencia la ovotestis, de forma que todo lo que está próximo a la ovotestis se considera proximal y lo que está alejado se considera distal. Esta orientación del sistema genital es la inversa a su posición natural, ya que en los ariónidos la ovotestis está en la cola, en el fondo del saco visceral, diametralmente alejada del orificio genital, que está colocado en la base del tentáculo ocular derecho. Aunque para referirnos a las partes del sistema genital empleamos los términos «proximal» y «distal» en relación con la proximidad de estos a la ovotestis, se empieza a describir el genital por la parte más alejada de la ovotestis (distal), es decir, por el atrio genital. Es importante aclarar que algunos autores refieren la orientación topográfica respecto del orificio genital, de forma que lo que para ellos es superior (atrio superior) para nosotros es distal (atrio distal), y así con el resto de las partes de sistema genital.

Material suplementario

La descripción de cada especie está acompañada de láminas con fotografías y dibujos que permiten apreciar la variabilidad intra- e interespecífica de las especies del género *Arion*. Las láminas de la versión impresa se complementan con láminas disponibles sólo en versión *online* y que pueden ser consultadas en la siguiente dirección: https://dx.doi.org/10.15304/op.2025.1856

IDENTIFICACIÓN DE LOS COMPLEJOS DE ESPECIES DE *ARION*

Esta monografía presenta un estudio detallado de la morfología y anatomía de los diferentes complejos de especies del género *Arion* en la Península Ibérica. Dentro de cada complejo, se realiza un estudio pormenorizado de las especies que lo conforman.

La siguiente sinopsis permite diferenciar los principales complejos de especies, en base a la morfología externa de individuos adultos y sexualmente maduros:

1.- *Arion* de longitud superior a 150 mm. Cuerpo de color uniforme, negro, marrón o naranja.
.... Complejo de ***Arion ater-rufus***

2.- *Arion* de 120 mm de longitud. Cuerpo de color marrón uniforme con distintas tonalidades.
....Complejo de ***Arion vulgaris***

3.- *Arion* de 100 mm de longitud. Cuerpo de colores vistosos, con dos bandas oscuras sobre el dorso y el escudo.
....Complejo de ***Arion fuligineus***

4.- *Arion* de 65 mm de longitud. Cuerpo de colores verdosos, marrones, con dos bandas oscuras sobre el dorso.
.... Complejo de ***Arion subfuscus***

5.- *Arion* de 45 mm de longitud. Cuerpo de colores oscuros, grisáceos, marrones. Suela pedia anaranjada o amarillenta.
....Complejo de ***Arion hortensis***

6.- *Arion* de longitud inferior a 30 mm. Tubérculos de la piel con una pequeña cúspide. Suela pedia amarillenta.
....Complejo de ***Arion intermedius***

Complejo de *Arion ater - rufus*

Generalidades

El complejo de *Arion ater-rufus* está formado por las especies *Arion ater* y *Arion rufus*, sobre las que ha habido una gran confusión en estudios previos, lo que dificulta el poder usar referencias históricas para determinar su distribución. Inicialmente ambas especies fueron diferenciadas en base a su color externo, siendo *Arion ater* de coloración negra y *Arion rufus* de color rojizo. Sin embargo, numerosos autores las consideraron la misma especie, principalmente debido a que en ambas la lígula está alojada en el atrio proximal (lígula intra-atrial). En términos generales, existe consenso en la actualidad sobre el hecho de que no es posible diferenciar las especies de este complejo basándose exclusivamente en la coloración, dado que esta es muy variable y depende en gran medida de la influencia de factores externos del medio (CHEVALLIER, 1977). En esta monografía se proporciona la descripción de cada una de las especies del complejo *ater-rufus* y se describe además una nueva especie para la ciencia: *Arion torquiformis* sp. nov. La principal diferencia entre las tres especies del complejo es la forma de la lígula.

Las tres especies poseen una lígula intra-atrial. En el caso de *Arion ater*, la lígula es lisa, sin que exista ningún canal o depresión. En cambio, la lígula de *Arion rufus* presenta un surco interior y la de *Arion torquiformis* tiene forma de torques, «diadema de corona de princesa», collera o volcán. Los especímenes de *Arion rufus* son de color marrón y de mayor tamaño, más robustos y anchos que los especímenes de *Arion torquiformis,* que son de color negro azabache. Además, *Arion rufus* y *Arion torquiformis* se diferencian por la posición donde se abre el orificio del oviducto libre en el atrio proximal. En *Arion rufus* el orificio se encuentra en la base de un canal o surco, mientras que en *Arion torquiformis* el orificio se encuentra al final de una chimenea o volcán de la lígula en forma de «diadema de corona de princesa».

La siguiente sinopsis proporciona las características fundamentales del complejo *ater-rufus*, así como aquellas características anatómicas que permiten diferenciar las especies que en él se engloban.

Clave para la identificación de las especies del complejo de *Arion ater-rufus*

Arion de gran tamaño, que en extensión sobrepasa los 150 mm de longitud. Generalmente son de color uniforme: negros, marrones en todas sus escalas o naranjas. Poseen una lígula intra-atrial.

A.- Balancean el cuerpo cuando se les molesta (comportamiento *rocking*, ver vídeo 1, https://bit.ly/comportamiento-rocking).
   i. En el interior de la lígula nunca se diferencia un canal o surco: *Arion ater* (Linnaeus, 1758).
   ii. Con un canal o surco en el interior de la lígula. El surco discurre desde el centro de la lígula hacia el margen: *Arion rufus* (Linnaeus, 1758).

B.- No balancean el cuerpo cuando se les molesta (comportamiento *no-rocking*). Lígula con forma de «diadema de corona de princesa», collera o torques. En los juveniles la lígula tiene forma de collera. El orificio del oviducto libre desemboca en una especie de chimenea o volcán: *Arion torquiformis* sp. nov.

Perspectiva histórica

Arion ater y *Arion rufus* son dos nombres específicos que, ya desde su instauración en 1758 por Linneo y hasta nuestros días, han sufrido una historia azarosa. LINNAEUS (1758) en su *Systema Naturae*, Tomo I, cita por primera vez *Limax ater* y *Limax rufus*. Para Linneo, *Arion ater* (Linnaeus, 1758) es una babosa completamente negra que vive en zonas boscosas y umbrías, mientras que *Arion rufus* (Linnaeus, 1758) es una babosa muy grande de color rojo que vive exclusivamente en zonas montañosas. Férussac, en 1819, juzgando por una parte que estas dos formas, provistas de una lígula alojada en el atrio proximal, pertenecen a la misma especie y, por otra, que no están estrechamente emparentadas con *Limax maximus*, acuña la designación *Arion empiricorum*, combinando en una única especie las dos de Linneo (si bien, nomenclaturalmente, la utilización de un nuevo nombre no está justificada en ningún caso). Posteriormente, POLLONERA (1889), al considerar que en Europa habitan dos especies de grandes *Arion* de lígula intra-atrial, emplea el término *Arion ater* para referirse a la forma del norte, de tonos cromáticos oscuros, y *Arion rufus* para la forma más clara que puebla las regiones meridionales. En esta misma publicación, POLLONERA (1889) dibuja el sistema genital de *Arion ater* y *Arion rufus* y señala los criterios para su diferenciación. Al referirse a *Arion rufus* indica que el sistema genital que representa pertenece a un ejemplar recolectado en Vegesack, un distrito al norte de Bremen, en Alemania. Los caracteres anatómicos que le atribuye son: (i) las desembocaduras del epifalo, del canal del receptáculo seminal y del oviducto libre están en el mismo plano; (ii) la longitud del canal deferente es el doble que la del epifalo y (iii) el oviducto libre tiene igual longitud y diámetro que el epifalo. En cuanto a *Arion ater*, el sistema genital que representa pertenece a un espécimen de Suecia y señala que: (i) el plano de desembocadura del epifalo y del canal del receptáculo seminal está por encima del plano donde desemboca el oviducto libre (plano inferior) y (ii) el epifalo y el canal deferente tienen igual longitud. Al comparar el sistema genital de ambas especies, señala que el epifalo de *Arion ater* es más largo que el de *Arion rufus*, y que el canal deferente y el oviducto libre son más cortos y delgados que los de *Arion rufus*.

Por otro lado, la categoría taxonómica que debe concederse a ambos grupos también ha sido objeto de discusión. CHEVALLIER (1972) y WIKTOR (1973) consideraron estos taxones como especies distintas (*Arion ater* y *Arion rufus*), y el primer autor llega incluso a describir subespecies en el seno de *Arion rufus*. Por el contrario, para CAIN y WILLIAMSON (1958) los dos taxones deben considerarse como subespecies (*Arion ater ater* y *Arion ater rufus*), ya que encontraron en Gran Bretaña poblaciones con características intermedias en coloración y órganos copuladores. De la misma opinión es QUICK (1960), a pesar de que atribuye a ambos grupos espermatóforos y cópulas diferentes (a *Arion ater ater* un espermatóforo de 18 mm de longitud y una cópula de duración máxima de tres cuartos de hora; a *Arion ater rufus* un espermatóforo de 25 mm de longitud y una cópula de dos horas de duración). También EVANS (1986), por medio de estudios basados en análisis biométricos y moleculares (alozimas), llega a la conclusión de que ambos taxones son conespecíficos. NOBLE (1992), en vista de todos estos datos, argumenta que es probable que *Arion ater ater*, dada su pobreza en las variantes enzimáticas presentes en *Arion ater rufus* y las distribuciones adyacentes con frecuente hibridación de las dos formas, sea un descendiente inmediato de esta última, proceso que ha implicado la depauperación del genoma original. KERNEY, CAMERON y JUNGBLUTH (1983), en su guía de los gasterópodos terrestres de Europa central y septentrional, al referirse a *Arion ater* expresan sus dudas sobre el estatus taxonómico de las dos formas y afirman que «*para un dictamen concluyente sobre el rango sistemático son imprescindibles investigaciones de la bionomía*». Estos estudios sirven para ejemplificar el largo debate en torno a la validez y estatus taxonómico de este complejo de especies. No obstante, no es objeto de esta monografía el hacer una recopilación bibliográfica de los cambios históricos en la terminología de *Arion ater* y *Arion rufus*. Para ello se recomienda consultar monografías clásicas como TAYLOR (1907), GERMAIN (1930) o QUICK (1960), entre otras, que incluyen capítulos dedicados a la recopilación bibliográfica de los cambios en la posición sistemática de ambas especies según los distintos autores.

A pesar de que en la actualidad no existe consenso entre los especialistas respecto al tratamiento taxonómico que deben recibir los grandes *Arion* de lígula intra-atrial, parece evidente que en este grupo no es posible diferenciar especies basándose exclusivamente en la coloración externa, dado que esta es muy variable y depende de la influencia de factores externos del medio (CHEVALLIER, 1977), pudiendo incluso aparecer en el seno de una misma población individuos de diferente color. Sin embargo, cabe delimitar dos grupos entre los grandes *Arion* de lígula intra-atrial, pues, por una parte, se encuentran ciertos individuos (adultos), mayoritarios en las regiones septentrionales de Europa y en la isla de Gran Bretaña, que poseen un atrio genital distal de igual o mayor tamaño que el proximal, en el que se halla una lígula pequeña, y un canal deferente que mide menos de una vez y media la longitud del epifalo. Por otra parte, en algunas regiones europeas existen individuos con un canal deferente que tiene más de vez y media la longitud del epifalo y con un atrio distal de menor tamaño que el proximal, el cual está engrosado y contiene una lígula grande. Siguiendo las directrices de Pollonera, para la «forma septentrional», de atrio distal muy desarrollado, a causa de la mayor frecuencia de individuos de tonos oscuros, se reservó el epíteto *ater*, mientras la «forma meridional», de tonos más claros, se pasó a designar como *rufus*. No obstante, la asignación de un individuo a cualquiera de estos dos grupos apoyándose solo en la coloración es altamente incierta, pues ambos taxones comprenden representantes rojos, marrones y negros (WIKTOR, 1973). Cabe además destacar que la hibridación entre ambas especies es posible, como han demostrado DREIJERS, REISE y HUTCHINSON (2013). En relación con la distribución de estas especies en la Península Ibérica, CASTILLEJO y RODRÍGUEZ (1991; 1993b), basándose en que nunca han encontrado las típicas formas *rufus* ni en Galicia ni en Portugal, sostienen que probablemente, de las dos formas, solo *Arion ater* esté presente en la Península Ibérica (aunque, como veremos, esta monografía confirma la presencia de las dos especies en nuestro territorio). En un trabajo reciente, BORREDÀ y MARTÍNEZ–ORTÍ (2023) realizan una revisión de la nomenclatura apropiada y la validez de los taxones *Arion ater* y *Arion rufus*.

Diversos autores han estudiado el complejo de *Arion ater-rufus* desde un punto de vista genético. QUINTEIRO et al. (2005) incluyeron en su estudio de los ariónidos de la Península Ibérica representantes de las especies *Arion ater* y *Arion rufus*. Sus análisis indicaron una divergencia genética del 20% entre ambas especies, si bien estos autores incluyeron solamente dos ejemplares de cada especie en sus análisis. ROWSON et al. (2014) llevaron a cabo un estudio para delimitar las especies de babosas de Gran Bretaña e Irlanda en base a secuencias mitocondriales y análisis de la morfología externa e interna y encontraron que ambas especies constituyen linajes diferenciados. Estos autores incluyeron además individuos identificados como *Arion* cfr. *empiricorum*, los cuales se agruparon en el mismo clado que *Arion rufus*. PELÁEZ et al. (2018) confirmaron que *Arion ater* y *Arion rufus* se corresponden con dos linajes evolutivos independientes con una elevada distancia genética entre ellos, apoyando la hipótesis de que se trata de especies diferentes; si bien se ha reportado la ocurrencia de híbridos entre ambas especies en las regiones donde coexisten (ROTH et al., 2012; HATTELAND et al., 2015; REISE et al., 2020). Por último, un estudio llevado a cabo en Sajonia (Alemania) ha revelado la existencia de tres morfotipos dentro de *Arion ater* s.l., los cuales se diferencian en base a la anatomía genital, así como desde el punto de vista genético (REISE et al., 2020). Cabe destacar que estos autores consideran a *Arion ater* y *Arion rufus* subespecies de *Arion ater*, cada una de las cuales se corresponde con dos de estos morfotipos; y el tercer morfotipo es denominado *Arion ater ruber* (Garsault, 1764), subespecie que según ellos «*se corresponde con* Arion *cfr.* empiricorum *y* Arion rufus collingei» (REISE et al., 2020).

Figura 5. Fotografía de *Arion ater* en Os Ancares (Lugo).

Arion ater (Linnaeus, 1758)

Caracteres diagnósticos basados en la anatomía

i.   Animales de gran tamaño (+ 100 mm). Los adultos en madurez sexual suelen sobrepasar los 150 mm de longitud y son de color uniforme, negros, marrones o grisáceos. Los juveniles suelen tener dos bandas claras sobre el dorso y el escudo.

ii. La suela pedia en los adultos es tripartita, con las franjas externas más oscuras y la central clara. Dependiendo del color del cuerpo, la suela puede ser grisácea o anaranjada. En las zonas calizas suele ser rojiza y más viva que en las zonas de suelo granítico. El reborde de la suela es rojizo o anaranjado y su intensidad también depende del sustrato.

iii. El mucus del cuerpo es incoloro blanquecino.

iv. Los tubérculos de la piel son grandes y anchos. Tienen forma de quilla cuando están contraídos y redondeada cuando se estiran al desplazarse.

v.   La lígula está alojada en el atrio proximal (lígula intra-atrial). La forma de la lígula varía en función de la fase de desarrollo sexual. En las formas juveniles, que no han copulado, la lígula tiene forma de V o forma de naveta o cestilla. En las formas adultas, que han copulado, o en las que están en fase femenina, la lígula tiene forma de mariposa o de medialuna, también denominada "en abanico". En el interior de la lígula nunca se diferencia un canal o surco.

vi. El epifalo es de igual longitud que el canal deferente. Su longitud oscila entre 20 y 25 mm y depende del desarrollo sexual.

vii. El epifalo y el receptáculo seminal desembocan en un plano distinto al plano donde desemboca el oviducto libre.

viii. Los adultos se balancean al ser molestados (comportamiento *rocking*, ver vídeo 1, https://bit.ly/comportamiento-rocking).

Descripción

Morfología externa y coloración

Los adultos son de color negro, castaño rojizo, castaño claro o grisáceo. No poseen bandas ni en el dorso ni en el escudo en fase adulta. Los tubérculos de la piel son grandes y alargados, aquillados cuando el animal se contrae y de sección redondeada cuando se estira. La suela pedia es tripartita, de color oscuro, incluso anaranjado, con bandas externas más oscuras. El reborde de la suela es rojizo o anaranjado. El mucus del cuerpo es incoloro o blanquecino.

Los juveniles pueden tener dos bandas claras u oscuras sobre el dorso y el escudo. Los tubérculos de la piel son grandes y aquillados en los individuos contraídos. La suela pedia es de color uniforme, blanquecino o anaranjado, sin bandas. Al igual que en los adultos, el reborde de la suela es rojizo.

En los especímenes conservados en etanol los tubérculos de la piel son grandes, compactos y ligeramente aquillados.

Sistema genital

Como en todos los ariónidos, el tamaño relativo de las distintas partes del sistema genital varía en función de su grado de desarrollo, de su madurez sexual y de la fase sexual en la que se encuentre: masculina, femenina, pre-cópula, post-cópula o senil. En las láminas de esta especie se muestran fotografías de estos caracteres en individuos de diferentes localidades geográficas y en diferente estado de desarrollo.

Atrio genital. Existen dos atrios. El atrio distal está recubierto por una pared de aspecto glanduloso en los adultos que en los juveniles es inexistente. El atrio distal es cilíndrico, más alto que ancho en los juveniles y, por el contrario, más ancho que alto en los adultos. El atrio proximal es globoso o cónico y en él desembocan el epifalo, el canal del receptáculo seminal y el oviducto libre. Estos tres orificios se pueden encontrar en un mismo plano o en dos planos diferentes: uno donde se encuentran los orificios del epifalo y el receptáculo seminal y otro donde se localiza el orificio del oviducto libre. La lígula esta alojada dentro de este atrio proximal.

Oviducto libre distal. Es tubular, alargado y delgado. En la mitad de su longitud se inserta una de las ramas del músculo retractor del genital. Este músculo tiene forma de Y, con el tronco insertado por debajo del escudo, una rama en el receptáculo seminal y la otra en el oviducto libre.

Epifalo y conducto deferente. La sección del epifalo es mayor que la del conducto deferente. La longitud de ambos conductos suele ser parecida, oscilando entre 22 y 28 mm en los adultos en fase masculina. En los especímenes en fase femenina, el epifalo mide alrededor de 27 mm y el canal deferente 35 mm. La longitud del epifalo y el canal deferente depende de la fase de desarrollo y la fase sexual en la que se encuentre el individuo y, por tanto, de la función que estén desempeñando en ese momento. La pared interna del epifalo, en su parte distal, está tapizada por papilas romboédricas de tamaños distintos, más grandes en la parte distal y más pequeñas en la parte proximal. En la luz del epifalo existe un surco que carece de papilas y es donde se aloja la carena del espermatóforo. El tamaño de las papilas está relacionado con el tamaño de los dientes del espermatóforo. En el caso de *Arion ater*, las papilas son pequeñas, al igual que los dientes del espermatóforo.

Espermatóforo. Es de color ambarino y su longitud es mayor que la del epifalo. Esto sugiere que el canal deferente podría intervenir también en la formación del espermatóforo o, alternativamente, el espermatóforo se formaría exclusivamente en el epifalo y dicha formación continuaría durante la fase de transferencia, de forma que a medida que se va transfiriendo se va formando, lo que explicaría que la parte aguzada del espermatóforo no tenga dientes o estos sean muy pequeños.

Lígula. La forma y el aspecto de la lígula dependen de la madurez sexual del individuo. Su función es la transferencia del espermatóforo desde el epifalo del otro individuo al sistema genital propio. En los adultos, la lígula tiene forma de medialuna y durante la cópula se coloca sobre el dorso del otro individuo o se yuxtaponen una lígula contra la otra, de forma semejante a cuando se entrelazan dos manos extendidas. La forma de medialuna es el patrón final de la lígula, y para llegar a él se pasa por formas en cestilla, en naveta o mariposa. La naveta es una cestilla en la que se ha desarrollado un extremo y se asemeja a una herradura. El orificio del oviducto libre está situado en la base de la medialuna, en su parte cóncava. En las lígulas de *Arion ate*r nunca aparece un surco o canal en su centro. El reborde de la lígula está festoneado con ligeras ondulaciones o lobulaciones, pero sin expansiones epiteliales filiformes.

Glándula de la albúmina. Su tamaño y desarrollo dependen de la fase sexual en la que se encuentre el individuo. En fase masculina es pequeña, mientras que en fase femenina se hace más voluminosa.

Ovotestis o glándula hermafrodita. En su posición natural no llega al fondo del saco visceral. Su tamaño y colorido dependen de la fase de desarrollo sexual. En fase masculina temprana es voluminosa y el epitelio que la recubre es blanquecino. En fase masculina tardía, el epitelio que la recubre se vuelve oscuro. En fase femenina se hace más pequeña y el epitelio que recubre los acini es completamente negro.

Distribución de *Arion ater* en la Península Ibérica

Arion ater se distribuye por toda Europa, con excepción de gran parte de Escandinavia (KERNEY, CAMERON y JUNGBLUTH, 1983). En la Península Ibérica tiene una distribución bien definida (Figura 6). Lo hemos encontrado en toda la Cordillera Cantábrica, Montes Vascos, Macizo Galaico, Sistema Ibérico y Sistema Central. No lo hemos encontrado ni en los Pirineos, ni en Sierra Morena ni en los Sistemas Béticos, tampoco en las Islas Baleares, ni en el Sistema Costero Catalán. De forma aproximada, su límite de distribución por el sur sería el paralelo 40° mientras que, por el noreste, sería la depresión del Ebro.

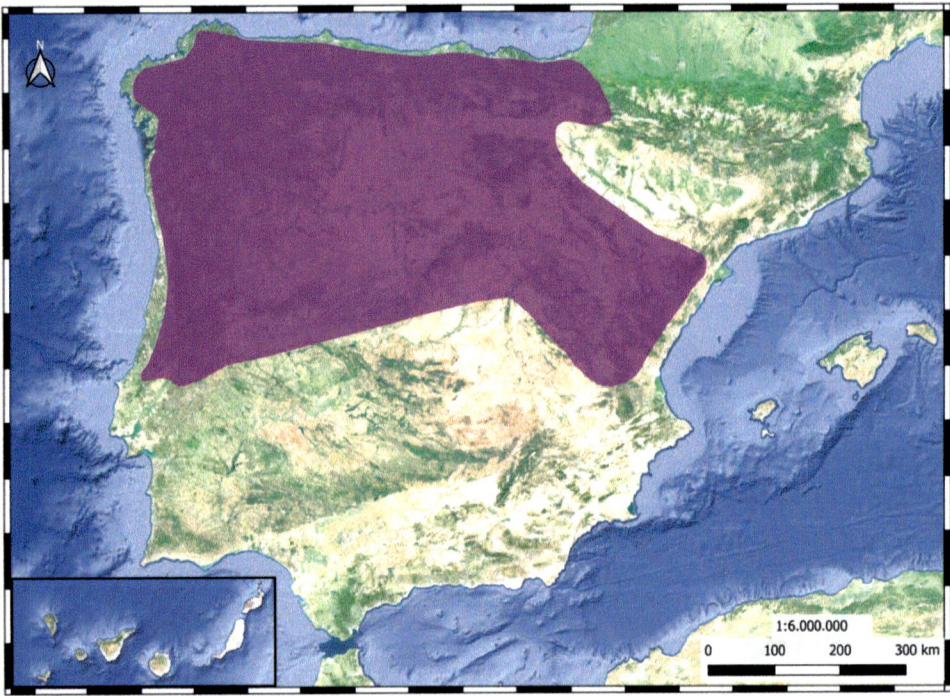

Figura 6. Distribución de *Arion ater* en la Península Ibérica.

Notas históricas sobre *Arion ater* en la Península Ibérica

Portugal

MORELET (1845) cita en Portugal las variedades α, ε y δ de *Arion ater*. Las dos primeras variedades las encontró en la provincia de Trás-os-Montes (Bragança, Portugal), mientras que la variedad δ solo la cita en Monchique (Algarve,

Portugal). Para POLLONERA (1887), el *Arion ater* que cita Morelet es completamente distinto del que él conoce y, aunque con dudas, la considera sinónima de *Arion dasilvae* Pollonera, 1887. Dos años más tarde, POLLONERA (1889) indica que ha recibido de Coimbra y de los alrededores de Buçaco y Porto, todas ellas en Portugal, la primera de las tres formas del *Arion ater* de Morelet, y no duda en considerarla una nueva especie, a la que llama *Arion nobrei* Pollonera, 1889. Líneas más abajo (POLLONERA, 1889 pág. 7), al separar *Arion nobrei* de *Arion sulcatus* Morelet, 1845, señala que «*la variedad ε del* Arion ater *de Morelet pertenece a esta misma espec*ie» y duda bastante de que la variedad δ no sea otra especie, ya que el margen del pie está vivamente coloreado y la región que habita está muy alejada de la de las otras dos variedades.

POLLONERA (1890a), al hacer la revisión de los Arionidae de la región paleártica, no cita a Portugal dentro de la distribución de *Arion ater* (Linnaeus, 1758). Este mismo año, POLLONERA (1890b), publica en Portugal un resumen de las especies portuguesas del género *Arion* e indica que «*el* Arion ater *de Morelet es muy distinto del* Arion ater *L. debiendo por eso recibir otro nombre*», y sigue considerando como sinonimia de *Arion nobrei* la variedad α del *Arion ater* de Morelet.

SIMROTH (1891) considera al *Arion ater* de Morelet como idéntica a *Arion lusitanicus* Mabille, 1868.

TAYLOR (1907) considera las babosas que Morelet recogió en las proximidades de Monchique y Trás-os-Montes (*Arion ater* var. α, δ y ε) como la subvariedad *nigrescens* de la variedad *marginella* de *Arion ater* (Linnaeus, 1758). Para NOBRE (1941) la única babosa grande que existe en Portugal es *Arion ater* (Linnaeus, 1758), mientras que SEIXAS (1976) considera que *Arion ater sensu* Morelet es una sinonimia de la especie de Linneo.

España

Algunos autores citan las especies *Arion ater* y *Arion rufus* en España (GARRIDO, 1994; BORREDÀ, 1996; CASTILLEJO, 1998; entre otros). Para la identificación de ambas especies, estos autores se basaron en la morfología externa y en la estructura del sistema genital, sin profundizar en estudios anatómicos funcionales del resto de estructuras que intervienen en la cópula, o atribuyendo funciones erróneas a órganos concretos, como es el caso de la lígula, que consideran órgano estimulador cuando en realidad es un órgano transportador. A todo esto, hay que añadir los cambios somáticos de su sistema genital en función del desarrollo: fase muy juvenil, fase juvenil, fase masculina, fase de transferencia del espermatóforo, fase femenina, fase de puesta de huevos y fase senil. Las citas de estos autores, por tanto, necesitan una confirmación.

Sinonimias

Limax ater Linnaeus, C. 1758. *Syst. Nat.*, ed. X., vol. 1, nº 1: 652.
Arion empiricorum Férussac, 1819- [*partim*]. *Hist. nat. Moll.*, 2: 60, t. 1, fig. 3.
Arion ater (Linnaeus, 1758) var. Morelet, A. 1845. *Desc. Moll. Portugal, París:*
    28.
Arion sulcatus Morelet, A. 1845. *Desc. Moll. Portugal*, París: 28.
Arion bocagei Simroth, H. 1888. *Zool. Anz.* nº 272: 66.
Arion ater (Linnaeus, 1758) Pollonera, C. 1889. *Nuove Cont. Arion europ.*, I: 4.
Arion empiricorum Férussac, 1819 Simroth, H. 1891. *Nova Acta Acad.*, 56
    (2): 146.
Arion empiricorum Férussac, 1819 var. «*bocagei*» Simroth, H. 1891. *Nova Acta*
    Acad., 56 (2): 147.
¿*Arion (Ariunculus) tricolor* Torres Mínguez, A. 1923. *Butll. Soc. Cienc. Nat.*
    Barcelona «Club Muntanyenc», I: 8?
¿*Arion (Ariunculus) nigratus* Torres Mínguez, A. 1925. *Butll. Inst. Cat. Hist.*
    Nat., 5(3): 105?
Arion cendreroi Torres Mínguez, A. 1925. *Butll. Inst. Cat. Hist. Nat.*, 5(3): 102.

Material utilizado para el estudio anatómico y molecular

1. Kvedarna, Lituania: 24-06-2014
2. Monte Mijedo, Argoños, Santoña, Cantabria: 06-11-1989, 06-09-2015
3. Santuario de la Virgen Bien Aparecida, Marrón, Cantabria: 03-01-2015, 05-09-2015
4. Parque Nacional da Peneda–Gerês, Caldas do Gerês, Portugal: 09-03-1983, 31-10-1984, 29-04-2009, 13-02-2013, 03-10-2015
5. La Hermida, Potes, Cantabria: 26-09-2014, 10-06-2016
6. Canal de la Costanilla | Los Tojos | Bárcena Mayor | Saja, Cantabria: 25-08-1984, 17-03-1988, 16-04-2013, 11-6-2016, 13-07-2017
7. Cadramón, Valadouro | Mondoñedo, Serra do Xistral, Lugo: 15-09-1984, 19-02-2011, 20-04-2013
8. Isla de Ons, Bueu, Pontevedra, Parque Nacional Marítimo-Terrestre de las Islas Atlánticas de Galicia: 17-11-2014
9. Sabuguido, Vilariño de Conso, Viana do Bolo, Ourense: 24-09-2015
10. Campa da Braña, Piornedo, Cervantes, Os Ancares, Lugo: 02-06-1982, 16-04-2013, 17-09-2015
11. Santuario de Covadonga, Cangas de Onís, Asturias: 17-03-1988, 19-02-2011, 01-11-2011, 17-04-2013, 13-06-2016

12. Villafranca Montes de Oca | Belorado, Burgos: 29-05-2014

En la siguiente tabla se detallan las localidades en las que se recolectaron ejemplares de *Arion ater* para el estudio anatómico y molecular llevado a cabo en esta monografía. Para cada localidad se indican los especímenes que fueron secuenciados, utilizando para ello el código asignado en la colección del Departamento de Zoología de la USC. En la última columna se indica el código del haplotipo único para el fragmento *barcode* del gen *cox1* que aparece en el detalle del árbol filogenético de esta especie. Nótese que un mismo haplotipo puede encontrarse en localidades diferentes. En otras palabras, ejemplares tanto de la misma localidad como de localidades diferentes pueden tener una secuencia del fragmento *barcode* idéntica y, en esos casos, en el árbol filogenético solo se muestra el código de uno de estos ejemplares, denominado «haplotipo *cox1*-5' de referencia». Si el haplotipo de referencia pertenece a una localidad diferente a la de los especímenes secuenciados a los que se hace referencia, se indica en cursiva.

Localidad	Especímenes secuenciados	Haplotipo *cox1*-5' de referencia
Kvedarna, Lituania	USCM13722	USCM13722
Sabuguido, Vilariño de Conso, Viana do Bolo, Ourense	USCM5886	USCM5886
	USCM5880 USCM5888	USCM5880
	USCM5879 USCM5881 USCM5882 USCM5883 USCM5884 USCM5885 USCM5887	*USCM5813*
Cadramón, Valadouro	Mondoñedo, Serra do Xistral, Lugo	USCM7284	USCM7284
	USCM7282	USCM7282
	USCM7281	*USCM5962*
	USCM7283	*USCM5609*
Oulego, Serra da Lastra, Ourense	USCM5599 USCM5600 USCM5603	USCM5599
	USCM5601	USCM5601

Localidad	Especímenes secuenciados	Haplotipo *cox1-5'* de referencia
Fragas do Eume, A Coruña	USCM6043	USCM6043
	USCM6041 USCM6045 USCM13689	*USCM5609*
Campa da Braña, Piornedo, Cervantes, Os Ancares, Lugo	USCM5962 USCM5963 USCM5967 USCM5968 USCM5971	USCM5962
	USCM5966	USCM5966
	USCM5964	USCM5964
	USCM5969	USCM5969
	USCM5970	USCM5970
Santuario de Covadonga, Cangas de Onís, Asturias	USCM13602	USCM13602
	USCM13686	*USCM7203*
Monte Mijedo, Argoños, Santoña, Cantabria	USCM7226	USCM7226
La Hermida, Potes, Cantabria	USCM7233	USCM7233
	USCM7234	USCM7234
Canal de la Costanilla | Los Tojos | Bárcena Mayor | Saja, Cantabria	USCM6236 USCM6238 USCM6351	USCM6236
	USCM6357	USCM6357
	USCM6232	USCM6232
	USCM6234	USCM6234
	USCM6338 USCM6342 USCM6343 USCM13682	USCM6338
Parque Nacional da Peneda-Gerês, Caldas do Gerês, Portugal	USCM7273 USCM7274	USCM7273
Serra da Estrela, Portugal	USCM6326 USCM6327	USCM6326
	USCM6328	USCM6328

Localidad	Especímenes secuenciados	Haplotipo *cox1*-5' de referencia
San Martín de Castañeda, Sanabria, León	USCM5813 USCM5814	USCM5813
	USCM5805 USCM5806 USCM5807 USCM5808 USCM5809 USCM5810 USCM5811 USCM5812	USCM5805
Riello, Omaña, León	USCM5609	USCM5609
	USCM5614	USCM5614
La Mata de Monteagudo, Valle del Tuéjar, León	USCM5711 USCM5712 USCM5713 USCM5714 USCM5715 USCM5717 USCM5718 USCM5722	USCM5711
Garganta del Cares, Posada de Valdeón, León, Parque Nacional de los Picos de Europa	USCM7203 USCM7204	USCM7203
Chorco de los Lobos, Posada de Valdeón, León, Parque Nacional de los Picos de Europa	USCM7205 USCM7209	USCM7205
	USCM7206 USCM7210	*USCM5711*
Belorado, Burgos	USCM7291	USCM7291
	USCM7292	USCM7292
Hoz de Beteta, Cuenca	USCM10326 USCM10327 USCM13625 USCM13626	USCM10326
Monasterio de Valvanera, Anguiano, La Rioja	USCM13540	USCM13540
Alto de Lizarrusti, Sierra de Aralar, Navarra	USCM13593	USCM13593
Santuario de Arantzazu, Oñate, Guipuzkoa	USCM13595	USCM13595
	USCM13596	USCM13596

Resultados del análisis filogenético de *Arion ater*

El análisis filogenético basado en el gen *cox1*-5' agrupa a los especímenes de *Arion ater* recolectados para esta monografía en un clado monofilético con buen soporte estadístico (valor de probabilidad posterior = 1). Dentro de este mismo clado aparecen diversas secuencias procedentes de GenBank atribuidas a *Arion ater* y *Arion rufus* (Figura 7). Los resultados de nuestro análisis molecular confirman por tanto la asignación de los especímenes con morfología *ater* examinados a la especie *Arion ater*, la cual se diferencia genéticamente del resto de especies del complejo de *Arion ater-rufus*. El haplotipo del individuo recolectado en Lituania aparece anidado en el clado junto con otros especímenes recolectados en la región occidental del área de distribución de la especie en la Península Ibérica.

Dentro del clado de *Arion ater* puede apreciarse cierta estructura genética, con los haplotipos de la zona oriental del área de distribución de la especie en la Península Ibérica (Burgos, Cuenca, La Rioja, Navarra, Guipuzkoa; clado A en la Figura 7) agrupados en un clado, junto con diversas secuencias de GenBank correspondientes a especímenes colectados en la misma región, y separados del resto. Con los datos de los que disponemos en este momento no es posible extraer conclusiones acerca de si pueden existir dentro de *Arion ater* linajes genéticos diferenciados en la Península Ibérica, tal y como se ha encontrado en Alemania en el caso de *Arion ater* s.l. (REISE et al., 2020) o en otras especies del género (ej. *Arion subfuscus*, PINCEEL et al., 2005a). Para resolver esta cuestión sería necesario en el futuro incrementar el número de marcadores moleculares secuenciados, así como el número de especímenes de otras localidades dentro del área de distribución de la especie.

El árbol multilocus incluye a *Arion ater* en el mismo clado que las especies del complejo de *Arion ater-rufus* (Figura 54), en el cual aparece también incluida *Arion vulgaris*. Una relación estrecha entre estas especies ha sido sugerida a raíz de resultados de diversos estudios basados en análisis moleculares (ver p. ej. QUINTEIRO et al., 2005; BREUGELMANS et al., 2013; ZAJĄC et al., 2020), así como por la existencia de cruces interespecíficos e híbridos *Arion vulgaris* x *ater* o *Arion vulgaris* x *rufus* (ROWSON et al., 2014; HATTELAND et al., 2015); por lo que es posible que su separación en dos complejos no esté justificada y deba reconsiderarse en el futuro.

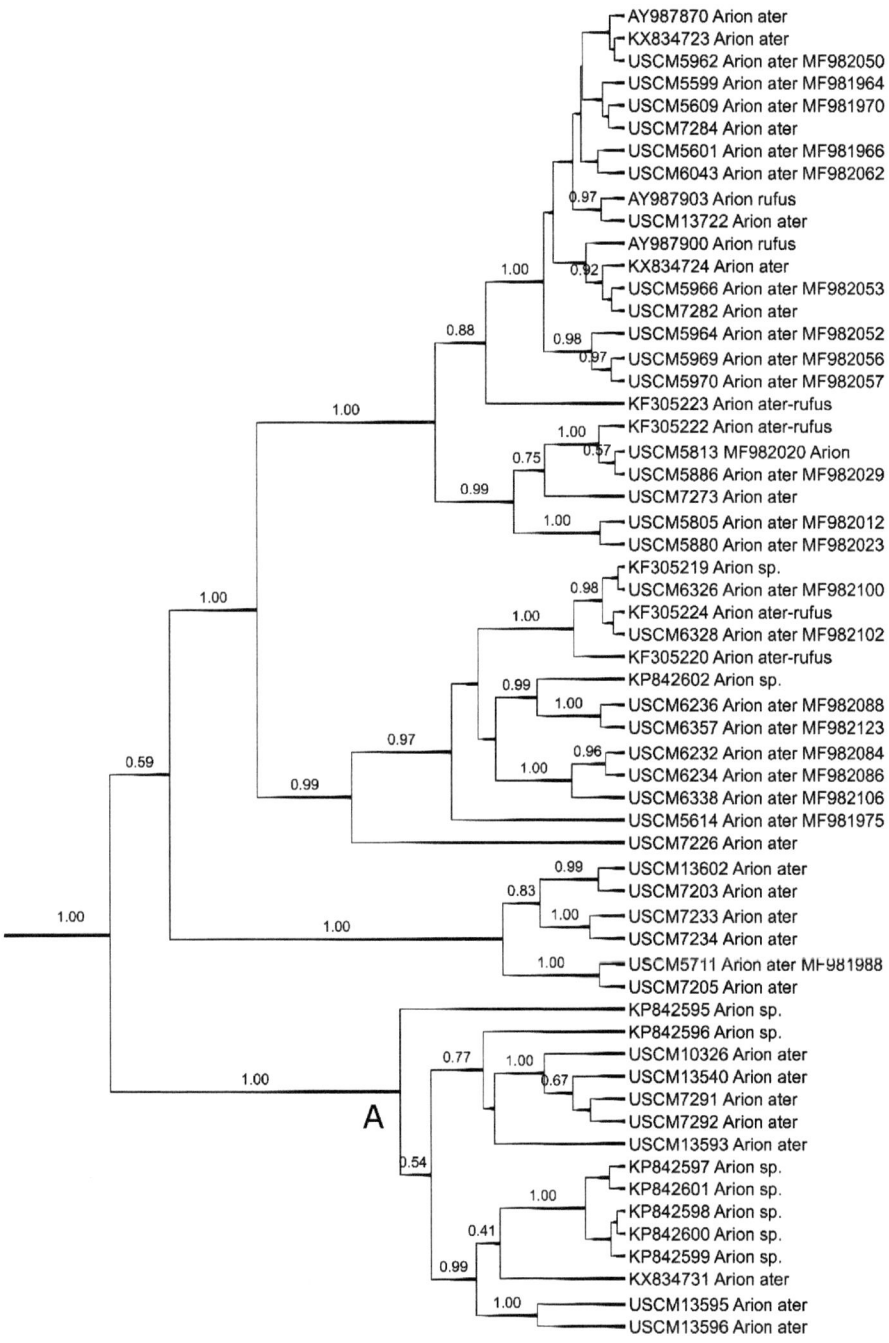

Figura 7. Detalle del árbol basado en el fragmento barcode del gen mitocondrial *cox1-5'* que muestra las relaciones entre los haplotipos de *Arion ater* secuenciados en esta monografía (ver nota final, pág. 389).

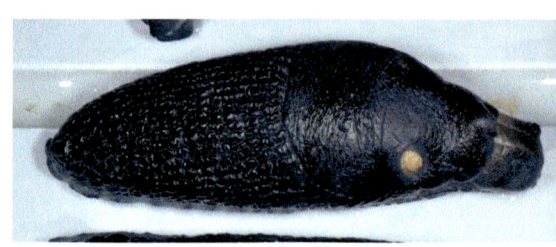

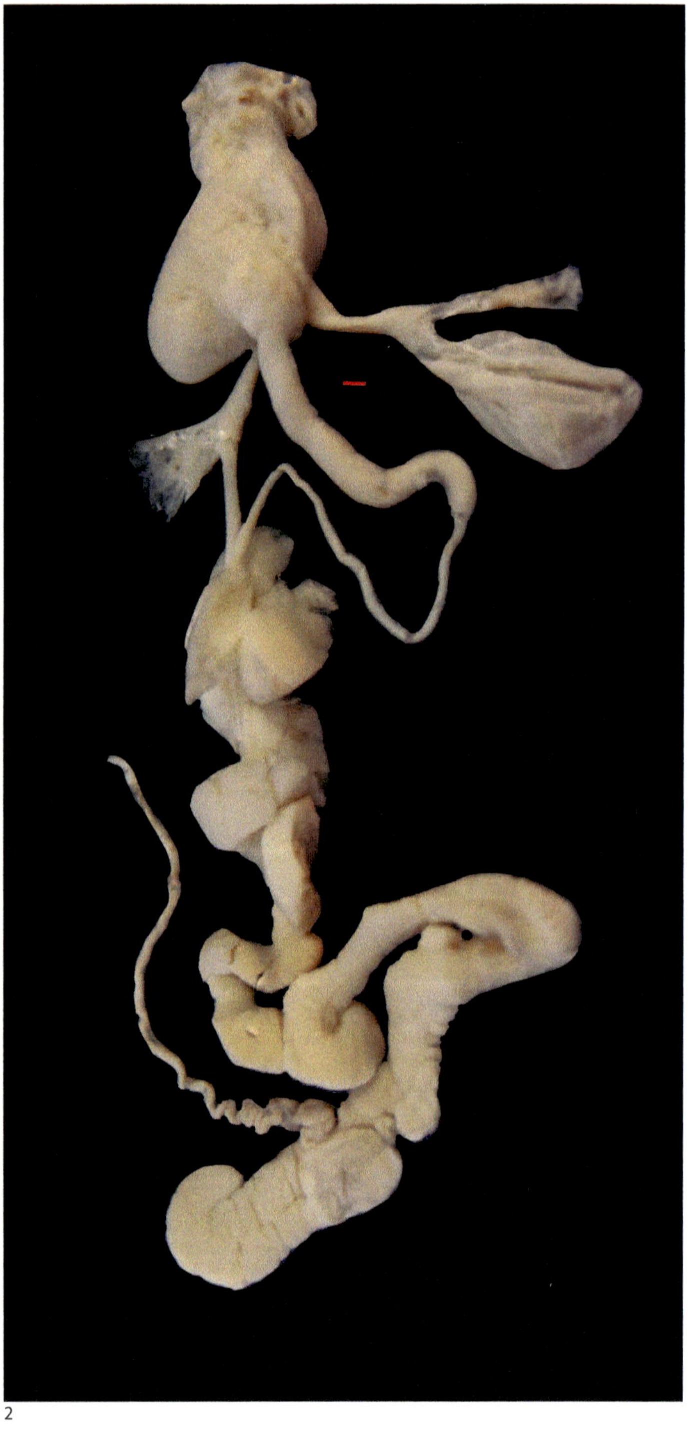

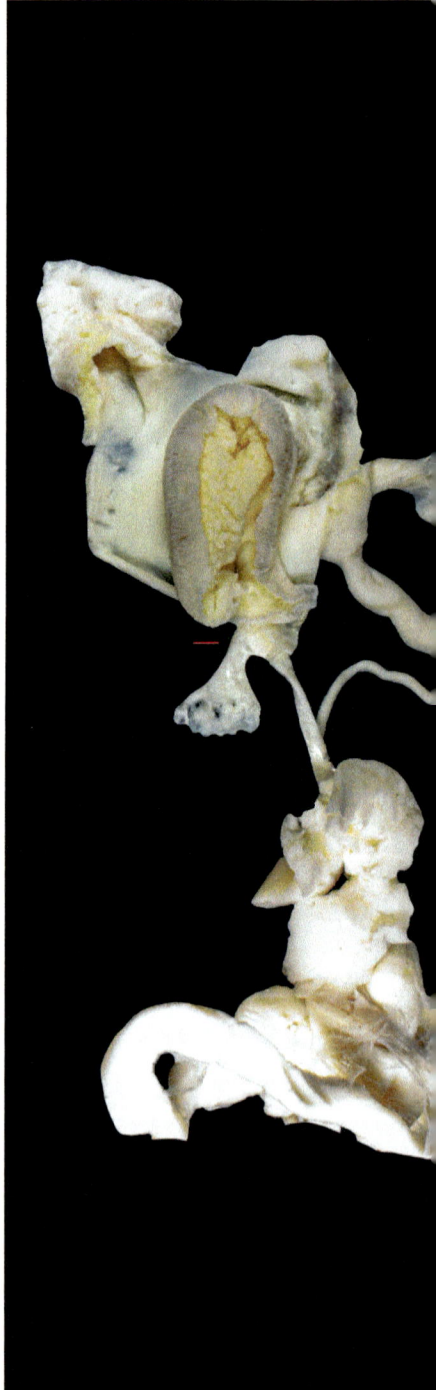

Lámina 1.1. *Arion ater*
Kvedarna, Lituania
Fase femenina

Figuras

1: Ejemplares negros de *Arion ater* recogidos por la Dra. Grita Skujienė, Profesora de la Vilniaus Universitetas, Lituania. Lugar de captura: orillas del río Jura.

2: Sistema genital de un individuo en fase femenina.

3, 4 y 5: Lígula con forma de naveta en el interior del oviducto libre distal.

Escala: 1 mm

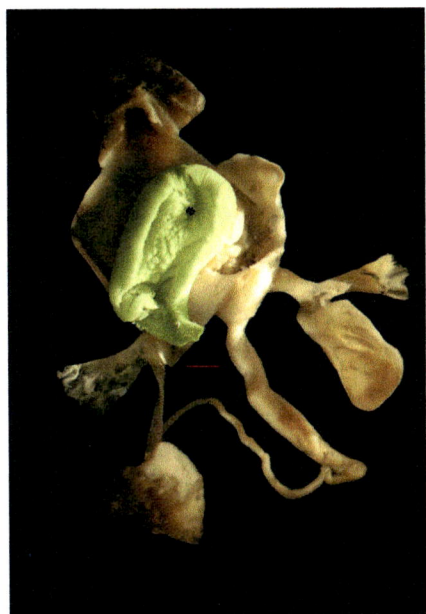

4

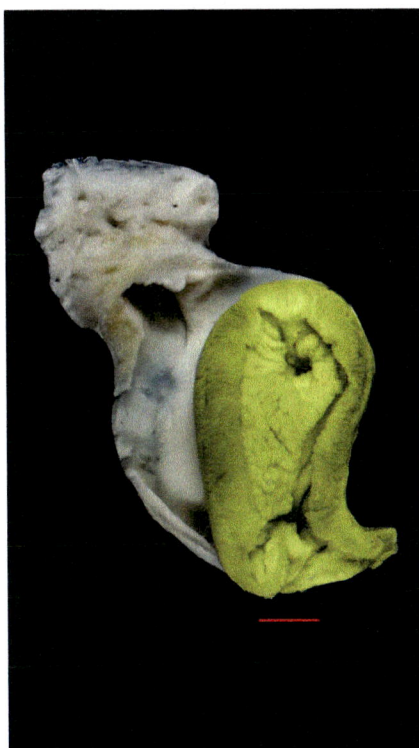

Observaciones

Los tubérculos de la piel son más grandes que los de *Arion rufus,* pero no son aquillados. La suela pedia es negruzca, tripartita, con las bandas laterales más oscuras.

Los ejemplares están en fase femenina temprana, con la glándula de la albúmina relativamente grande. El epifalo mide 17 mm y el canal deferente 21 mm, ambos tienen una longitud parecida.

El epifalo y el receptáculo seminal desembocan próximos al atrio distal. La lígula es intra-atrial, está alojada dentro del atrio proximal.

La lígula tiene forma de naveta con el borde festoneado con lobulados. Los lóbulos están más marcados en el extremo aguzado de la naveta. Sobre el atrio genital distal no se observa una pared glandulosa de color amarillo.

Comparando la estructura del sistema genital de estos especímenes con los dibujos de las láminas en las que POLLONERA (1889) señala las diferencias entre *Arion rufus* y *Arion ater*, se observa que el oviducto libre desemboca en el atrio en un plano diferente al del epifalo y el receptáculo seminal. Por tanto, la anatomía de este ejemplar coincide con la anatomía del *Arion ater* que Pollonera estudió de Suecia.

5

1

2

4

5

7

8

Lámina 1.2. *Arion ater*
Monte Mijedo, Argoños, Santoña, Cantabria, España

Figuras

1: Subida al Monte Mijedo desde Argoños.

2: Ladera norte del Monte Mijedo, Argoños.

3: Canal de Boó, Argoños, Santoña.

4 y 5: Especímenes activos por la noche.

6: Suela pedia de color naranja.

7: Sistema genital de un individuo en fase femenina con un trozo de espermatóforo dentro del receptáculo seminal.

8 y 9: Lígula en forma de cestilla dentro del atrio proximal.

10: Interior del epifalo.

Escala: 1 mm

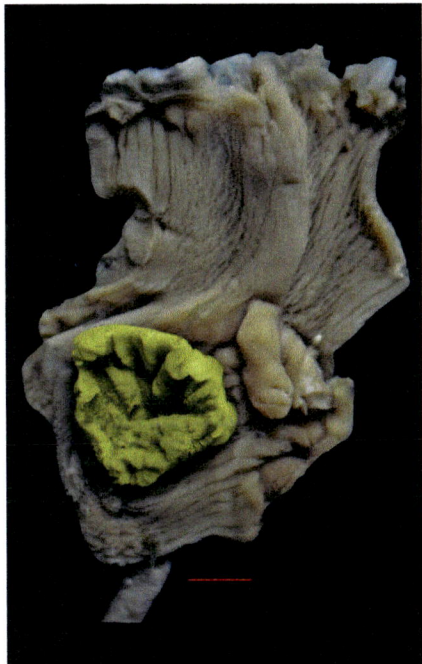

9

10

Observaciones

Los planos están definidos por los puntos de desembocadura del epifalo, el receptáculo seminal y el oviducto libre en el atrio, siguiendo el esquema de POLLONERA (1889) para diferenciar *Arion ater* (dos planos) y *Arion rufus* (un único plano). Esta distinción no se observa en muchos de los casos estudiados.

Los muestreos en la zona de Santoña, Argoños y Monte Mijedo se hicieron en el otoño de los años 1998 y 2015. Los ejemplares de *Arion ater* medían más de 120 mm en extensión, eran de color negro y con una suela pedia de color naranja vivo. En el sistema genital, las desembocaduras del receptáculo seminal, el epifalo y el oviducto libre están en un mismo plano (en contra de lo propuesto por POLLONERA, 1889). El epifalo, el canal deferente y el oviducto libre tienen la misma longitud, 20 mm. La ovotestis es grande y negruzca y la glándula de la albúmina muy grande y compacta. Estos aspectos difieren ligeramente de los dados por POLLONERA (1889) para el *Arion ater* de Suecia.

La lígula tiene forma de cestilla y se encuentra en el atrio proximal por encima del plano de desembocadura del epifalo, el receptáculo seminal y el oviducto libre. La lígula en cestilla es homologable a la lígula en naveta, ya que una naveta es una cestilla en la que se ha desarrollado un extremo, lo que pudiera estar relacionado con la fase sexual en la que se encuentra.

El interior del epifalo está tapizado a ambos lados del surco central por papilas grandes en el tercio distal y pequeñas en el resto.

1

2

4

5

7

8

9

12

3

Lámina 1.3. *Arion ater*

Santuario de la Virgen Bien Aparecida, Marrón, Cantabria, España

Figuras

1: Entorno del Santuario de La Bien Aparecida, Cantabria.

2: Valle del río Ansón, desde el Santuario de La Bien Aparecida.

3: Alrededores del Santuario de La Bien Aparecida.

4, 5 y 6: Ejemplares de *Arion ater* activos.

7: Sistema genital de un individuo adulto en fase femenina.

8 y 9: Lígula con forma de naveta.

10: Lígula en forma de naveta, evaginada.

11: Interior del epifalo.

12 y 13: Distintas fases de la cópula.

Escala: 1 mm

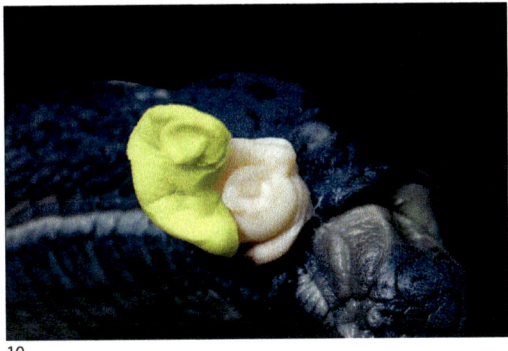

10

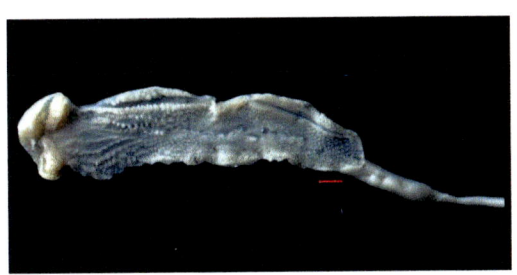

11

13

Observaciones

Los especímenes de *Arion ater* de La Bien Aparecida son de color negro azabache con los tubérculos de la piel grandes y aquillados. El atrio distal es más largo que ancho y está tapizado externamente por una masa glandulosa de color amarillo. El epifalo mide 21 mm y el canal deferente 30 mm. Las desembocaduras del epifalo y del receptáculo seminal en el atrio proximal están en un plano distinto al de la desembocadura del oviducto libre. La lígula tiene forma de naveta, con festoneado lobulado en cada uno de los pliegues circulares, visibles al ampliar la imagen. El orificio del oviducto libre proximal se abre en la lígula sobre una prominencia a modo de chimenea. Las fotografías de la cópula corresponden a la fase final, cuando la mayor parte del espermatóforo ya ha sido transferido, las lígulas están evaginadas y empiezan a invaginarse y arrastrar el espermatóforo hacia el interior del sistema genital. En este momento los dos espermatóforos son visibles externamente.

El interior del epifalo está tapizado por papilas medianas en el tercio distal y papilas pequeñas en el resto.

Estos caracteres encajan con los descritos por POLLONERA (1889) para *Arion ater*.

1

2

4

5

7

8

9

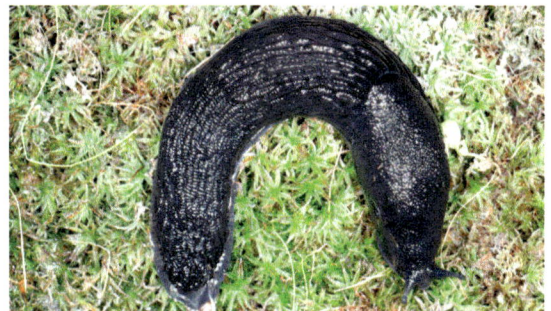

6

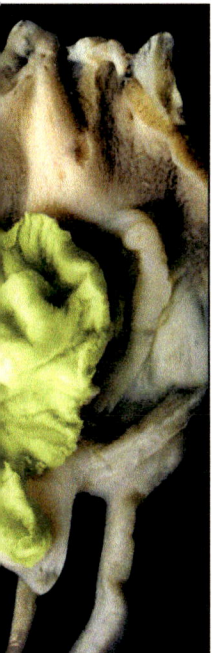

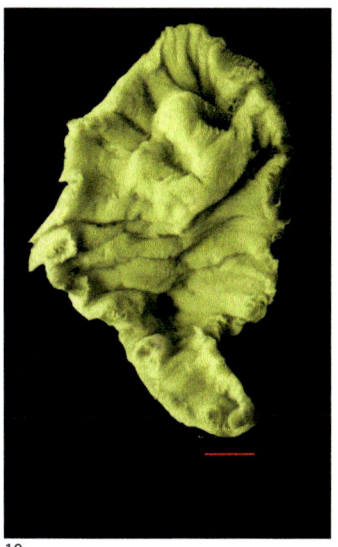

10

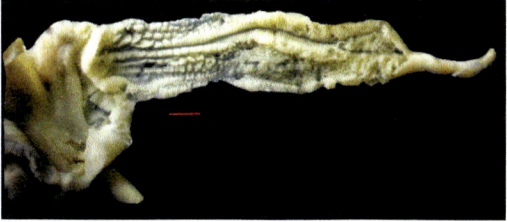

11

Lámina 1.4. *Arion ater*

Parque Nacional da Peneda-Gerês, Caldas do Gerês, Portugal

Figuras

1: Parque Nacional da Peneda–Gerês, Caldas do Gerês, Portugal.

2: Brufe, Terras de Bouro, Gerês, Portugal.

3: Curral de Leonte, Gerês, Portugal.

4, 5 y 6: *Arion ater* negro y castaño, Gerês, Portugal.

7: Sistema genital de un individuo de Curral de Leonte en fase femenina.

8: Lígula plegada en el interior del atrio proximal.

9 y 10: Lígula extendida.

11: Interior del epifalo.

Escala: 1 mm

Observaciones

Morelet estudió, a mediados del siglo XIX, la fauna malacológica de la Serra do Gerês, Caldas do Gerês en Portugal (MORELET, 1845). Los hallazgos que realizó despertaron el interés de MABILLE (1868), POLLONERA (1890a) y SIMROTH (1891) entre otros, incluyendo también autores de esta monografía (CASTILLEJO y RODRIGUEZ, 1993). SIMROTH (1891) consideró al *Arion ater* con "dorso blancuzco" del Gerês como la variedad *bocagei* de *Arion empiricorum*.

Los ejemplares de *Arion ater* de la zona del Parque Nacional da Peneda–Gerês son de gran tamaño, en extensión sobrepasan los 150 mm. El color del cuerpo varía entre el negro y el castaño claro, sin bandas en los costados. Los tubérculos de la piel son grandes y aquillados. En los individuos adultos en fase femenina, con la glándula de la albúmina extremadamente desarrollada, el epifalo mide 17 mm y el canal deferente 25 mm. La lígula está alojada en el atrio proximal, tiene forma de naveta con la parte más aguzada dirigida hacia el oviducto. El interior del epifalo está tapizado con papilas de tamaño distinto.

Según los criterios de POLLONERA (1889), este individuo encajaría dentro *Arion rufus*. No obstante, según nuestro estudio, este ejemplar corresponde a *Arion ater* y, por tanto, los caracteres proporcionados por Pollonera no permiten la separación de las especies de este complejo, pues no tienen en cuenta la madurez sexual del individuo.

10

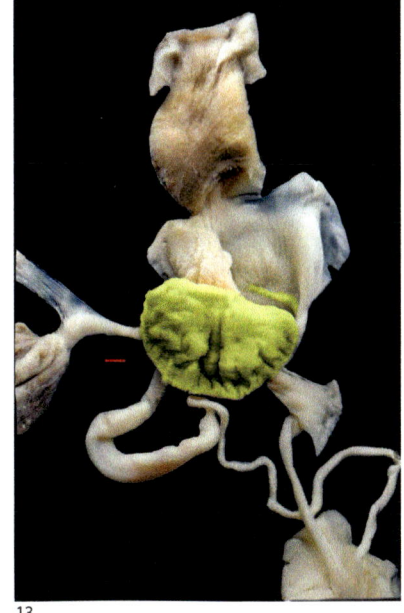

13

Lámina 1.5. *Arion ater*

La Hermida, Potes, Cantabria, España

Figuras

1, 2 y 3: La Hermida, desfiladero y río Deva.

4 y 5: Ejemplares recogidos en el margen del río Deva.

6: Juvenil con bandas claras en el dorso.

7 y 8: Sistema genital de dos individuos en fase femenina.

9 y 10: Cópulas de dos parejas distintas, lígula completamente evaginada.

11: Interior del epifalo.

12 y 13: Lígula en forma de abanico o medialuna de los ejemplares de las figuras anteriores.

Escala: 1 mm

Observaciones

Los ejemplares de *Arion ater* se recogieron en los márgenes del río Deva, al borde de las sendas. El tamaño de los individuos adultos sobrepasa los 150 mm de longitud. El color del cuerpo varía del negro al castaño grisáceo. Poseen tubérculos grandes, aquillados cuando se contrae el cuerpo. Los juveniles pueden tener el dorso de color más claro.

El sistema genital de los individuos en fase femenina tiene la glándula de la albúmina muy desarrollada, la longitud del epifalo es de 25 mm y la del canal deferente 45 mm, casi el doble que la del epifalo.

Dependiendo de la fase de desarrollo sexual, la lígula, que está alojada en el atrio proximal, tiene forma de abanico o mariposa. El reborde de la lígula está festoneado, con lobulaciones bien marcadas. De la base de la lígula salen dos prolongaciones distales que se dirigen hacia el atrio distal.

El epifalo está tapizado internamente con papilas diminutas en toda su extensión, más notorias en el tercio distal.

Según los criterios de POLLONERA (1889), el individuo de la Figura 7 correspondería a *Arion ater* y el de la Figura 8 a *Arion rufus*, lo que evidencia la escasa utilidad de los criterios de este autor para identificar las especies de este complejo.

1

2

4

5

7

8

9

Lámina 1.6. *Arion ater*

Canal de la Costanilla | Los Tojos | Bárcena Mayor | Saja, Cantabria, España

Figuras

1, 2 y 3: Parque Natural Saja-Besaya. Alrededores de Bárcena Mayor, río Saja.

4, 5 y 6: *Arion ater* de color negro y castaño.

7 y 8: Cópulas de dos parejas distintas con la lígula evaginada en distintas fases.

9: Canal de la Costanilla, individuo con la lígula evaginada.

Observaciones

El Parque Natural Saja-Besaya se sitúa en la Cordillera Cantábrica y en las estribaciones orientales de los Picos de Europa. En esta zona hemos encontrado especímenes de ariónidos que englobamos dentro de *Arion ater*, pero tienen caracteres anatómicos muy peculiares, principalmente a nivel del sistema genital y de la lígula.

Según los criterios de POLLONERA (1889), *Arion ater* y *Arion rufus* tienen un atrio proximal de forma globosa y un atrio distal cilíndrico, respectivamente. En los ejemplares de *Arion ater* de los Picos de Europa, el sistema genital tiene el atrio proximal triangular o cónico y la lígula tiene forma de abanico, mariposa o medialuna, dependiendo del grado de desarrollo y de la contracción al anestesiar y fijar al ejemplar de estudio.

Los individuos juveniles tienen el atrio proximal triangular o cónico y el plano de desembocadura del epifalo y el receptáculo seminal está próximo al atrio distal. Pero lo que llama la atención es que la lígula tiene forma de V o mariposa, con la parte abierta dirigida hacia el atrio distal. Esta disposición recuerda a los ejemplares de la Selva de Irati (Ochagavía), donde en los juveniles aparecía una lígula en collera invertida.

El epifalo de los especímenes en fase masculina (ovotestis muy grande y glándula de la albúmina pequeña) mide 22 mm y el canal deferente entre 22 y 28 mm. En los especímenes en fase femenina (glándula de la albúmina muy grande y ovotestis pequeña), el epifalo mide entre 18 y 27 mm y el canal deferente entre 32 y 35 mm.

Las papilas del tercio distal del interior del epifalo son más gruesas que las del resto del epifalo. La comunicación entre epifalo y atrio proximal se hace por medio de una masa musculosa en forma de sombrero y abertura en forma de Y.

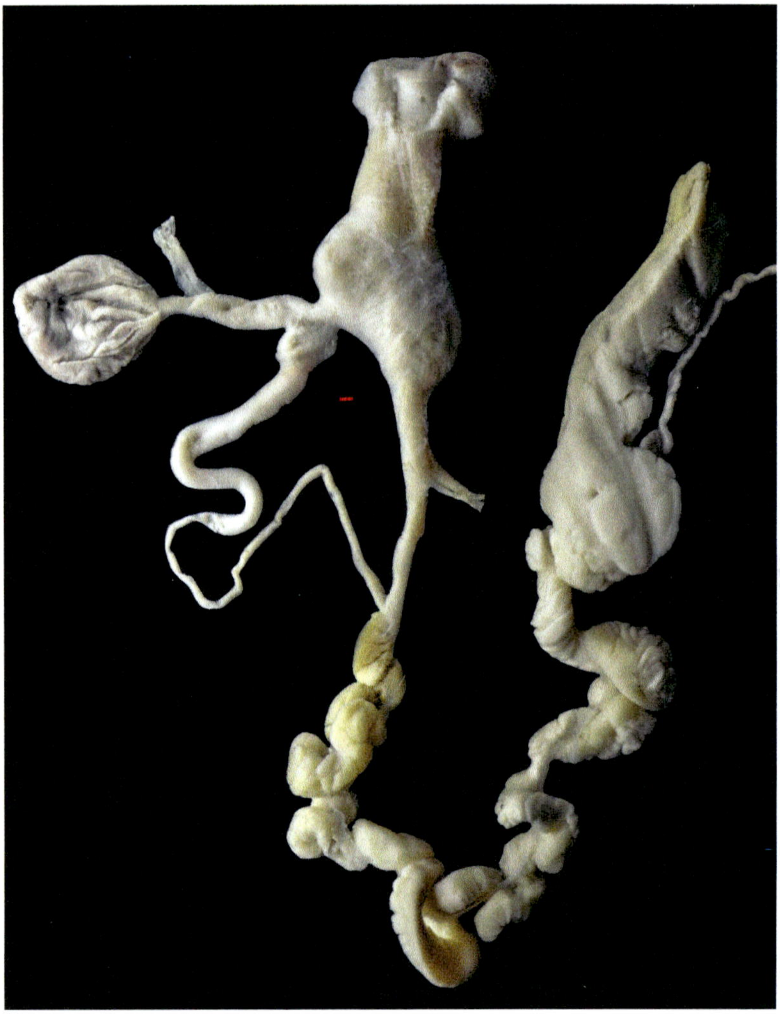

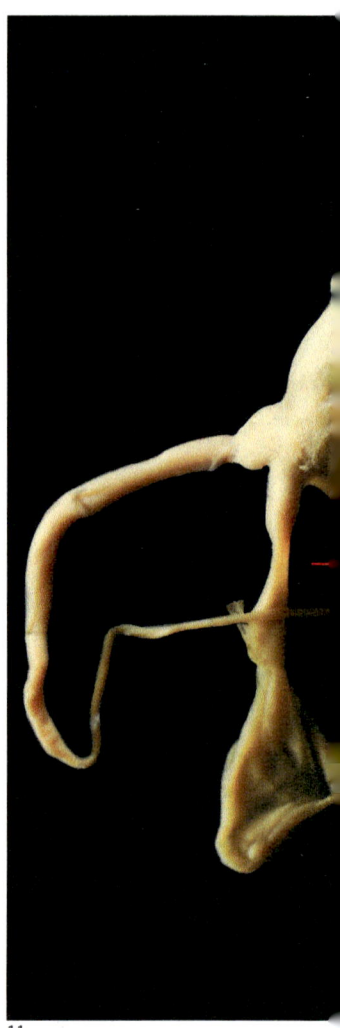

10

11

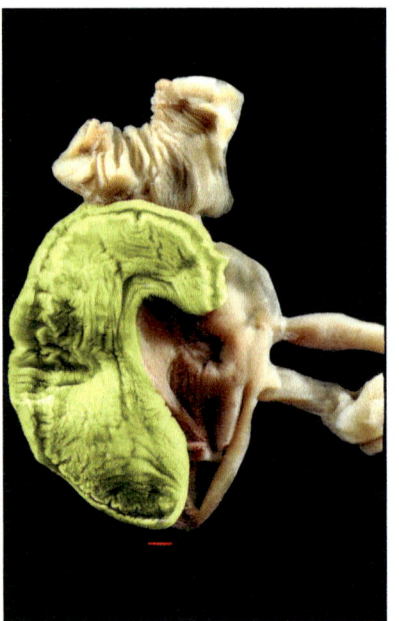

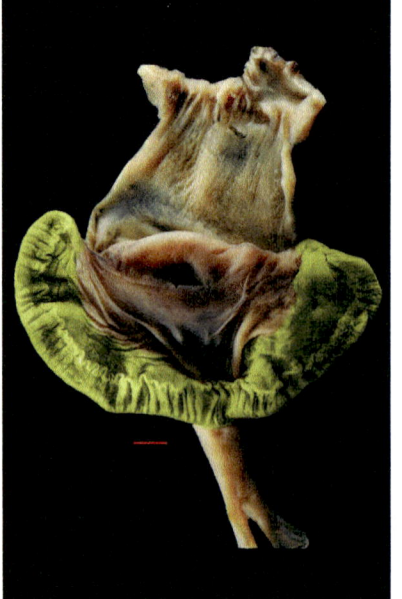

14

15

16

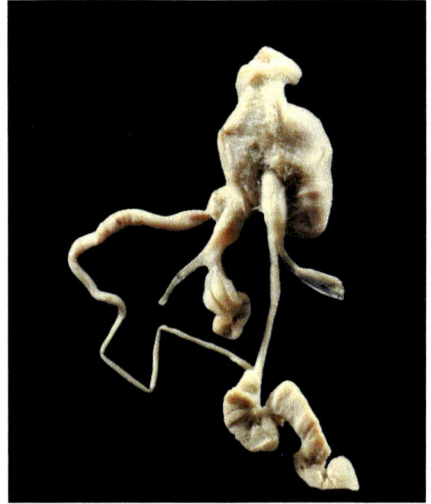

12

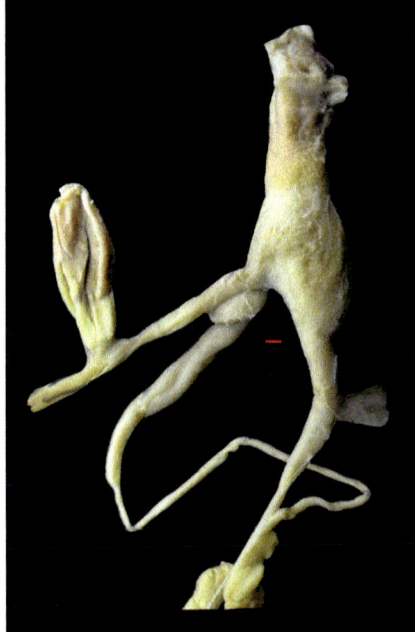

13

18

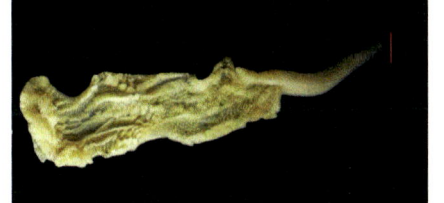

19

Lámina 1.6. (cont.) *Arion ater*

Canal de la Costanilla | Los Tojos | Bárcena Mayor | Saja, Cantabria, España

Figuras

10: Sistema genital.

11, 12 y 13: Parte distal del sistema genital de individuos de Bárcena Mayor.

14 y 15: Lígula en el interior del atrio proximal, en distintos grados de contracción.

16: Individuo juvenil, lígula en forma de V o mariposa.

17: Lígula evaginada en forma de mariposa.

18 y 19: Detalle del esfínter de comunicación del epifalo y atrio proximal e interior del epifalo.

Escala: 1 mm

1

2

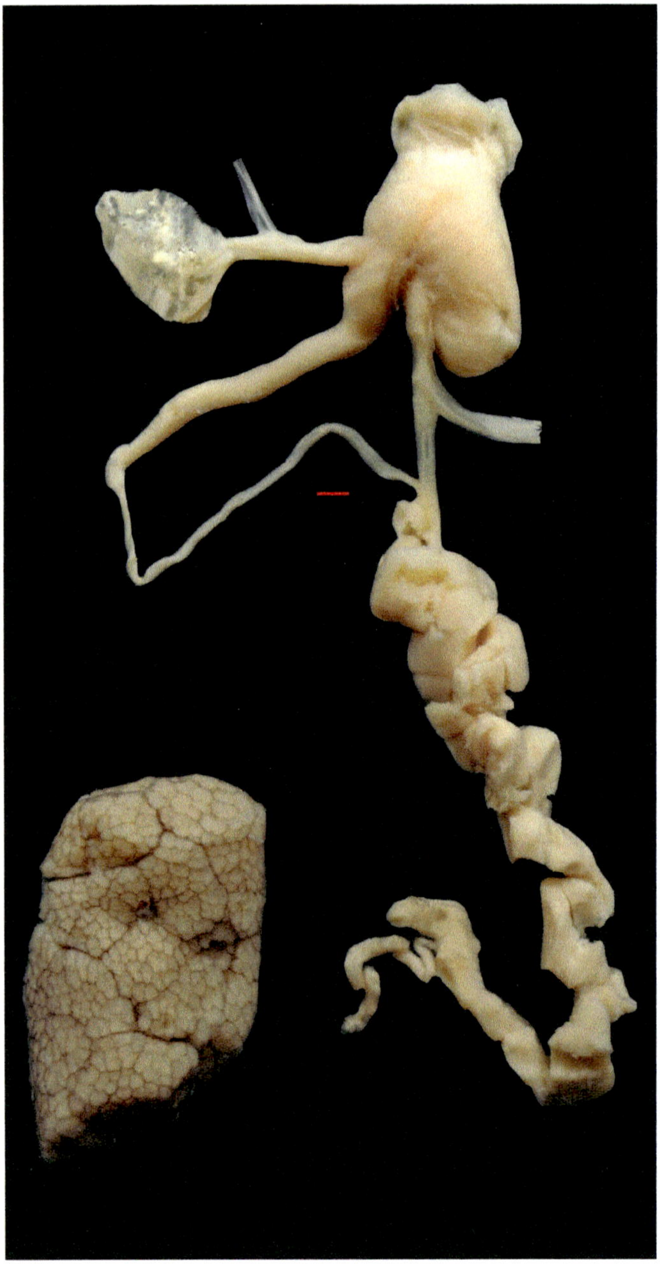

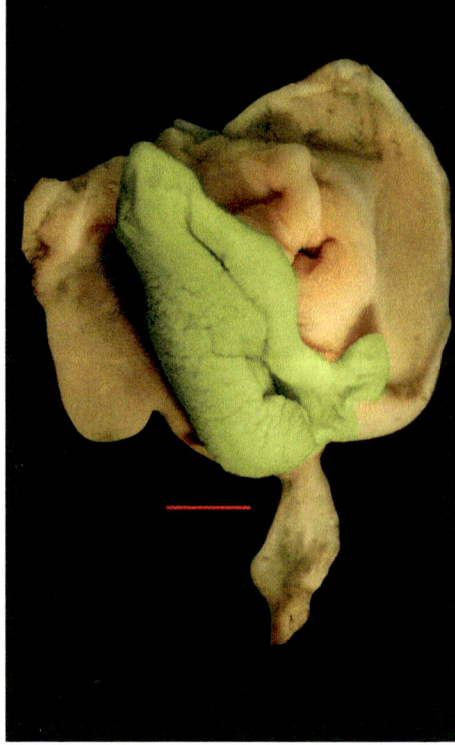

4

5

7

Lámina 1.7. *Arion ater*
Cadramón, Valadouro | Mondoñedo, Serra do Xistral, Lugo, España

Figuras

1: Salto do Coro, Mondoñedo.

2 y 3: O Vilar, Mondoñedo, Serra do Xistral.

4: Sistema genital de individuo en fase masculina.

5 y 6: Especímenes de Cadramón, Serra do Xistral.

7: Lígula plegada en el interior del atrio proximal.

8: La misma lígula extendida.

9: Interior del epifalo.

Escala: 1 mm

6

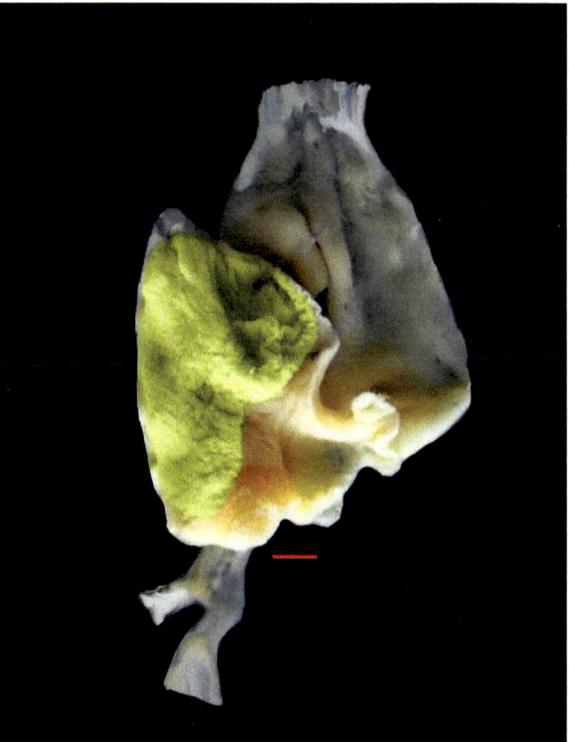

9

Observaciones

Los ejemplares de *Arion ater* se recogieron en abril de 2013 en la Serra do Xistral. Eran juveniles en fase masculina, con la ovotestis blanquecina y la glándula de la albúmina diminuta. La lígula no está muy desarrollada, pero se esboza la forma de naveta. El epifalo mide 14 mm y el canal deferente 17 mm. El interior del epifalo está tapizado con papilas gruesas en el tercio distal, y pequeñas en el resto.

Figura 8. Fotografía de *Arion rufus* en Irati (Navarra).

Arion rufus (Linnaeus, 1758)

Caracteres diagnósticos basados en la anatomía

i.   Animales de gran tamaño (+ 100 mm), de color castaño uniforme en todas sus gamas. Los de color castaño oscuro pueden parecer de color negro o incluso ser de color negro. Cuerpo robusto y ancho.

ii.   La suela pedia es tripartita, de color oscuro o anaranjado y con reborde de color rojo.

iii.   Mucus del cuerpo incoloro o blanquecino.

iv.   Tubérculos de la piel grandes, anchos y aquillados.

v.   Lígula intra-atrial con un surco o canal en su interior, el cual discurre desde el centro de la lígula al margen. Puede tener formas variadas: naveta, cestilla o valva de *Pecten* (vieira).

vi.   El orificio del oviducto libre se abre en la base del canal o surco.

vii.   El epifalo, el canal del receptáculo seminal y el oviducto libre desembocan en el atrio proximal y pueden hacerlo tanto en el mismo como en distinto plano.

viii. Las longitudes del epifalo y del canal deferente oscilan entre 20 y 30 mm. Las medidas de estos conductos dependen del estado de madurez y de los procesos de anestesiado y conservación.

ix.   Los adultos se balancean al ser molestados (comportamiento *rocking*).

Descripción

Morfología externa y coloración

Son ariónidos muy grandes. Los especímenes adultos son de color marrón claro u oscuro, sin bandas en el dorso y el escudo. Los marrones son de mayor tamaño y más robustos que los de color castaño oscuro, que parecen prácticamente negros. Ambos sobrepasan los 100 mm de longitud.

Los tubérculos de la piel son grandes, alargados, aquillados cuando el animal se contrae, y de sección redondeada cuando camina. La suela pedia es tripartita, de color oscuro o anaranjado. El reborde de la suela es rojizo, anaranjado o negro en función del color del cuerpo. El mucus del cuerpo es incoloro o blanquecino.

Sistema genital

El tamaño relativo de las distintas partes del sistema genital varía en función del grado de desarrollo, de la madurez sexual y de si están en fase masculina, femenina, pre-cópula, post-cópula o senil. Las características del sistema genital de *Arion rufus* y *Arion ater* son altamente similares, por lo que se recomienda la observación de las fotografías de las láminas para entender las diferencias entre las dos especies. En esencia, el carácter más fiable para separar ambas especies es la presencia de un canal interior en la lígula de *Arion rufus* (incluso en individuos juveniles), canal que está ausente en *Arion ater*. En las láminas de esta especie se muestran fotografías de estos caracteres en individuos de diferentes localidades geográficas y en diferente estado de desarrollo.

Atrio genital. Existen dos atrios. El atrio distal está recubierto por una pared de aspecto glanduloso en los adultos, que en los juveniles es inexistente. El atrio distal es cilíndrico, más alto que ancho en los juveniles y, por el contrario, más ancho que alto en los adultos. El atrio proximal es globoso o cónico y en él desembocan el epifalo, el canal del receptáculo seminal y el oviducto libre. Estos tres orificios se pueden encontrar en el mismo plano o en dos planos diferentes. En este segundo caso, en un plano se encuentran los orificios del epifalo y el receptáculo seminal y en el otro plano se localiza el orificio del oviducto libre. La lígula se aloja dentro del atrio proximal.

Oviducto libre distal. Es tubular, alargado y delgado. En la mitad de su longitud se inserta una de las ramas del músculo retractor del genital. Este músculo tiene forma de Y, con el tronco insertado por debajo del escudo, una rama en el receptáculo seminal y la otra en el oviducto libre.

Epifalo y conducto deferente. La sección del epifalo es mayor que la del conducto deferente. La longitud de ambos conductos suele ser parecida, oscilando alrededor de 25 mm en los adultos en fase masculina. En los especímenes en fase femenina, el epifalo mide alrededor de 27 mm y el canal deferente 35 mm. La longitud del epifalo y del canal deferente depende de la fase de desarrollo y la fase sexual en la que se encuentre el individuo y, por tanto, de la función que estén desempeñando en ese momento. La pared interna del epifalo, en su parte distal, está tapizada por pequeñas papilas romboédricas de tamaños distintos, más grandes en la parte distal y más pequeñas en la parte proximal. En la luz del epifalo existe un surco que carece de papilas y es donde se aloja la carena del espermatóforo. El tamaño de las papilas está relacionado con el tamaño de los dientes del espermatóforo.

Espermatóforo. Es de color ambarino y su longitud es mayor que la del epifalo. Al igual que en el caso de *Arion ater*, esto sugiere que el canal deferente podría intervenir también en la formación del espermatóforo o, alternativamente, que el espermatóforo se formaría exclusivamente en el epifalo y dicha formación continuaría durante la fase de transferencia, de forma que a medida que se va transfiriendo se va formando, lo que explicaría que la parte aguzada del espermatóforo no tenga dientes o estos sean muy pequeños.

Lígula. En los adultos, en el momento de la cópula, la lígula tiene forma de medialuna y se coloca sobre el dorso del otro individuo o se yuxtaponen las dos lígulas, una contra la otra, de forma semejante a cuando se entrelazan dos manos extendidas. La forma de medialuna es el patrón final de la lígula, y para llegar a él se pasa por formas en cestilla, en naveta o mariposa. La naveta es una cestilla en la que se ha desarrollado un extremo y se asemeja a una herradura. El reborde de la lígula está festoneado con ligeras ondulaciones o lobulaciones, pero sin expansiones epiteliales filiformes. La lígula intra-atrial posee un surco o canal en su interior y el orificio del oviducto libre desemboca en la parte inferior de este canal, en su base. El canal alcanza su máximo desarrollo en el momento de la cópula, no se aprecia en los juveniles, y en los seniles se desvanece. Su inicio está en el orificio del oviducto libre y se va ensanchando hasta el borde de la lígula. Se cree que este surco podría alojar el espermatóforo en el momento de la transferencia. Si el surco existe y está bien definido se podría pensar entonces que estamos en la fase previa o la fase posterior al intercambio del espermatóforo.

Glándula de la albúmina. Su tamaño y desarrollo dependen de la fase sexual en la que se encuentre. En fase masculina es pequeña, en fase femenina se hace más voluminosa.

Ovotestis o glándula hermafrodita. En su posición natural no llega al fondo del saco visceral. Su tamaño y colorido dependen de la fase de desarrollo sexual. En fase masculina temprana es voluminosa y el epitelio que la recubre es blanquecino. En fase masculina tardía, el epitelio que la recubre se vuelve oscuro. En fase femenina se hace más pequeña, y el epitelio que recubre los acini es completamente negro.

Principales diferencias con especies próximas

Arion rufus puede ser confundido con *Arion ater*, del que se separa con seguridad únicamente mediante el estudio de la lígula (que tiene un canal en *Arion rufus*, pero no en *Arion ater*), y con otras dos especies, descritas por primera vez en esta monografía, con las que coexiste en la Selva de Irati: *Arion torquiformis* sp. nov. y *Arion amygdaliformis* sp. nov.

Las principales diferencias entre *Arion torquiformis* y *Arion rufus* se encuentran en la coloración, la forma de balanceo o contracción, la lígula y la posición por donde se abre el orificio del oviducto libre en el atrio proximal. Los especímenes de *Arion rufus* son de color castaño y de mayor tamaño, más robustos y anchos que los especímenes de *Arion torquiformis,* que son de color negro azabache. Al contraerse, el tamaño de los individuos de *Arion rufus* es casi un 30% superior al de los individuos de *Arion torquiformis* y lo hacen de forma que la parte libre del escudo, la que está en contacto con el suelo, es cóncava; mientras que en *Arion torquiformis* es convexa. *Arion rufus* posee un surco en la lígula, del cual carece *Arion torquiformis*. Además, en *Arion rufus* el orificio del oviducto libre se encuentra en la base de este canal o surco, mientras que en *Arion torquiformis* el orificio se encuentra al final de una chimenea o volcán de la lígula en forma de «diadema de corona de princesa».

Arion amygdaliformis podría confundirse con *Arion rufus* por su coloración castaña y su gran tamaño. Sin embargo, *Arion rufus* posee una lígula intra-atrial mientras que la de *Arion amygdaliformis* es intra-oviductal y posee forma de media cáscara de almendra. Además, *Arion amygdaliformis* no se balancea al ser molestado.

Distribución de *Arion rufus* en la Península Ibérica

Arion rufus se distribuye por todo el norte de la Península Ibérica, desde el Macizo Galaico y la Cordillera Cantábrica hasta los Pirineos Occidentales (Figura 9). No se ha encontrado en la zona de los Pirineos comprendida entre el Parque Natural Valles Occidentales (Huesca) y el Parque Natural Regional de los Pirineos Catalanes. Por tanto, esta especie tiene en la Península Ibérica una distribución cantábrica, mientras que en Europa se extiende por la costa atlántica.

Figura 9. Distribución de *Arion rufus* en la Península Ibérica.

Notas históricas sobre *Arion rufus* en la Península Ibérica

MORELET (1845) cita en Portugal cuatro variedades de *Arion rufus*. Las variedades α y Γ , sin bandas, en la Serra de Sintra, la β en todo Portugal y la δ en la Serra da Arrábida.

Para MABILLE (1868) las variedades α y Γ del *Arion rufus* de Morelet son una especie nueva que llamó *Arion lusitanicus* Mabille, 1868. Sin embargo, para POLLONERA (1889, 1890a) todas las variedades descritas por Morelet para el *Arion rufus* serían la misma especie que años antes había creado Mabille: *Arion lusitanicus*. De esta misma opinión es SIMROTH (1891), aunque cita como sinonimia de *Arion empiricorum* Férussac, 1819 la variedad *pallescens* de *Arion rufus* que encontró en el Museo de Lisboa. Por otro lado, POLLONERA (1890b) indica que el *Arion rufus* de Portugal es diferente del de Francia y Europa septentrional y central. NOBRE (1941) considera todas las citas de *Arion rufus* de Portugal como si fuesen de *Arion ater* (Linnaeus, 1758).

TORRES MÍNGUEZ (1925) describe *Arion ferrugineus* con ejemplares conservados en etanol y recogidos en el Santuario de Lourdes (Francia). En la descripción lo compara con *Arion empiricorum* y dice que en etanol los individuos miden 3.5 cm. De la morfología externa dice que «*es de color orín o herrumbre completamente uniforme en la coraza, dorso y pie*».

BORREDÀ (1996) hace un estudio pormenorizado de la historia taxonómica de *Arion rufus* y *Arion ater* a nivel europeo. El análisis lo inicia con LINNAEUS (1758) y acaba con GARRIDO et al. (1995). BORREDÀ y MARTÍNEZ-ORTÍ (2023) hacen de nuevo un estudio actualizado de las citas de *Arion rufus* y *Arion ater* en España.

Sinonimias

Limax rufus Linnaeus, 1758. *Syst. Nat.*, ed. X., vol. 1, nº 2: 652

Arion empiricorum Férussac, 1819 [*partim*]. *Hist. Nat. Moll.*, 2: 60, t. 1, fig. 3.

Arion rufus (Linnaeus, 1758) Pollonera, 1889. *Nuove Cont. Arion Europ.*, I: 4 (pp. 404-405, Tav. IX, fig.27).

Arion ferrugineus Torres Mínguez, 1925. *Butll. Inst. Cat. Hist. Nat.*, 2 (V) 3: 229- 243.

Arion succineus Bouillet, 1836. *Catalogue des espèces et varietés de mollusques terrestres et fluviatiles, observés jusqu'à ce jour à l'état vivant, dans la Haute et la Basse-Auvergne*, p. 14. (non Müller).

Material utilizado para el estudio anatómico y molecular

1. Tauralaukis, Klaipeda, Lituania: 24-06-2014
2. University of Aarhus, Aarhus, Dinamarca: 12-06-2014
3. Sidzina, Cracovia, Polonia: 20-05-2014
4. Auzon, Brioude, Francia: 26-10-2015
5. Lac des Gaves | Soulom | Santuario de Lourdes, Francia: 24-10-2015
6. Les Martys, Mazamet, Montagne Noir, Francia: 05-09-1992, 10-09-1994, 28-10-2015
7. Casas de Irati, Selva de Irati, Ochagavía, Navarra: 18-09-1994, 15-05-2009, 24-03-2012, 30-05-2016, 17-07-2017
8. Margen del río, Casas de Irati, Selva de Irati, Ochagavía, Navarra: 18-09-1994, 15-05-2009, 24-03-2012, 30-05-2016, 17-07-2017
9. Parque Natural Señorío de Bértiz, Oyeregui, Navarra: 26-09-1991, 07-06-2016
10. Montagnac-la-Crempse | Villamblard, Aquitania, Francia: 28-08-2014
11. Monte Buciero, Dueso, Santoña, Cantabria: 06-11-1989, 12-05-2009, 03-01-2015

12. Campus Universitario de la USC, Vidán, Santiago de Compostela: 21-12-2011, 02-10-2014

En la siguiente tabla se recoge la información acerca de las localidades en las que se recolectaron ejemplares de *Arion rufus* para el estudio molecular llevado a cabo en esta monografía. Para cada localidad se indican los especímenes que fueron secuenciados, utilizando para ello el código asignado en la colección del Departamento de Zoología de la USC. En la última columna se indica el código del haplotipo único para el fragmento *barcode* del gen *cox1* que aparece en el detalle del árbol filogenético de esta especie. Nótese que un mismo haplotipo puede encontrarse en localidades diferentes. En otras palabras, ejemplares tanto de la misma localidad como de localidades diferentes pueden tener una secuencia del fragmento *barcode* idéntica y, en esos casos, en el árbol filogenético solo se muestra el código de uno de estos ejemplares, denominado «haplotipo *cox1-5*' de referencia». Si el haplotipo de referencia pertenece a una localidad diferente a la de los especímenes secuenciados a los que se hace referencia, se indica en cursiva.

Localidad	Especímenes secuenciados	Haplotipo *cox1-5'* de referencia
Tauralaukis, Klaipeda, Lituania	USCM13721	USCM13721
Fragas do Eume, A Coruña	USCM6040 USCM6042 USCM6044 USCM6046 USCM6047 USCM6059 USCM13690	USCM6040
Posada de Valdeón, Parque Nacional de los Picos de Europa, León	USCM7286	*USCM7237*
Fuente Dé, Potes, Parque Nacional de los Picos de Europa, Cantabria	USCM7237	USCM7237
Monte Mijedo, Argoños, Parque Natural Marismas de Santoña, Victoria y Joyel, Cantabria	USCM7225	USCM7225
Bárcena Mayor, Parque Natural Saja-Besaya, Cantabria	USCM6237 USCM6240 USCM6337 USCM6340 USCM6345	USCM6237
	USCM13681	USCM13681
	USCM6233	USCM6233
Parque Natural Señorío de Bértiz, Oyeregui, Navarra	USCM13589	USCM13589
Casas de Irati, Selva de Irati, Ochagavía, Navarra	USCM13680	USCM13680
	USCM13552	USCM13552

Localidad	Especímenes secuenciados	Haplotipo *cox1-5'* de referencia
Pikatua, Irati, Navarra	USCM6390	USCM6390
	USCM6393	USCM6393
	USCM6385	USCM6385
	USCM6389	USCM6389
	USCM6391	USCM6391
	USCM6383 USCM6395	USCM6383
	USCM6392 USCM6394 USCM6396	USCM6392
Ermita de la Virgen de las Nieves, Irati, Navarra	USCM6407	USCM6407
Puerto de Larrau, Francia	USCM13675	USCM13675
Auzon, Brioude, Francia	USCM7245 USCM7246	USCM7245
Santuario de Lourdes, Francia	USCM7269	USCM7269
	USCM7267	USCM7267
Les Martys, Mazamet, Montagne Noir, Francia	USCM13711	USCM13711
	USCM13712	*USCM7256*
	USCM7252 USCM7255	USCM7252
	USCM7251	USCM7251
	USCM7256	USCM7256
Alloue, Francia	USCM13634	USCM13634

Resultados del análisis filogenético de *Arion rufus*

Los especímenes identificados morfológicamente como *Arion rufus* recolectados y secuenciados en la presente monografía se agrupan en los análisis filogenéticos basados en el fragmento *barcode* del gen *cox1* en un clado monofilético con buen soporte estadístico (probabilidad posterior = 1; Figura 10). Estos resultados apoyan el estudio anatómico realizado y confirman a *Arion rufus* como buena especie dentro del complejo de *Arion ater-rufus* y genéticamente diferenciada del resto de especies incluidas en este.

El árbol multilocus incluye a *Arion rufus* dentro del clado con las especies del complejo de *Arion ater-rufus*, como especie hermana de *Arion torquiformis* (Figura 54).

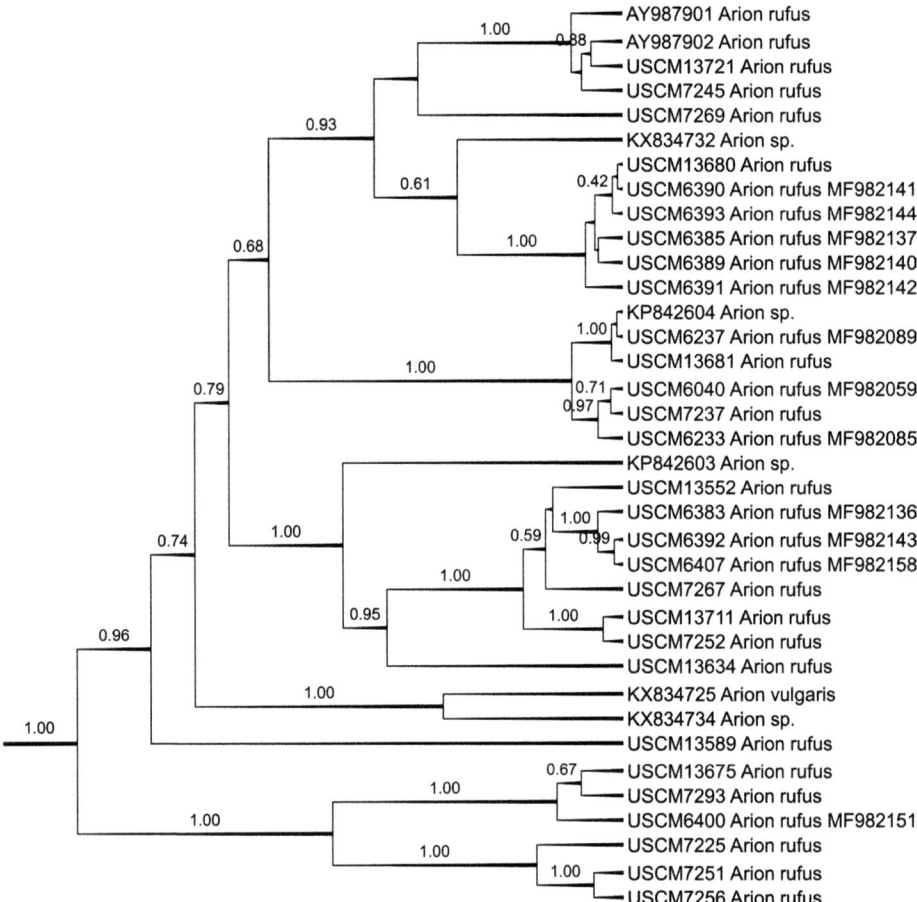

Figura 10. Detalle del árbol basado en el fragmento *barcode* del gen mitocondrial *cox1* que muestra las relaciones entre los especímenes de *Arion rufus* secuenciados en esta monografía (ver nota final, pág. 389).

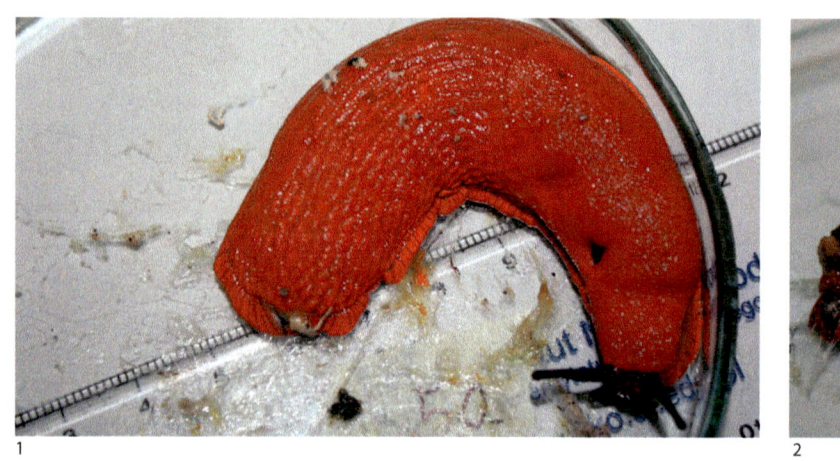

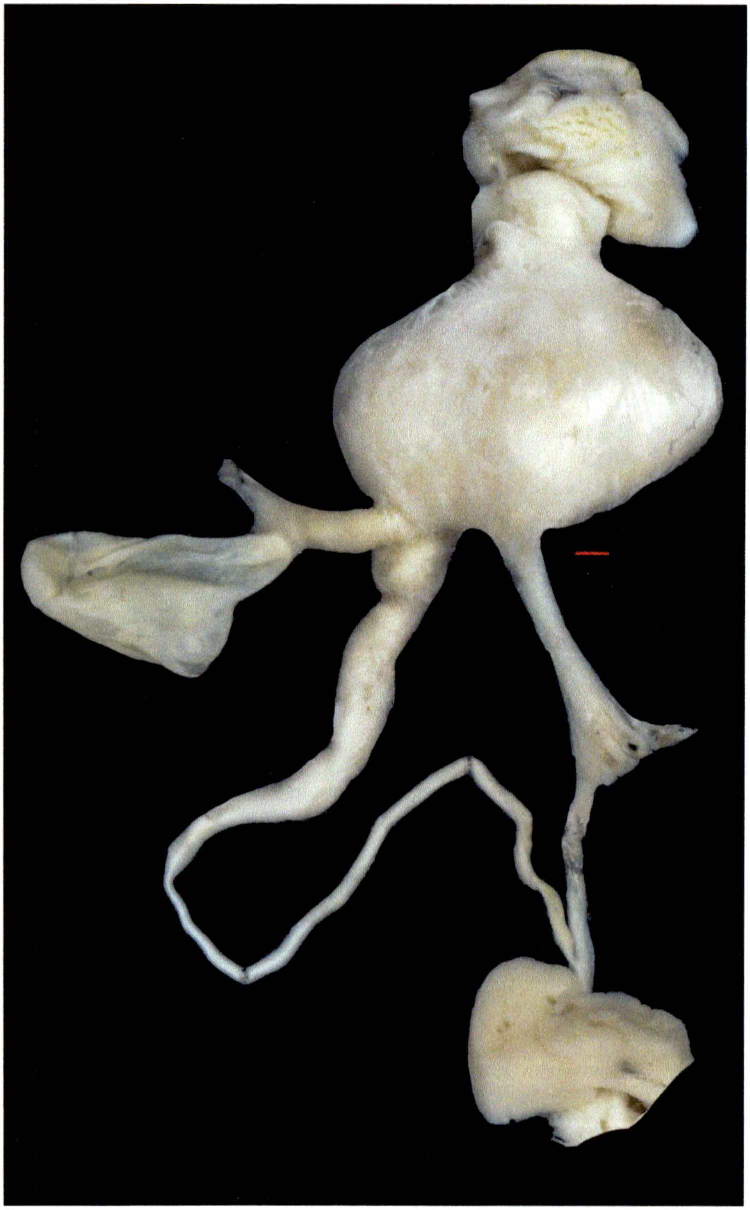

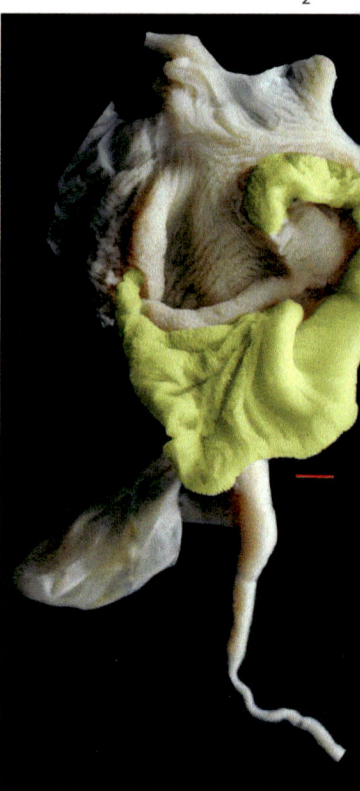

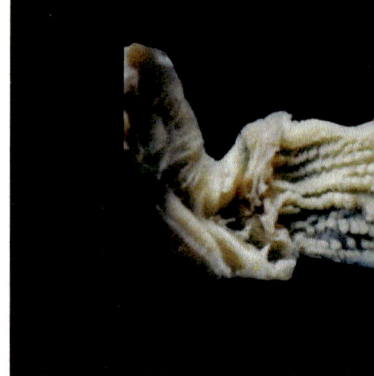

Lámina 2.1. *Arion rufus*
University of Aarhus, Aarhus, Dinamarca

Figuras

1 y 2: Ejemplares de *Arion rufus* recolectados por la Dra. Stine Slotsbo, University of Aarhus, Dinamarca.

3: Sistema genital.

4 y 5: Lígula en el interior del atrio proximal, resaltada en verde.

6: Interior del epifalo, recubierto con papilas de tamaño distinto.

Escala: 1 mm

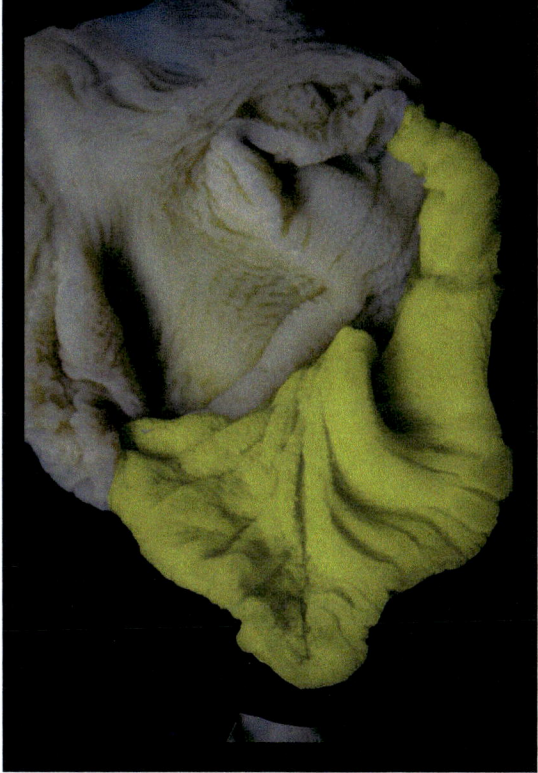

5

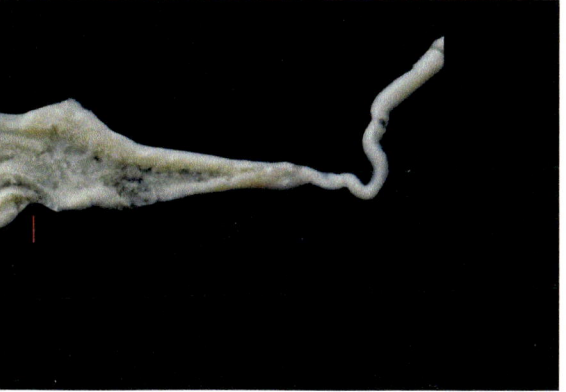

Observaciones

Los ejemplares de *Arion rufus* de Dinamarca examinados en esta monografía eran individuos juveniles en fase masculina. La ovotestis es grande, con el epitelio castaño claro. La glándula de la albúmina está poco desarrollada, casi indiferenciada. El epifalo mide 18 mm y el canal deferente 28 mm. Atrio genital proximal esférico, sin ciegos laterales. Atrio distal cilíndrico corto, sin recubrimiento glandular. Lígula en forma de C, con un fuerte labio interior sobre el que se marca un profundo canal o surco. Según los criterios de POLLONERA (1889), estos ejemplares habría que considerarlos *Arion rufus*.

1
2
4
5
7
8

Lámina 2.2. *Arion rufus*
Auzon, Brioude, Francia

Figuras

1: Auzon, vista parcial de la zona monumental.

2 y 3: Márgenes del río Auzon, camino de los Molinos.

4, 5 y 6: *Arion rufus* en la naturaleza, fotos nocturnas.

7 y 8: Sistema genital de dos individuos adultos en fase femenina. Glándula de la albúmina grande.

9: Lígula extendida con un canal en el medio.

10: Epifalo tapizado con papilas y un surco en la base.

Escala: 1 mm

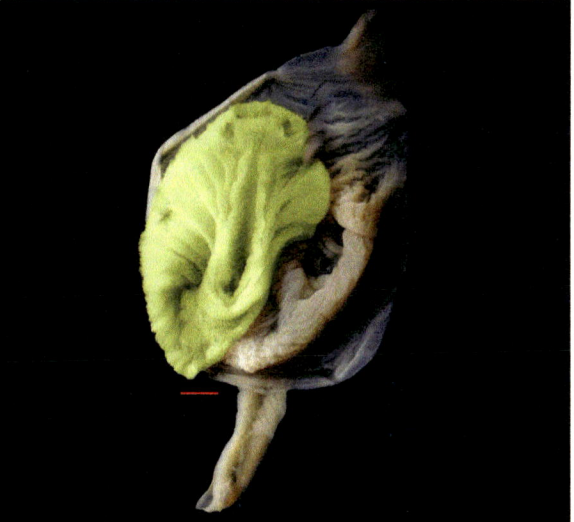

Observaciones

BOUILLET (1836) describe *Arion succineus* en Francia. Entre las localidades en las que lo cita se encuentra el Distrito de Brioude, concretamente en los bosques de Alleret. Lo describe como un animal de color amarillo ambarino, de 7 cm de longitud. MOQUIN-TANDON (1855) lo asemeja a *Arion flavus* y TAYLOR (1907) lo considera la variedad *succinea* de *Arion subfuscus*.

En octubre de 2015 se realizó un muestreo en Brioude (Francia) para recolectar ejemplares de *Arion succineus* y compararlos con especímenes de *Arion vulgaris*. Realizados los estudios anatómicos y moleculares, pudimos comprobar que el *Arion succincus* de Bouillet (1836) no es *Arion subfuscus* ni *Arion vulgaris*, sino que es *Arion rufus*.

El *Arion rufus* que encontramos en los márgenes del río Auzon era una babosa de color ambarino, que sobrepasaba los 100 mm de longitud. Los tubérculos de la piel son grandes y, cuando el animal está ligeramente contraído, aparece una quilla a lo largo del tubérculo. Suela pedia ligeramente ambarina.

El atrio proximal del sistema genital es cilíndrico. El epifalo y el receptáculo seminal desembocan en un plano distinto, más distal, que donde desemboca el oviducto libre. El epifalo mide 17 mm y el canal deferente 26 mm. Según los criterios de POLLONERA (1889), por los planos de desembocadura de los conductos en el atrio proximal, estos ejemplares serían *Arion ater*, pero por la relación entre epifalo y canal deferente podrían encajar dentro de *Arion rufus*.

La lígula extendida es semicircular, con un canal en el centro. El canal se origina en la parte basal, donde desemboca el orificio del oviducto libre. El canal se atenúa y se hace menos profundo hacia la periferia de la lígula.

El interior del epifalo tiene un surco basal y la luz del epifalo está tapizada por papilas irregulares y poco compactas.

Lámina 2.3. *Arion rufus*
Margen del río, Casas de Irati, Selva de Irati, Ochagavía, Navarra, España

Figuras

1, 2 y 3: Márgenes del río Irati a su paso por las Casas de Irati. Cabaña cerca de la cascada del Cubo.

4 y 5: Individuos vivos sobre hojas de hayas.

6: Individuos conservados en etanol.

7: Fase temprana de la cópula.

8: Genital de individuo adulto en fase femenina.

9, 10 y 12: Lígula extendida en el interior del atrio proximal.

11: Interior del epifalo.

13: Lígula evaginada con el surco en la parte cóncava.

Escala: 1 mm

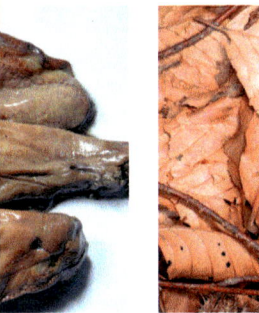

7

10

13

Observaciones

La parte española de la Selva de Irati se muestreó en cinco ocasiones desde 1994 a 2017. Siempre se muestrearon las mismas zonas: alrededores de las Casas de Irati, márgenes de la carretera de Abodi, márgenes del río Irati, zona del Centro de Esquí Nórdico de Abodi hasta el río Pikatua y río Urtxuria. También se muestrearon los alrededores de la villa de Ochagavía. Los muestreos nocturnos y diurnos se hicieron en primavera, verano y otoño.

En todos los muestreos aparecían las mismas formas en mayor o menor abundancia. En los muestreos de marzo de 2012 hacía frío y no encontramos casi actividad.

Los individuos marrones se balanceaban al molestarlos y la lígula tenía un surco o canal en el centro, y el orificio del oviducto libre abría en el fondo de este canal o surco.

Los individuos anatomizados y figurados en está lámina se recogieron en los alrededores de las Casas de Irati, próximos al río. Eran de color castaño, con tubérculos grandes aquillados. Conservados en etanol miden 80 mm y en vivo sobrepasan los 110 mm de longitud.

El sistema genital tiene la glándula de la albúmina bien desarrollada. El epifalo mide 30 mm y el canal deferente 33 mm. La lígula tiene aspecto de una cestilla oblonga con un surco o canal en el centro donde se aprecia la desembocadura del oviducto. Las lígulas evaginadas conservan el mismo aspecto, con el canal en el centro que abre en el borde de la lígula, la cual está festoneada con lobulaciones. El epifalo tiene diminutas papilas poliédricas en su interior.

Lámina 2.4. *Arion rufus*

Monte Buciero, Dueso, Santoña, Cantabria, España

Figuras

1, 2 y 3: Monte Buciero, Santoña.

4, 5, 6 y 8: Ejemplares vivos.

7: Ejemplar de *Arion rufus* entre dos ejemplares de *Arion flagellus*.

9 y 10: Ejemplares de *Arion rufus* conservados en etanol.
11 y 12: Sistema genital en fase femenina de dos ejemplares distintos.

13: Lígula en el interior del atrio proximal, con un surco en el interior.

14: Dibujo del sistema genital de un individuo juvenil.

15, 16 y 17: Dibujos de la parte distal del sistema genital de varios individuos.

Escala: 1 mm

7

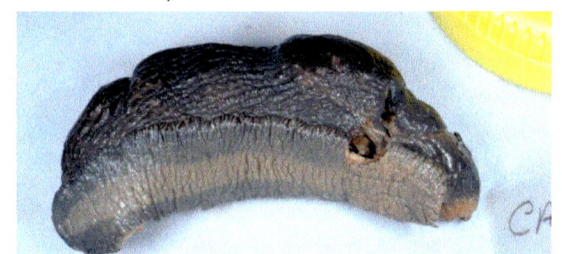

10

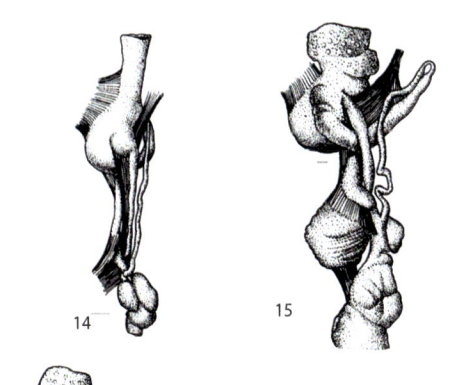

14   15

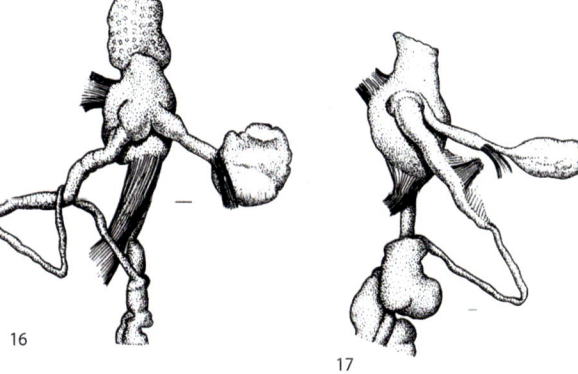

16   17

Observaciones

Los ejemplares recogidos de la zona de Santoña tienen la lígula en forma de naveta o cestilla y con un surco o canal en el centro. El oviducto libre desemboca en el centro de la lígula, en la base del surco.

Los animales de Santoña son negros y los tubérculos de la piel son alargados tanto en los especímenes vivos como en los conservados.

El epifalo y el canal deferente tienen igual longitud, 15 mm cada uno. La glándula de la albúmina es grande y la ovotestis pequeña. El interior del epifalo está tapizado con papilas poliédricas de distinto tamaño.

Tanto en las fotografías como en los dibujos, el plano de desembocadura de los tres conductos en el atrio proximal es distinto, y si a esto le añadimos que el epifalo y el canal deferente miden igual, podríamos deducir (erróneamente) que estos ejemplares son *Arion ater* si siguiéramos los criterios de POLLONERA (1889).

Figura 11. Fotografía de *Arion torquiformis* sp. nov. en Irati (Navarra).

Arion torquiformis sp. nov.

Derivatio nominis. Su nombre hace referencia a la forma de la lígula, que tiene forma de «diadema de corona de princesa», collera o torques, que en latín es «*torquis*».

Material examinado

Se estudiaron ejemplares de las siguientes localidades:

Holotipo:

> Localidad tipo: Casas de Irati, Selva de Irati, Ochagavía, Navarra, España.
> Coordenadas: 42.988888, -1.105047.
> Fecha de captura: 20-10-2015.
> Depósito: Colección del Departamento de Zoología, Genética y Antropología Física de la Universidade de Santiago de Compostela, A Coruña, España.

Paratipos:

1. Localidad: Ermita de la Virgen de las Nieves, Casas de Irati, Selva de Irati, Ochagavía, Navarra, España.
   Fechas de captura: 20-10-2015, 30-05-2016.
   Número de ejemplares: 5
   Depósito: Colección del Departamento de Zoología, Genética y Antropología Física de la Universidade de Santiago de Compostela, A Coruña, España.
2. Localidad: Parque Natural Señorío de Bértiz, Oyeregui, Navarra, España.
   Fechas de captura: 26-09-1991, 07-06-2016.
   Número de ejemplares: 34
   Depósito: Colección del Departamento de Zoología, Genética y Antropología Física de la Universidade de Santiago de Compostela, A Coruña, España.

Caracteres diagnósticos basados en la anatomía

i.   Animales de gran tamaño (+ 100 mm), de color uniforme: negro aza-bache en la Selva de Irati (Navarra) y marrones en el Señorío de Bértiz (Navarra). Poseen un cuerpo estilizado.

ii. No se balancean cuando se les molestan (no tienen comportamiento *rocking*).

iii. Tubérculos de la piel no muy grandes, aquillados.

iv. Lígula intra-atrial con forma de «diadema de corona de princesa», collera o volcán. En los juveniles la lígula tiene forma de collera y en los adultos forma de volcán o «diadema de corona de princesa». El orificio del oviducto libre desemboca en una especie de chimenea o volcán.

v.   Las desembocaduras del epifalo, el canal del receptáculo seminal y el oviducto libre en el atrio proximal pueden estar en igual o distinto plano.

vi. La longitud del epifalo oscila entre 25 y 30 mm y la del canal deferente entre 30 y 45 mm.

Descripción

Morfología externa y coloración

Son ariónidos muy grandes, los marrones son de mayor tamaño y más robustos que los negros. Ambos sobrepasan los 100 mm de longitud.

Los individuos adultos de *Arion torquiformis* son de color azabache o de un negro muy intenso en la Selva de Irati, y los de la zona del Señorío de Bértiz (Navarra) son de color marrón. Los juveniles de la Selva de Irati son negros con dos bandas blancas sobre dorso y escudo. Los adultos carecen de bandas sobre el dorso y el escudo. Los tubérculos de la piel son grandes, alargados, aquillados cuando el animal se contrae, y de sección redondeada cuando camina. La suela pedia es tripartita, de color oscuro, incluso anaranjado. Las bandas externas son más oscuras. Reborde de la suela rojizo, anaranjado o negro en función del color del cuerpo. El mucus del cuerpo es incoloro, blanquecino. No se balancean cuando se les molesta (no tienen comportamiento *rocking*).

Sistema genital

El tamaño relativo de las distintas partes del sistema genital varía en función del grado de desarrollo, de la madurez sexual y de si están en fase masculina, femenina, pre-cópula, post-cópula o senil. Las descripciones del sistema genital se basan en individuos adultos, tanto en fase masculina como en fase femenina. Las características de la morfología externa y del sistema genital quedan reflejadas en la serie de láminas que acompañan a la descripción de esta especie.

Ovotestis. Grande en fase masculina y femenina, recubierta de epitelio de color negro. En los juveniles el epitelio es blanco.

Glándula de la albúmina. Blanquecina, compacta, con forma de almendra. Más grande en los individuos en fase femenina que en los que están en fase masculina.

Espermoviducto. Largo y contorneado.

Canal deferente. Delgado, de menor sección que el distal. De longitud ligeramente inferior a la del epifalo. Su tamaño oscila entre 9 y 19 mm.

Epifalo. De sección doble o triple a la del canal deferente. El epifalo y el canal deferente se diferencian por un estrangulamiento. El interior del epifalo está tapizado con papilas poliédricas que determinan un surco longitudinal sin papilas. En los adultos la longitud del epifalo oscila entre 20 y 23 mm.

Oviducto libre. Cilíndrico. Su longitud oscila entre 9 y 19 mm en función de la fase de madurez sexual.

Atrio proximal. Esférico, ligeramente cónico, en su base se inserta una rama del músculo retractor del genital. En uno de sus costados puede aparecer una hernia producida por la lígula. Los individuos que tienen la lígula en forma de «diadema de corona de pricesa» pueden desarrollar una hernia o saliente en el atrio proximal causada por una de las ramas de la diadema que empuja a la pared del atrio hacia fuera.

Atrio distal. Cilíndrico, más ancho que alto y recubierto externamente por una pared de aspecto glanduloso.

Receptáculo seminal. Esférico, grande, voluminoso, con un canal largo. Los canales del receptáculo seminal y el epifalo desembocan juntos en la base del atrio distal. Se encontraron dos huevos en el interior del receptáculo seminal en un individuo de Pikatua, Selva de Irati.

Lígula. En los adultos tiene forma de «diadema de corona de princesa» o torques. El orificio del oviducto libre se abre en la parte apical de la diadema, sobre una estructura en forma de volcán o chimenea. Puede suceder que las ramas laterales de la diadema no estén muy desarrolladas y entonces la lígula tiene aspecto de un volcán. En las láminas que acompañan a esta monografía queda un fiel reflejo de la variabilidad de la forma que adopta la lígula.

Espermatóforo. Se encontró un espermatóforo en especímenes del Parque Natural Señorío de Bértiz. La longitud del espermatóforo es de 34 mm y tiene una carena a lo largo de toda su longitud formada por dientes muy pequeños y muy próximos entre ellos.

Cópula. Solamente se observó una cópula en el Barranco de Rioseta, Estación de Canfranc, Huesca, el 10-07-2017. Se fotografió el inicio de la cópula, era estática y los individuos no tenían el sistema genital evaginado.

Comparación con especies próximas

Externamente, *Arion torquiformis* sp. nov. se podría confundir por el color y tamaño con especímenes de *Arion ater*, *Arion rufus*, *Arion amygdaliformis* sp. nov., *Arion vulgaris* y *Arion fuligineus*. Hay que fijarse mucho y conocer previamente las otras especies para poder separarlos. De las especies *Arion ater* y *Arion rufus* lo podemos separar por el balanceo, ya que *Arion torquiformis* no se balancea al ser molestado. Sin embargo, del resto solamente lo podemos separar por la estructura del sistema genital y, fundamentalmente, por el aspecto de la lígula.

Los especímenes de *Arion torquiformis* son un tercio menores en tamaño que los de *Arion rufus*. Cuando se les molesta, al contraerse, no se balancean y el escudo toma un aspecto convexo en *Arion torquiformis*, mientras que en *Arion rufus* el escudo se pliega cóncavo y el animal se balancea (comportamiento *rocking*).

La estructura del sistema genial de *Arion torquiformis* es muy parecida a la de *Arion rufus*. Ambas especies tienen la lígula intra-atrial y las longitudes del epifalo y el canal deferente son muy similares, oscilan entre 20 y 30 mm, diferencias estas que no son informativas, ya que las medidas de estos conductos dependen del estado de madurez y de los procesos de anestesiado y conservación. Las características específicas que los diferencian son la forma de la lígula y la posición por donde se abre el orificio del oviducto libre en el atrio proximal. En *Arion rufus* el orificio se encuentra en la base de un canal o surco, y en *Arion torquiformis* el orificio se encuentra en el extremo o cima de una chimenea o volcán.

En la Selva de Irati aparece otro ariónido que tampoco se balancea al molestarlo. Este ariónido (*Arion amygdaliformis* sp. nov.) se diferencia porque es de color marrón y la lígula es intra-oviductal, con forma de media cáscara de almendra. De forma sintética, en relación con los grandes ariónidos de la Selva de Irati, se pueden usar los siguientes criterios para diferenciarlos:

A.- Los individuos con la lígula en forma de media cáscara de almendra y alojada en el oviducto libre que son de color marrón y no se balancean cuando se les molesta, son *Arion amygdaliformis* sp. nov.

B.- Los individuos con la lígula en el atrio proximal tienen aspecto distinto:
   i. Los que tienen la lígula en forma de «diadema de corona de princesa», son de color negro muy intenso y no se balancean cuando se les molesta, son *Arion torquiformis* sp. nov.
   ii. Los que tienen un canal o un surco en la cara cóncava de la lígula, son de color castaño y se balancean cuando se les molesta, son *Arion rufus*.

Distribución de *Arion torquiformis* sp. nov. en la Península Ibérica

Arion torquiformis sp. nov. tiene una distribución localizada en los Pirineos Occidentales y en la parte Oriental de la Cordillera Cantábrica (Figura 12). Lo hemos encontrado en la franja que va desde la parte oriental de los Picos de Europa (Santoña) hasta el Parque Nacional de Aigüestortes i Estany de Sant Maurici (Lleida), que coincidiría con el Parc National des Pyrénées (Francia). No lo hemos encontrado ni en Andorra ni en el Parque Natural Regional de los Pirineos Catalanes. En la Selva de Irati, en Ochagavía, Navarra, hemos encontrado juntos a *Arion rufus* y *Arion torquiformis* sp. nov.

Figura 12. Distribución de *Arion torquiformis* sp. nov. en la Península Ibérica.

Material utilizado para el estudio anatómico y molecular

1. Lac des Gaves | Soulom | Santuario de Lourdes, Francia: 24-10-2015
2. Pikatua, Selva de Irati, Ochagavía, Navarra: 11-11-2015, 30-05-2016
3. Ermita de la Virgen de las Nieves, Casas de Irati, Selva de Irati, Ochagavía, Navarra: 20-10-2015, 30-05-2016
4. Parque Natural Señorío de Bértiz, Oyeregui, Navarra: 26-09-1991, 07-06-2016
5. Monte Mijedo, Argoños, Santoña, Cantabria: 06-11-1989, 12-05-2009, 03-01-2015
6. Barranco de Rioseta, Estación de Canfranc, Canfranc, Huesca: 10-07-2017
7. Parque Nacional de Ordesa y Monte Perdido, Torla, Huesca: 18-05-2011, 10-11-2015, 05-06-2016

En la siguiente tabla se detalla la información correspondiente a las localidades en las que se recolectaron ejemplares de *Arion torquiformis* sp. nov. para su estudio molecular. Para cada localidad se indican los especímenes que fueron secuenciados, utilizando para ello el código asignado en la colección del

Departamento de Zoología de la USC. En la última columna se indica el código del haplotipo único para el fragmento *barcode* del gen *cox1* que aparece en el detalle del árbol filogenético de esta especie. Nótese que un mismo haplotipo puede encontrarse en localidades diferentes. En otras palabras, ejemplares tanto de la misma localidad como de localidades diferentes pueden tener una secuencia del fragmento *barcode* idéntica y, en esos casos, en el árbol filogenético solo se muestra el código de uno de estos ejemplares, denominado «haplotipo *cox1*-5' de referencia». Si el haplotipo de referencia pertenece a una localidad diferente a la de los especímenes secuenciados a los que se hace referencia, se indica en cursiva.

Localidad	Especímenes secuenciados	Haplotipo *cox1*-5' de referencia
Pikatua, Selva de Irati, Ochagavía, Navarra	USCM13550	USCM13550
Ermita de la Virgen de las Nieves, Casas de Irati, Selva de Irati, Ochagavía, Navarra	USCM13678	USCM13678
	USCM13554	USCM13554
	USCM13677	*USCM13550*
Parque Nacional de Ordesa y Monte Perdido, Torla, Huesca	USCM13587 USCM13588	USCM13587
Panticosa, Huesca	USCM13641	USCM13641
	USCM13635 USCM13636 USCM13637 USCM13642 USCM13638	*USCM7270*
	USCM13669 USCM13670 USCM13674	USCM13669
Barranco de Rioseta, Estación de Canfranc, Canfranc, Huesca	USCM7270	USCM7270
Santuario de Lourdes, Francia	USCM7268	USCM7268
	USCM13609	USCM13609
Préchac, Argelès-Gazost, Francia	USCM7264	USCM7264
Beaucens, Argelès-Gazost, Francia	USCM7258 USCM7266	USCM7258
	USCM7265	USCM7265
	USCM13643	USCM13643
Lac de Bious-Artigues, Pirineos Atlánticos, Francia	USCM13644 USCM13645 USCM13646	USCM13644
	USCM13672	*USCM13643*

Resultados del análisis filogenético de
Arion torquiformis sp. nov.

Los resultados del análisis filogenético basado en el gen mitocondrial *cox1*-5'
proporcionan un criterio adicional para asignar estos especímenes a una nueva
especie tal y como se deduce a partir del estudio anatómico de los ejemplares.
Todos los especímenes morfológicamente identificados como *Arion torquifor-*
mis sp. nov., e incluidos en el análisis filogenético, se agrupan dentro del complejo de *Arion ater-rufus* formando un clado distinto de *Arion ater* y *Arion rufus*
(Figuras 13 y 53). De acuerdo con el análisis del fragmento *barcode* (Figura
53), sería la especie hermana de *Arion ater*, mientras que el árbol multilocus
incluye a *Arion torquiformis* en un clado con las especies del complejo de *Arion*
ater-rufus (Figura 54), como especie hermana de *Arion rufus*.

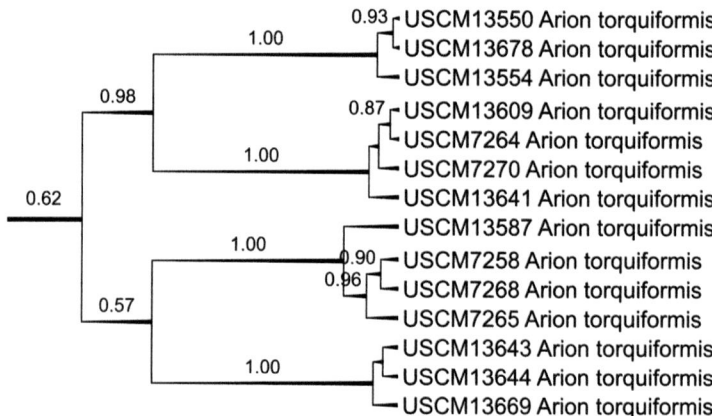

Figura 13. Detalle del árbol filogenético basado en el fragmento *barcode* del gen
mitocondrial *cox1*-5' que muestra las relaciones entre los especímenes de *Arion torquiformis*
sp. nov. secuenciados en esta monografía (ver nota final, pág. 389).

1

3

4

5

7

8

10

11

12

6

9

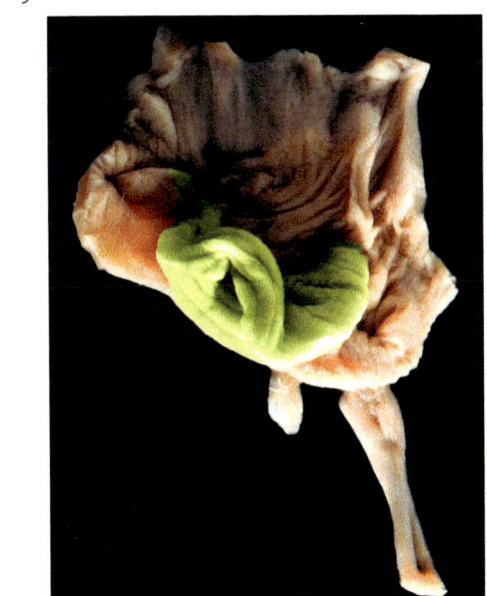

13

14

Lámina 3.1. *Arion torquiformis* sp. nov.

Holotipo

Casas de Irati, Selva de Irati, Ochagavía, Navarra, España

Figuras

1 y 2: Hayedo de la Selva de Irati a la altura del Km-22 de la carretera de Abodi.

3 a 6: Individuos de la misma población que el holotipo, vivos en actividad.

7, 8 y 9: Holotipo conservado en etanol.

10 y 11: Holotipo, sistema genital en fase femenina.

12 y 13: Holotipo, lígula en forma de "diadema de corona de princesa" en el interior del atrio proximal.

14: Holotipo, epifalo abierto longitudinalmente mostrando las protuberancias internas.

Escala: 1 mm

Observaciones

Los ejemplares diseccionados se recogieron en otoño, eran negros y los tubérculos eran grandes y aquillados. Cuando se les molestaba no se balanceaban (no tienen comportamiento *rocking*).

El sistema genital estaba en fase femenina, la glándula de la albúmina era grande y la ovotestis de color negro era pequeña. En el atrio proximal aparece una hernia digitiforme, producida por una rama de la lígula. El epifalo mide 22 mm y el canal deferente 30 mm. La lígula tiene forma de "diadema de corona de princesa", con la parte frontal muy desarrollada, y en su extremo o parte superior se abre el orificio del oviducto. El interior del epifalo está tapizado con papilas poliédricas de distinto tamaño.

5

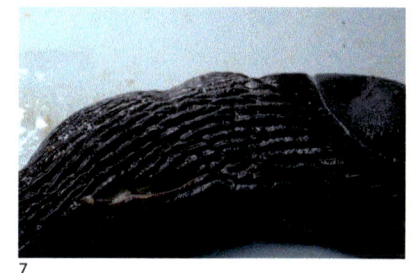

7

Lámina 3.2. *Arion torquiformis* sp. nov.

Casas de Irati, Selva de Irati, Ochagavía, Navarra, España

Figuras

1 y 2: Carretera de Abodi, cerca de las Casas de Irati.

3, 4 y 5: Ejemplares negros recogidos en los márgenes de la carretera y en el hayedo.

6 y 7: Ejemplares conservados en etanol.

8 y 9: Sistema genital de individuo en fase femenina. Es el genital del mismo individuo girado 180º.

10, 11 y 12: Lígula en forma de "diadema de corona de princesa" en el interior del atrio proximal, en distintos grados de extensión.

13: Interior del epifalo.

Escala: 1 mm

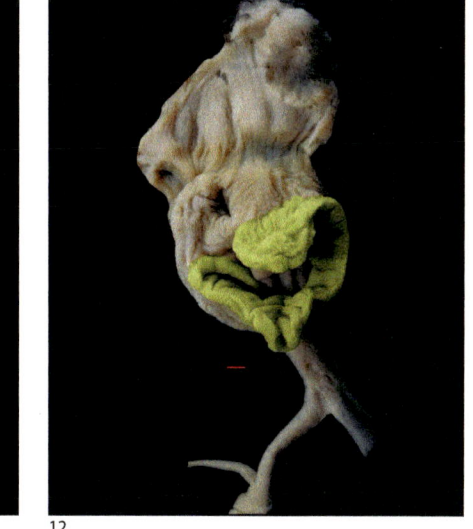

12

Observaciones

Estos ejemplares fueron recogidos en el hayedo de la carreta de Abodi, desde el Km-22 hasta las Casas de Irati. Se recogieron durante el día, por la mañana. Había ejemplares negros mezclados con ejemplares marrones, aunque la mayoría eran ejemplares negros y de menor tamaño que los marrones. Los tubérculos de la piel son aquillados y la suela pedia es negra.

El genital del individuo figurado estaba en fase femenina. La glándula de la albúmina es muy grande. El epifalo mide 25 mm, igual que el canal deferente. El atrio proximal es voluminoso y tiene un saliente o hernia lateral producido por una especie de lengua que tiene la lígula.

La lígula tiene forma de "diadema de corona de princesa", con la parte frontal sobrealzada, en cuyo extremo se abre el orificio del oviducto libre, que forma una especie de volcán. En el interior del atrio proximal se diferencian algunos pliegues con aspecto de lengua. Estos pliegues son los que determinan o forman la hernia o protuberancia lateral del atrio.

El epifalo está tapizado por papilas poliédricas de distinto tamaño colocadas a ambos lados del surco central, que lo recorre longitudinalmente.

1

3

4

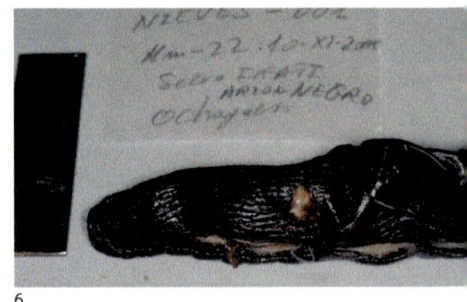

6

8

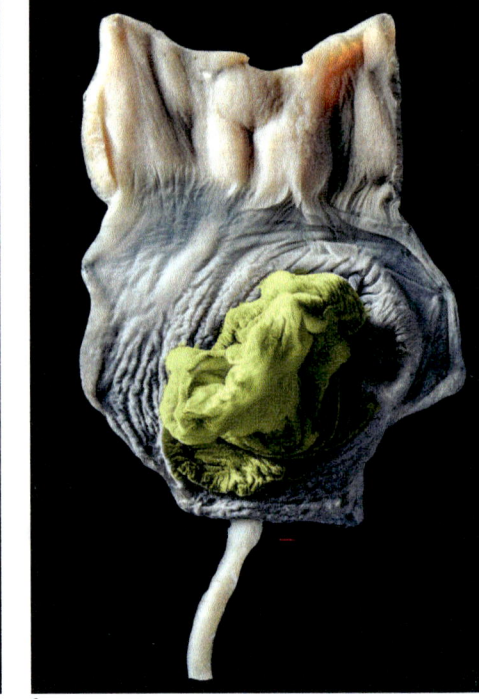

9

2

5

7

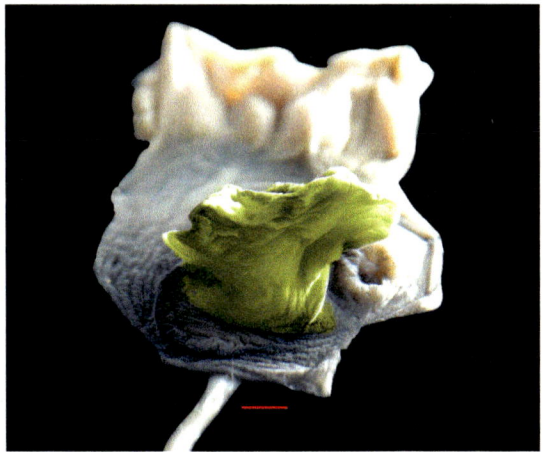

10

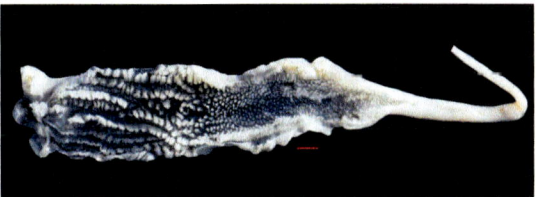

11

Lámina 3.3. *Arion torquiformis* sp. nov.

Ermita de la Virgen de las Nieves, Selva de Irati, Ochagavía, Navarra, España

Figuras

1 y 2: Ermita de la Virgen de las Nieves y Casas de Irati, antes de la remodelación.

3, 4 y 5: Especímenes negros, vista dorsal y ventral.

6 y 7: Individuos conservados en etanol.

8: Sistema genital en fase femenina.

9 y 10: Lígula en el interior del atrio proximal con forma de volcán aplastado.

11: Interior del epifalo.

Escala: 1 mm

Observaciones

Estos ejemplares se recogieron en la ladera que va desde la Ermita de la Virgen de las Nieves hasta el Km-22 de la carretera de Abodi. Los especímenes eran de color negro. El tamaño era menor que el de los ejemplares de color marrón. Los ejemplares de color marrón son *Arion rufus* y tienen la lígula con canal o surco, y los negros son *Arion torquiformis*, con la lígula con forma de "diadema de corona de princesa". La posición del punto de desembocadura del oviducto en el atrio proximal es distinta en las dos especies.

El ejemplar figurado estaba en fase femenina. La glándula de la albúmina es muy grande y la ovotestis pequeña. El epifalo mide 24 mm y el canal deferente 28 mm. La lígula está asentada en el atrio proximal y tiene forma de cono de volcán, con el ápice aplastado y el orificio del oviducto libre en la parte superior. El epifalo está tapizado con papilas poliédricas, más grandes en el tercio anterior y diminutas en el resto.

1

3

4

5

7

8

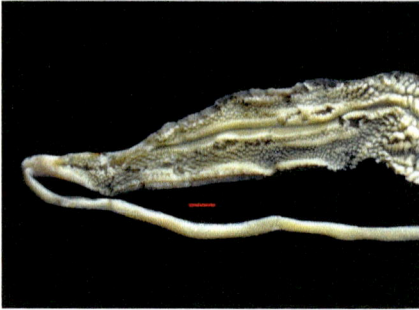

9

Lámina 3.4. *Arion torquiformis* sp. nov.
Pikatua, Selva de Irati, Ochagavía, Navarra, España

Figuras

1 y 2: Selva de Irati. Pista empleada en extracción de troncos de hayas, va paralela al regato Ollokia. Esta pista se entronca con la carretera de Ori (NA-2011).

3 y 4: Especímenes activos de color negro.

5 y 6: Especímenes conservados en etanol.

7 y 8: Sistema genital en fase femenina con pigmentación negra.

9: Interior del epifalo.

10: Lígula con forma de volcán en el interior del atrio proximal.

Escala: 1 mm

6

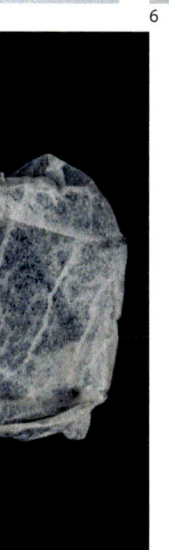

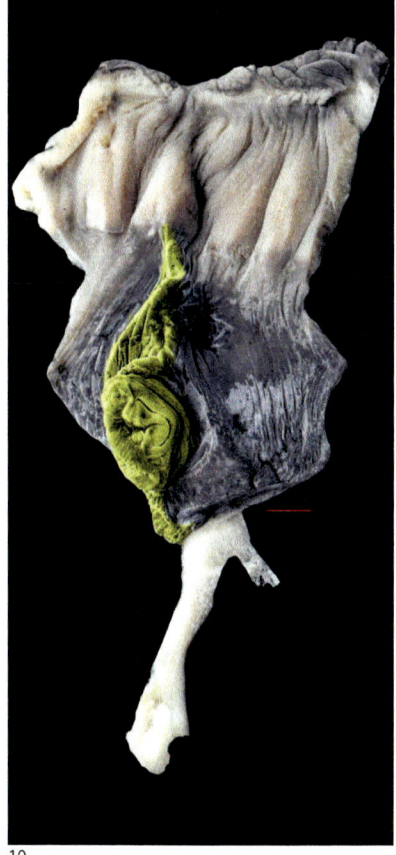

10

Observaciones

Los ejemplares recogidos en esta zona eran de color negro, con tubérculos grandes aquillados. Son individuos maduros, con la glándula de la albúmina bien desarrollada y la ovotestis pequeña. Atrio proximal con una protuberancia lateral. Atrio distal recubierto por una masa glandulosa. El epifalo mide 21 mm y el canal deferente 24 mm. Lígula situada en el interior del atrio. Se observa que la protuberancia o hernia lateral tiene pliegues internos propios, independientes de la lígula.

Lígula en forma de "diadema de corona de princesa", con las ramas laterales cortas. La parte central está muy desarrollada y toma aspecto de una chimenea o un volcán, con el orificio del oviducto libre en su cúspide. Las ramas laterales de la "diadema" son cortas. Epifalo tapizado con papilas poliédricas bien definidas.

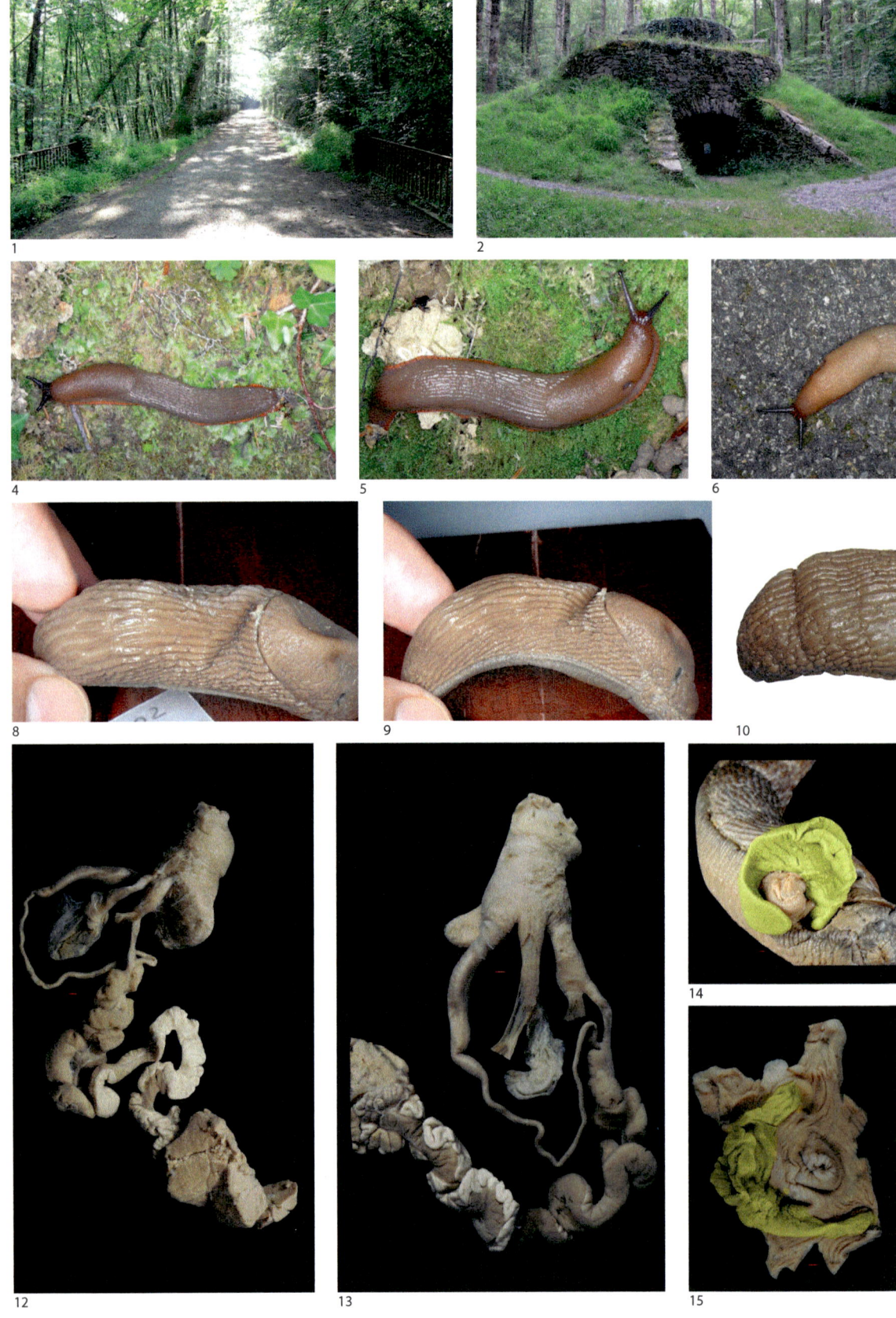

Lámina 3.5. *Arion torquiformis* sp. nov.
Parque Natural Señorío de Bértiz, Oyeregui, Navarra, España

Figuras

1, 2 y 3: Parque Natural Señorío de Bértiz, Navarra.

4 a 7: Especímenes vivos, fotografiados *in situ*.

8 a 11: Distintos especímenes conservados en etanol.

12 y 13: Sistema genital de especímenes en fase femenina con una hernia en el atrio.

14, 15 y 16: Lígulas evaginadas con forma de "diadema de corona de princesa".

17: Interior del epifalo.

18: Espermatóforo, 34 mm de longitud.

19: Los dientes de la carena del espermatóforo son pequeños y están muy juntos.

Escala: 1 mm

7

11

17

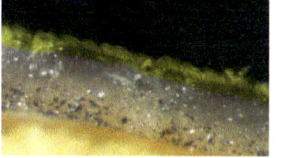

19

Observaciones

Los ejemplares de estos especímenes de *Arion torquiformis* con lígula en forma de "diadema de corona de princesa" se encontraban mezclados con ejemplares de *Arion rufus* que tenían la lígula con forma de cestilla. Externamente es imposible diferenciarlos. Los especímenes de *Arion torquiformis* no se balancean, mientras que los de *Arion rufus* sí se balancean al molestarlos.

Los individuos de *Arion torquiformis* son grandes, sobrepasan los 100 mm de longitud cuando se desplazan. Los tubérculos son grandes y aquillados.

En el atrio proximal de algunos ejemplares se observa una hernia producida por la lígula. Los tres conductos del genital desembocan en el atrio en un mismo plano. La glándula de la albúmina está bien desarrollada. El epifalo mide alrededor de 25 mm y el canal deferente 40 mm. Los sistemas genitales fotografiados corresponden a dos individuos que estaban copulando, y el espermatóforo corresponde a uno de ellos. La longitud del espermatóforo es de 34 mm y tiene una carena todo a lo largo formada por dientes muy pequeños y muy próximos entre ellos.

Complejo de *Arion vulgaris*

Generalidades

El complejo de *Arion vulgaris* está formado por las especies *Arion vulgaris* Moquin-Tandon, 1855 y *Arion amygdaliformis* sp. nov., siendo esta última una especie nueva para la ciencia que se describe en esta monografía. Existe una gran confusión asociada al complejo de *Arion vulgaris*, principalmente derivada de que la especie nominal (*Arion vulgaris*) ha sido sinonimizada en varias ocasiones con *Arion ater* y *Arion rufus* y, por otro lado, de que diferentes autores han considerado que era la misma especie que *Arion lusitanicus* Mabille, 1868, descrita en base a ejemplares de la Serra da Arrábida en Portugal. No obstante, el complejo de *Arion vulgaris* se diferencia morfológicamente del complejo de *Arion ater-rufus* por la posición de la lígula: en el complejo de *Arion vulgaris* es intra-oviductal y en el de *Arion ater-rufus* es intra-atrial. En el caso de *Arion lusitanicus*, que en esta monografía es sinonimizado con *Arion fuligineus* ya que este último nombre tiene prioridad, la principal diferencia está en la forma de la lígula y en su borde libre, que es festoneado petaloide en *Arion vulgaris* pero liso en *Arion fuligineus*. Por tanto, *Arion fuligineus* es la especie endémica de la Península Ibérica mientras que *Arion vulgaris* es una especie con distribución europea que también se encuentra en el levante de la Península Ibérica.

Cabe destacar que *Arion vulgaris* se encuentra en la actualidad en la mayor parte del territorio europeo, donde está considerada como especie invasora. Además del impacto económico asociado con los daños que produce en jardines y cultivos, *Arion vulgaris* tiene un impacto negativo sobre la biodiversidad de las áreas invadidas, ya que transmite patógenos a especies tanto vegetales como animales, reduce la biodiversidad, e impacta además sobre las poblaciones de babosas locales, a las que desplaza mediante competencia e introgresión genética (ZEMANOVA et al., 2017; ZAJAC et al., 2017; CHEN et al., 2022; HUTCHINSON et al., 2021). La reciente secuenciación del genoma de *Arion vulgaris* ha revelado la existencia de duplicación de genes relacionados con la respuesta a alteraciones y estrés ambiental (CHEN et al., 2022), lo cual explicaría la gran capacidad de adaptación y, por ende, el gran potencial invasor de la especie, que se encuentra entre las 100 especies exóticas de Europa con mayor impacto (RABITSCH, 2006). La siguiente sinopsis proporciona las características fundamentales de este complejo, así como aquellas que permiten diferenciar anatómicamente las especies que en él se engloban.

Clave para la identificación de las especies del complejo de *Arion vulgaris*

Ariónidos de gran tamaño, en extensión suelen alcanzar los 120 mm longitud y excepcionalmente los 200 mm. Los adultos son de color marrón uniforme, los juveniles tienen dos bandas sobre el dorso y el escudo. La lígula es intra-oviductal.

A.- Lígula oblonga. El contorno de la lígula está recubierto de expansiones epiteliales en forma de pétalo de margarita, en algunas ocasiones son filiformes y se ensanchan a modo de espátula o son bilobuladas. En el piso de la lígula existe un surco delimitado por dos crestas o caballones longitudinales: *Arion vulgaris*.

B.- Lígula con forma de media cáscara cóncava de almendra. El orificio del oviducto proximal se abre en el fondo de la lígula, en el piso: *Arion amygdaliformis* sp. nov.

Perspectiva histórica

La confusión asociada a la posición taxonómica de *Arion vulgaris* viene determinada, principalmente, por su confusión con la especie *Arion lusitanicus* Mabille, 1868 de Portugal (especie que en esta monografía consideramos sinonimia de *Arion fuligineus*).

MOQUIN-TANDON (1855) incluye dentro de las especies del género *Arion* al «*Arion des Charlatans*», del que dice que es un animal grande, negruzco o marrón, y lo identifica como *Limax rufus* Linnaeus, 1758. Dentro de este «*Arion de los charlatanes*» describe varias variedades, la primera es la variedad «α *vulgaris*» de la que dice que es de color rojo o marrón. En la Plancha I, y en la Figura 1 Moquin-Tandon dibuja el sistema genital del «*Arion des*

Charlatans» que, según los malacólogos de la época, es similar al de *Arion lusitanicus* Mabille, 1868 de la Serra da Arrábida, Portugal.

TAYLOR (1907) y NOBRE (1941) consideran la variedad «*a vulgaris*» de *Arion rufus* de MOQUIN-TANDON (1855) como sinónima de *Arion ater* (Linnaeus, 1758). GERMAIN (1930) considera la variedad «*a vulgaris*» de MOQUIN-TANDON (1855) como una sinonimia de *Arion rufus* (Linnaeus, 1758). TAYLOR (1907) considera la variedad «*a vulgaris*» de *Arion rufus* de MOQUIN-TANDON (1855) como una sinonimia de *Arion subfuscus* (Draparnaud, 1805).

Paralelamente, la especie *Arion lusitanicus* que MABILLE (1868) encontró en la Serra da Arrábida (Portugal) sufre una serie de avatares sistemáticos, con interpretaciones distintas. POLLONERA (1889; 1890a) acepta como buena la especie *Arion lusitanicus* descrita por Mabille, y además ilustra su sistema genital. La figura del sistema genital de *Arion lusitanicus* que dibuja POLLONERA (1889) es idéntica a la figura que da MOQUIN-TANDON (1855) del *Arion rufus*, incluida la variedad «*a vulgaris*». SIMROTH (1891) también da por buena la especie *Arion lusitanicus* y dibuja el sistema genital de un espécimen de Sintra. TAYLOR (1907) comienza su profundo estudio sobre *Arion lusitanicus* diciendo que en Inglaterra fue confundida con *Arion ater*. Una vez que Taylor analizó la anatomía interna de *Arion lusitanicus*, *Arion nobrei* y *Arion dasilvae* concluye que son formas intermedias relacionadas con *Arion subfuscus* y con *Arion ater*, especialmente en color y tamaño. TAYLOR (1907) considera al *Arion lusitanicus* de Mabille como una sinonimia de *Arion ater*. GERMAIN (1930) la considera también una sinonimia de *Arion rufus*, mientras que NOBRE (1941) la considera una sinonimia de *Arion ater*.

REGTEREN ALTENA (1956), en su publicación sobre la presencia de *Arion lusitanicus* en Francia, estudia ejemplares de *Arion lusitanicus* que estaban depositados en la colección del Museo de Zoología en Ámsterdam procedentes de los Pirineos franceses. Este autor llega a la conclusión de que los ejemplares depositados en el Museo de Zoología de Ámsterdam corresponden a *Arion lusitanicus*, ya que COLLINGE (1893) lo había citado en los alrededores de Menton, en los Alpes Marítimos franceses, y además el sistema genital coincide con los dibujos que Pollonera había figurado de *Arion lusitanicus*.

Por tanto, los estudios históricos sobre *Arion vulgaris* muestran que para la identificación de las especies de los ariónidos es imprescindible el estudio anatómico y, a ser posible, complementarlo con el análisis molecular. Muchas de las identificaciones o citas de *Arion lusitanicus* corresponden a *Arion vulgaris*, ya que las identificaciones se hacían por la morfología externa o por el genital, sin profundizar en la variabilidad de la lígula.

Desde el año 1981 el Equipo de Malacología Terrestre de la Universidade de Santiago de Compostela (España) ha estudiado las babosas de los Pirineos franceses y españoles. En Francia estudiaron la malacofauna de las Landas, el Parque de Livradois-Forez, el Parc Naturel Régional des Volcans d'Auvergne, el Parc Naturel Régional des Pyrénées Ariégeoises y el Parque Natural Regional de los Pirineos Catalanes. En un principio dieron por buenas las citas de *Arion lusitancus* de Regteren Altena en el sur de Francia. Pero una vez muestreadas las zonas donde Regteren Altena cita *Arion lusitanicus* en Francia y estudiados los topotipos de las especies descritas por Torres Mínguez en Cataluña, se percataron de que la descripción del *Arion lusitanicus* que da Regteren Altena se corresponde con la descripción de *Arion magnus* de TORRES MÍNGUEZ (1923) en los Pirineos Catalanes.

Posteriormente, autores de esta monografía, basándose en estudios preliminares de ADN (QUINTEIRO et al., 2005), asignaron las citas de Regteren Altena y de Torres Mínguez de *Arion lusitanicus* y *Arion magnus* en los Pirineos a la especie *Arion vulgaris*. CASTILLEJO (1997) concluyó que el verdadero *Arion lusitanicus* es una especie de babosa endémica del centro de Portugal, y no una especie de babosa mediana-grande en el sentido de REGTEREN ALTENA (1955), ampliamente distribuida por dispersión antrópica. Estos resultados fueron soportados molecularmente por QUINTEIRO et al. (2005), cuyo estudio separa los topotipos de *Arion lusitanicus* del centro de Portugal de los especímenes recolectados en el resto de Europa. Por todo ello, GARGOMINY et al. (2011), en su «*Liste de référence annotée des mollusques continentaux de France*» señala que el nombre *Arion lusitanicus* corresponde a la especie endémica de Portugal y se debe usar el nombre *Arion vulgaris* para los ejemplares de *Arion lusitanicus sensu* REGTEREN ALTENA (1956). En la presente monografía se establece la sinonimia entre *Arion lusitanicus* y *Arion fuligineus*, y se establece la prioridad del nombre *Arion fuligineus* para denominar a esta especie.

BORREDÀ y MARTÍNEZ-ORTÍ (2014) describen en la Sierra de Espadán (Castellón) a *Arion (Kobeltia) luisae*, especie que consideramos aquí una sinonimia de *Arion vulgaris*, basándose en dos ejemplares inmaduros que recogieron en abril de 2013 en Soneja, en la Sierra de Espadán. Los dos ejemplares que capturaron fueron mantenidos en cautividad hasta que creyeron que habían alcanzado la madurez sexual. Medían 45 mm, eran de color gris parduzco claro, con dos bandas laterales. La lígula tenía forma de V con festón.

CASTILLEJO, RODRÍGUEZ–CASTRO e IGLESIAS–PIÑEIRO (2019) hacen la revisión de todos los ariónidos descritos por Alejandro Torres Mínguez en Cataluña, y en base a criterios bibliográficos, anatómicos y moleculares llegan a la conclusión de que *Arion ruginosus, Arion collominiato, Arion nigrachlamydae*, *Arion nuriae* y *Arion lineispede* son sinonimias de *Arion magnus* Torres Mínguez, 1923 y, por tanto, de *Arion vulgaris*.

BORREDÀ y MARTÍNEZ–ORTÍ (2023) hacen un estudio sobre «*El complejo* Arion lusitanicus *en Cataluña y Andorra, con la descripción de dos nuevas especies de* Arion *Férussac, 1819 y la recuperación de* Arion lineispede *Torres–Mínguez, 1927*». En la Sierra de Espadán describen una nueva especie que denominan *Arion amortii* e indican que los individuos «*son de color pardo achocolatado o pardo sucio con algo de tono rojizo, con restos de bandeado oscuro en algunos ejemplares incluso adultos. Los juveniles muy frecuentemente son bandeados. Suela clara y orla anaranjada o amarilla con lineolas negras. Mucus amarillento*». Al describir el sistema genital indican: «*Lígula en el interior del oviducto distal no muy gruesa pero muy alargada y festoneada, con bordes de aspecto como deshilachado y en forma de collar o de U*». Estos mismos autores describen en el Val d'Aran la especie *Arion nicolaui*, cuya localidad típica es Vielha, y la citan también en Bossòst, Les Bordes y Artiga de Lin, todos ellos también en el Val d'Aran. Indican que los ejemplares adultos son de color negro y que en los juveniles aparecen bandas claras en el dorso. Del sistema genital señalan que la longitud del epifalo y del canal deferente es la misma, 17 mm. La lígula tiene forma de X, con ornamentación o festoneado. Ambas especies son sinonimias de *Arion vulgaris*.

Los estudios moleculares han permitido resolver el debate acerca de la identidad de los especímenes europeos identificados como *Arion lusitanicus* (QUINTEIRO et al., 2005). Como ya hemos mencionado anteriormente, en la mayoría de los trabajos sobre la sistemática de ariónidos que emplean marcadores moleculares, *Arion vulgaris* aparece siempre como una especie próxima a las especies del complejo de *Arion ater-rufus* (QUINTEIRO et al., 2005; BREUGELMANS et al., 2013; ZAJĄC et al. 2020). La mayoría de los estudios recientes sobre *Arion vulgaris* en los que se emplean marcadores moleculares se han centrado en tratar de responder cuestiones relacionadas con su carácter de especie invasora, como pueden ser el origen de las poblaciones que han invadido el continente Europeo (ZEMANOVA et al., 2016; ZAJĄC et al., 2020;), las características genéticas asociadas con el potencial invasor de la especie (CHEN et al., 2022), o el impacto que esta tiene sobre los poblaciones de ariónidos locales (ZEMANOVA et al., 2017; HUTCHINSON et al., 2021). Algunos autores mantienen que *Arion vulgaris* no está presente en España (ZEMANOVA et al., 2016; ZAJĄC et al., 2020), y otros llegan incluso a afirmar que la especie es nativa de Centroeuropa y, por tanto, no invasora (PFENNINGER et al., 2014). Estas conclusiones se deben a una clara falta de muestreo de las localidades incluidas dentro del área de distribución de *Arion vulgaris* en la Península Ibérica, tal y como demostramos en la presente monografía, en la que hemos recolectado ejemplares de *Arion vulgaris* en diversas localidades que abarcan desde el sur de Francia y los Pirineos hasta el levante peninsular (Figura 15).

Figura 14. Fotografía de *Arion vulgaris* en el Val d'Aran (Lleida).

Arion vulgaris Moquin-Tandon, 1855

Caracteres diagnósticos basados en la anatomía

i.   Animales de gran tamaño, que en algunos casos pueden llegar a sobrepasar los 200 mm. Generalmente sobrepasan los 100 mm de longitud cuando se deslizan.

ii. Color variable desde castaño a negro, pudiendo estar mezcladas ambas coloraciones dentro de la misma población. También se han observado ejemplares verdosos o amarillentos (por ejemplo, en el Parque Nacional de Ordesa y Monte Perdido).

iii. Los especímenes juveniles tienen dos bandas oscuras sobre el dorso y el escudo.

iv. Suela pedia oscura en adultos y blanquecina en juveniles.

v.   Lígula con forma variable según la fase de desarrollo. Tiene forma de pera, con el pedúnculo más o menos grueso, en la fase juvenil. En la fase masculina, dependiendo de la fase de desarrollo, la lígula puede tener forma de pera con el pedúnculo corto y grueso o forma de óvalo. En la fase femenina la lígula siempre tiene forma de óvalo. En las fases adultas, la lígula presenta un festoneado en el borde libre, el que mira hacia la luz del oviducto. Este festoneado está formado por lobulaciones digitiformes o en forma de pétalos, con el extremo distal bi- o trilobulado. En las formas juveniles el festoneado tiene lobulaciones, pero no tan desarrolladas.

vi. La lígula puede presentar un surco central, el cual se forma antes de la cópula en los individuos en fase masculina y puede ser aún visible en los individuos en fase femenina. En este surco se alojará el espermatóforo recibido del otro individuo.

vii. El tamaño del epifalo y del canal deferente es muy similar, y siempre superior a los 25 mm. La longitud del epifalo en los individuos en madurez sexual en fase masculina oscila entre 30 y 45 mm y el canal deferente entre 30 y 37 mm. En los individuos maduros en fase femenina, el epifalo oscila entre 25 y 35 mm y el canal deferente entre 26 y 30 mm.

viii. El espermatóforo es de color ambarino, y el tamaño depende de la longitud del epifalo. La superficie externa está recorrida por una cresta o carena formada por dentículos de tamaño variable. Las papilas poliédricas que tapizan la luz del epifalo son las que imprimen la forma, aspecto y tamaño de los dentículos.

Descripción

Morfología externa y coloración

Son ariónidos muy grandes, en extensión pueden llegar a sobrepasar los 200 mm. Los juveniles son de color castaño claro u oscuro, ocráceos, con dos bandas más oscuras sobre la parte superior del tronco y el escudo. La banda de la derecha pasa por encima del pneumostoma. En los juveniles siempre aparece una banda más clara por encima de la banda oscura. Los laterales del cuerpo son más claros. En los adultos no se observan bandas sobre los costados. El cuerpo es de color castaño en todas sus gamas, los hay de color castaño claro y de color castaño oscuro, en algunas localidades existen individuos completamente negros. En las zonas mediterráneas del Parque Natural de la Tinença de Benifassà (Castellón) y en el Parque Natural de la Serra d'Espadà (Castellón) los individuos adultos y juveniles son de colores más vistosos, de colores claros, y los juveniles siguen teniendo las franjas sobre el dorso.

Sistema genital

Atrio genital. El atrio distal está recubierto por una pared de aspecto glanduloso, más notoria en los adultos que en los juveniles. En cuanto al tamaño del atrio, en los adultos es más ancho que alto, sin embargo, en los juveniles el atrio genital es más alto que ancho. Esta es una constante que aparece en todos los sistemas genitales de todas las babosas terrestres.

Oviducto libre distal. Su longitud y diámetro dependen del desarrollo sexual, es corto y delgado en los juveniles, y largo y grueso en los adultos. Es cilíndrico, alargado, con un paquete muscular en la parte distal. En el interior del oviducto libre distal se encuentra la lígula.

Epifalo y conducto deferente. El epifalo y el conducto deferente tienen aproximadamente la misma longitud, tanto en adultos en fase masculina como en fase femenina. En los adultos, la suma de la longitud del epifalo y del canal deferente puede sobrepasar los 80 mm (Ep = 50 mm, Cd = 40 mm). En el epifalo se forma el espermatóforo. Su longitud depende de la madurez sexual y del momento de formación, transferencia y disolución o ruptura. La pared interna del epifalo, en su parte distal, está tapizada por papilas romboédricas de tamaños distintos, más grandes en la parte distal y más pequeñas en la parte proximal. En la luz del epifalo existe un surco que carece de papilas y es donde se aloja la carena del espermatóforo. El tamaño de las papilas tiene relación directa con el tamaño de los dientes del espermatóforo. En este caso, las papilas son pequeñas y los dientes que tiene el espermatóforo son pequeños.

Espermatóforo. Es de color ambarino, de longitud igual a la suma del epifalo y el canal deferente. La parte que se forma en el epifalo es más gruesa que la parte que se forma en el canal deferente. En toda su longitud existe una carena. La carena de la mitad distal, la que primero se transfiere en el momento de la cópula, lleva dientecillos, dándole un aspecto aserrado. La parte proximal, la que se forma en el canal deferente, no tiene dientes en la carena, aparece una laminilla continua.

Lígula. Oval elíptica, ocupa todo el oviducto libre distal. El borde de la parte distal está ligeramente levantado y se introduce en el interior del atrio proximal. El orificio del oviducto libre proximal abre dentro del contorno de la lígula. En los adultos, el contorno de la lígula está recubierto de expansiones epiteliales en forma de pétalos de margarita, en algunas ocasiones son filiformes y se ensanchan a modo de espátula o son bilobuladas. En el piso de la lígula existe un surco delimitado por dos crestas o caballones longitudinales. En los especímenes muy juveniles, el borde externo de la lígula no tiene expansiones epiteliales en forma de pétalos, sino un festoneado epitelial continuo con ondulaciones. A medida que van madurando van apareciendo los pétalos, como si el festón se rompiera y aparecieran los pétalos.

Glándula de la albúmina. Su tamaño y desarrollo depende de la fase sexual en la que se encuentre el individuo. En fase masculina es pequeña, en fase femenina se hace más voluminosa.

Ovotestis o glándula hermafrodita. En su posición natural no llega al fondo del saco visceral. Su tamaño y colorido dependen de la fase de desarrollo sexual. En fase masculina temprana es voluminosa y el epitelio que la recubre es blanquecino. En fase femenina tardía, el epitelio que la recubre se vuelve oscuro. En fase masculina se hace más pequeña, y el epitelio que recubre los acini es completamente negro.

Distribución de *Arion vulgaris* en la Península Ibérica

Arion vulgaris tiene una distribución muy definida en la Península Ibérica (Figura 15). Lo hemos encontrado en los Pirineos, tanto en la parte española como en la francesa. En los Pirineos Orientales es donde más densidad y variabilidad encontramos. En esta zona, la distribución de la especie abarca desde el Parque Nacional de Ordesa y Monte Perdido hasta el Parque Natural Regional de los Pirineos Catalanes. En Francia lo hemos encontrado en el Parc National des Pyrénées, en Landes de Gascogne, en Montagne Noir, en el Parc Naturel Régional des Volcans d'Auvergne y en el Parc Naturel Régional Libradois-Forez. También la hemos encontrado en Andorra y en zonas de Noruega. En nuestro estudio hemos incluido además ejemplares de *Arion vulgaris* que nos han sido enviados desde Lituania, Dinamarca y Polonia. En la Península Ibérica, se observa que en Cataluña *Arion vulgaris* es muy abundante en los Pirineos y en las Cordilleras Costeras Catalanas. Lo hemos encontrado en las estribaciones mediterráneas del Sistema Ibérico: Parque Natural Tinença de Benifassá, Parque Natural Sierra de Espadán, y llega hacia el sur hasta el Parque Natural de las Sierra de Cazorla, Segura y Las Villas en la Cordillera Subbética, así como el Puerto de la Ragua en Sierra Nevada.

Cabe destacar que en todas las zonas que hemos muestreado en el norte de la Península Ibérica, siempre han aparecido ejemplares con lígula intra-atrial (complejo de *Arion ater-rufus*) y ejemplares con lígula intra-oviductal (complejo de *Arion vulgaris*). En la Selva de Irati y el Puerto de Larrau (Pirineos Atlánticos, norte de Navarra), por ejemplo, hemos encontrado *Arion rufus* junto con *Arion amygdaliformis* sp. nov., que se describe por primera vez en esta monografía y presenta la lígula intra-oviductal característica del complejo de *Arion vulgaris*.

Nunca hemos encontrado *Arion vulgaris* ni en las Islas Baleares, ni en Sierra Morena, ni en el Sistema Central, Cordillera Cantábrica, ni en los Montes de Galicia, ni en Portugal.

En cuanto a la distribución de *Arion vulgaris* en Europa, se puede hablar de que existen tres grandes áreas: área pirenaica, área mediterránea y área europea. Es en esta última donde la especie está considerada como invasora (RABITSCH, 2006).

Figura 15. Mapa de distribución de *Arion vulgaris* en la Península Ibérica.

Sinonimias

Arion magnus Torres Mínguez, A. 1923. *Butlletí de la Societat de Ciències Naturals de Barcelona*. «Club Muntanyenc». Núm. 3: 7-11.

Arion ruginosus Torres Mínguez, A. 1924. *Butlletí de la Institució Catalana de Historia Natural*, Serie 2ª, Vol. IV, Núm. 5: 104 -14.

Arion collominiato Torres Mínguez, A. 1925. *Butlletí de la Institució Catalana de Historia Natural*, Serie 2ª, Vol.V, Núm. 8: 228-244.

Arion nigrachlamydae Torres Mínguez, A. 1925. *Butlletí de la Institució Catalana de Historia Natural*, Serie 2ª, Vol.V, Núm. 8: 228-244.

Arion nuriae Torres Mínguez, A. 1925. *Butlletí de la Institució Catalana de Historia Natural*, Serie 2ª, Vol.V, Núm. 8: 228-244.

Arion lineispede Torres Mínguez, A. 1927. *Butlletí de la Institució Catalana de Historia Natural*, Serie 2ª, Vol. VII, Núm. 3: 43-44.

Arion lineispede Borredà, V. y Martínez-Ortí, A. 2023. *Zoolentia* 3: 30-54.

Arion (Kobeltia) luisae Borredà, V. y Martínez-Ortí, A. 2014. *Boletín de la Real Sociedad Española de Historia Natural, Sección Biología* 109: 9–19.

Arion nicolaui Borredà, V. y Martínez-Ortí, A. 2023. *Zoolentia* 3: 30-54.
Arion amortii Borredà, V. y Martínez-Ortí, A. 2023. *Zoolentia* 3: 30-54.

Comentario sobre las sinonimias:

Respecto a la especie *Arion nicolaui* Borredà y Martínez–Ortí, 2023, cabe indicar que recogimos especímenes de esta especie en las localidades tipo indicadas por BORREDÀ y MARTÍNEZ–ORTÍ (2023). Se analizó la descripción y dibujos que de esta especie dan Borredà y Martínez-Ortí, y se comparó con nuestras propias observaciones anatómicas, y apoyándonos en los análisis moleculares sobre el ADN de estos topotipos, deducimos que los ejemplares atribuidos a *Arion nicolaui* son juveniles de *Arion vulgaris*, y por lo tanto hay que considerar *Arion nicolaui* una sinonimia de *Arion vulgaris*.

En la Sierra de Espadán estudiamos las babosas en el año 2017, y durante tres días se muestrearon de día y de noche varios biotopos de distintas localidades. Los ejemplares se fotografiaron en el lugar donde aparecieron y se conservaron adecuadamente para estudios anatómicos y genéticos. Con los resultados obtenidos, y tras los correspondientes análisis morfológicos y moleculares, se concluye que *Arion luisae* Borredà y Martínez-Ortí, 2014 y *Arion amortii* Borredà, 2023 son formas juveniles o semiadultas en fase masculina de *Arion vulgaris*.

BORREDÀ y MARTÍNEZ–ORTÍ (2023) recuperan el taxón *Arion lineispede* Torres Mínguez, 1927. La localidad tipo de *Arion lineispede* es Setcases y Núria. Borredá y Martínez-Ortí basan la recuperación de esta especie en ejemplares que recogieron en Font de la Vida, Collada de Toses, Fornells de la Montanya (Girona, Cataluña), que no es la localidad típica. Además, estos autores no consideraron los trabajos anatómicos y moleculares de CASTILLEJO, RODRÍGUEZ–CASTRO e IGLESIAS–PIÑEIRO (2019) que demuestran que *Arion lineispede* es una sinonimia de *Arion magnus*. Además, hoy en día consideramos *Arion magnus* una sinonimia de *Arion vulgaris*. La descripción que da TORRES MÍNGUEZ (1927) de *Arion lineispede* corresponde perfectamente con los individuos negros de *Arion vulgaris* de Queralbs, en el Vall de Núria. En esta monografía se demuestra por la morfología y por el análisis de ADN que, en el Parque Natural Regional de los Pirineos Catalanes, las babosas de gran tamaño son en realidad la especie *Arion vulgaris*, y que en esta zona no existe ni *Arion ater*, ni *Arion rufus* ni *Arion fuligineus*. Además, se llega a la conclusión de que *Arion magnus, Arion lineispede, Arion luisae, Arion nicolaui* y *Arion amortii* son conespecíficos con *Arion vulgaris*, basándonos en la anatomía y el ADN.

Material utilizado para el estudio anatómico y molecular

1. Horten, Bergen, Hjortland, Noruega: 26-06-2014
2. Lisbjerg, Dinamarca: 13-06-2014
3. Poznan, Polonia: 13-10-2014
4. Chapelle de Vauclair, Molompize | Joursac | Murat, Francia: 27-10-2015
5. Labouiche, Baulou, Foix, Francia: 18-10-1991
6. Eylie-Sentein, Francia: 19-10-1991
7. Les Martys, Mazamet, Montagne Noir, Francia: 05-09-1992, 10-09-1994, 28-10-2015
8. Lac de l'Oule, Saint-Lary-Soulan, Francia: 04-07-2017
9. Prats-de-Mollo-la-Preste, Francia: 07-07-2017
10. Parque Nacional de Aigüestortes i Estany de Sant Maurici, Espot, Lleida: 20-11-1990, 11-05-2009, 03-06-2016
11. Boí, Caldes de Boí, Ribera de San Nicolás, Lleida: 08-07-2017
12. Parc Natural de la Vall de Sorteny, Ordino, Andorra: 09-06-2018
13. Vall del Madriu, Perafita-Claror, Andorra: 05-07-2017
14. Cañón de Añisclo, Parque Nacional de Ordesa y Monte Perdido, Huesca: 18-05-2015, 05-06-2016
15. Bielsa (Parador Nacional) y Ermita Ntra. Sra. de Pineta, Huesca: 03-07-2017
16. La Molina, Alp, Girona: 16-09-1991, 10-09-1994, 21-03-2012, 03-11-2015
17. Setcases, Girona: 12-11-1989, 1811-1990, 20-03-2012, 30-10-2015, 04-06-2016
18. Queralbs, Vall de Núria, Girona: 20-08-2014, 31-10-2015, 03-06-2016
19. Benasque, Valles de Estos, Eriste y Vallibierna, Huesca: 12-05-2009, 09-11-2015, 31-05-2016, 13-06-2018
20. Vielha | Bossòst | Canejan, Val d'Aran, Lleida: 14-05-2011, 04-06-2016
21. Santuario de la Salud, Sant Feliu de Pallerols, Parque Natural de la Zona Volcánica de la Garrotxa, Girona: 13-11-1989, 19-03-2012, 01-11-2015
22. Tapis, Maçanet de Cabrenys, Girona: 07-07-2017
23. Alto de Lizarrusti, Gipuzkoa y Sierra de Urbasa, Navarra: 11-05-2011, 24-03-2012, 09-06-2016
24. Sierra de Espadán, La Dehesa, Fuente que Nace, Sueras, Castellón: 04-11-2017
25. Parque Natural Tinença de Benifassá, Embalse de Ulldecona, Castellón: 14-05-2017, 11-04-2018
26. Sierra de Cazorla, Jaén: 18-11-1989, 19-05-2017, 22-04-2018

En la siguiente tabla se detallan las localidades en las que se recolectaron ejemplares de *Arion vulgaris* para el estudio molecular llevado a cabo en esta monografía. Para cada localidad se indican los especímenes que fueron secuenciados, utilizando para ello el código asignado en la colección del Departamento de Zoología de la USC. En la última columna se indica el código del haplotipo único para el fragmento *barcode* del gen *cox1* que aparece en el detalle del árbol filogenético de esta especie. Nótese que un mismo haplotipo puede encontrarse en localidades diferentes. En otras palabras, ejemplares tanto de la misma localidad como de localidades diferentes pueden tener una secuencia del fragmento *barcode* idéntica y, en esos casos, en el árbol filogenético solo se muestra el código de uno de estos ejemplares, denominado «haplotipo *cox1*-5' de referencia». Si el haplotipo de referencia pertenece a una localidad diferente a la de los especímenes secuenciados a los que se hace referencia, se indica en cursiva.

Localidad	Especímenes secuenciados	Haplotipo *cox1*-5' de referencia
South Croydon, Surrey, Inglaterra	USCM13723	*USCM13579*
Labouiche, Baulou, Foix, Francia	USCM13697	USCM13697
	USCM13698 USCM13708	USCM13698
	USCM13700	USCM13700
Eylie-Sentein, Francia	USCM13709	USCM13709
	USCM13710	*USCM13578*
Les Martys, Mazamet, Montagne Noir, Francia	USCM13714	USCM13714
	USCM13719	USCM13719
	USCM13715	USCM13715
	USCM13720	*USCM13579*
Lac de l'Oule, Saint-Lary-Soulan, Francia	USCM13648	USCM13648
Andorra la Vella, Andorra	USCM7217 USCM7218	USCM7217
Grau-Roig, Soldeu, Principado de Andorra	USCM10340 USCM10341	*USCM7217*
Km7 de la CS101, Principado de Andorra	USCM13694	*USCM7217*
Parc Natural de la Vall de Sorteny, Ordino, Andorra	USCM10345	USCM10345
	USCM10344	*USCM7217*
Alto de Lizarrusti, Gipuzkoa | Sierra de Urbasa, Navarra	USCM13594	*USCM13585*
Cañón de Añisclo, Parque Nacional de Ordesa y Monte Perdido, Huesca	USCM13585 USCM13586	USCM13585

Localidad	Especímenes secuenciados	Haplotipo *cox1-5'* de referencia
Bielsa (Parador Nacional) y Ermita Ntra. Sra. de Pineta, Huesca	USCM13649	USCM13649
Benasque, Valles de Estós, Eriste y Vallibierna, Huesca	USCM6472 USCM6473 USCM6474 USCM6475 USCM6476 USCM6477 USCM6478 USCM6479 USCM6480 USCM6481 USCM6561 USCM6565 USCM13563 USCM13615 USCM13616 USCM13617 USCM13618 USCM13620	USCM6472
	USCM13619	USCM13619
	USCM6483 USCM6484 USCM6486 USCM6487 USCM6488 USCM13613	USCM6483
Embalse de Paso Nuevo, Benasque, Huesca	USCM6492 USCM6493 USCM6494 USCM6495 USCM6496 USCM6497 USCM6498 USCM6499 USCM6500 USCM6501 USCM13612	*USCM6472*
	USCM13611	*USCM6483*
Vielha | Bossòst | Canejan, Val d'Aran, Lleida	USCM13579	USCM13579
	USCM13578 USCM13580	USCM13578
Santuario de la Salud, Sant Feliu de Pallerols, Girona, Parque Natural de la Zona Volcánica de la Garrotxa	USCM7223 USCM7224	USCM7223

Localidad	Especímenes secuenciados	Haplotipo *cox1-5'* de referencia
Prats-de-Mollo-la-Preste, Francia	USCM13657 USCM13658	USCM13657
	USCM13655 USCM13656	USCM13655
Caldes de Boí, Boí, Ribera de San Nicolás, Lleida	USCM13662 USCM13667	USCM13662
	USCM13661	USCM13661
Camí de L'Aigua, Boí, Parque Nacional de Aigüestortes i Estany de Sant Maurici	USCM13663	*USCM6483*
	USCM13664	*USCM13662*
La Molina, Alp, Girona	USCM7213 USCM7214	USCM7213
Setcases, Girona	USCM7221 USCM7222	*USCM7213*
Queralbs, Vall de Núria, Girona	USCM13569	USCM13569
	USCM7219	USCM7219
	USCM13572	USCM13572
	USCM7220 USCM13571	*USCM7213*
Tapis, Maçanet de Cabrenys, Girona	USCM13659	USCM13659
	USCM13660	USCM13660
Sierra de Espadán, La Dehesa, Fuente que Nace, Sueras, Castellón	USCM10328 USCM10330 USCM10331	USCM10328
	USCM10329	USCM10329
Parque Natural Tinença de Benifassá, Embalse de Ulldecona, Castellón	USCM10339 USCM13623	USCM10339
Sierra de Cazorla, Jaén	USCM13627	USCM13627

Resultados del análisis filogenético de *Arion vulgaris*

El análisis filogenético basado en el fragmento *barcode* del gen *cox1* agrupa a los individuos morfológicamente identificados como *Arion vulgaris* en un clado monofilético, con un soporte estadístico elevado (probabilidad posterior = 1; Figura 16). Dentro de este mismo clado se anidan secuencias obtenidas de la base de datos de GenBank e identificadas como *Arion lusitanicus* recolectados en otras partes de Europa, lo que apoya una vez más que los ejemplares de *Arion* recolectados en Europa e identificados como *Arion lusitanicus* son en realidad *Arion vulgaris* (QUINTEIRO et al., 2005; BREUGELMANS et al., 2013) y confirma además la presencia de *Arion vulgaris* en diversas localidades de la Península Ibérica. Curiosamente, los haplotipos correspondientes a los especímenes recolectados en La Molina y otras localidades de Girona, donde fue descrita la especie *Arion magnus*, se agrupan en un clado diferenciado del resto de especímenes (clado A; Figura 16), si bien al igual que sucede en el caso de *Arion ater*, los datos de los que disponemos no son suficientes para determinar la posible existencia de linajes genéticos diferenciados dentro de *Arion vulgaris*, por lo que optamos por sinonimizar *A. magnus* y *Arion vulgaris*.

Tanto el árbol basado en el fragmento *barcode* (Figura 53), como el árbol multilocus incluyen a *Arion vulgaris* como especie hermana del clado que incluye a las especies del complejo de *Arion ater-rufus* (Figura 54). En ambos casos, *Arion amygdaliformis* se sitúa fuera de este clado, como el grupo hermano del clado que incluye a *Arion vulgaris* y las especies del complejo de *Arion ater-rufus*.

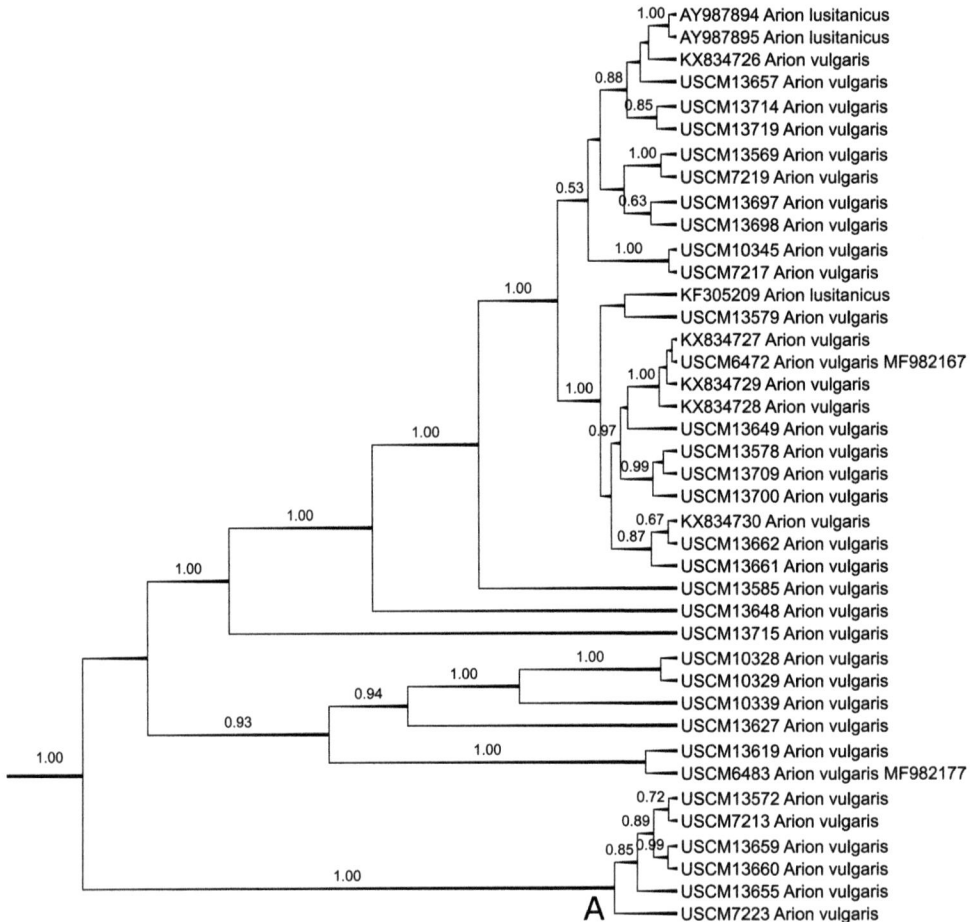

Figura 16. Detalle del árbol filogenético basado en el fragmento *barcode* del gen mitocondrial *cox1*-5′ que muestra las relaciones entre los haplotipos de referencia de los especímenes de *Arion vulgaris* secuenciados en esta monografía (ver nota final, pág. 389).

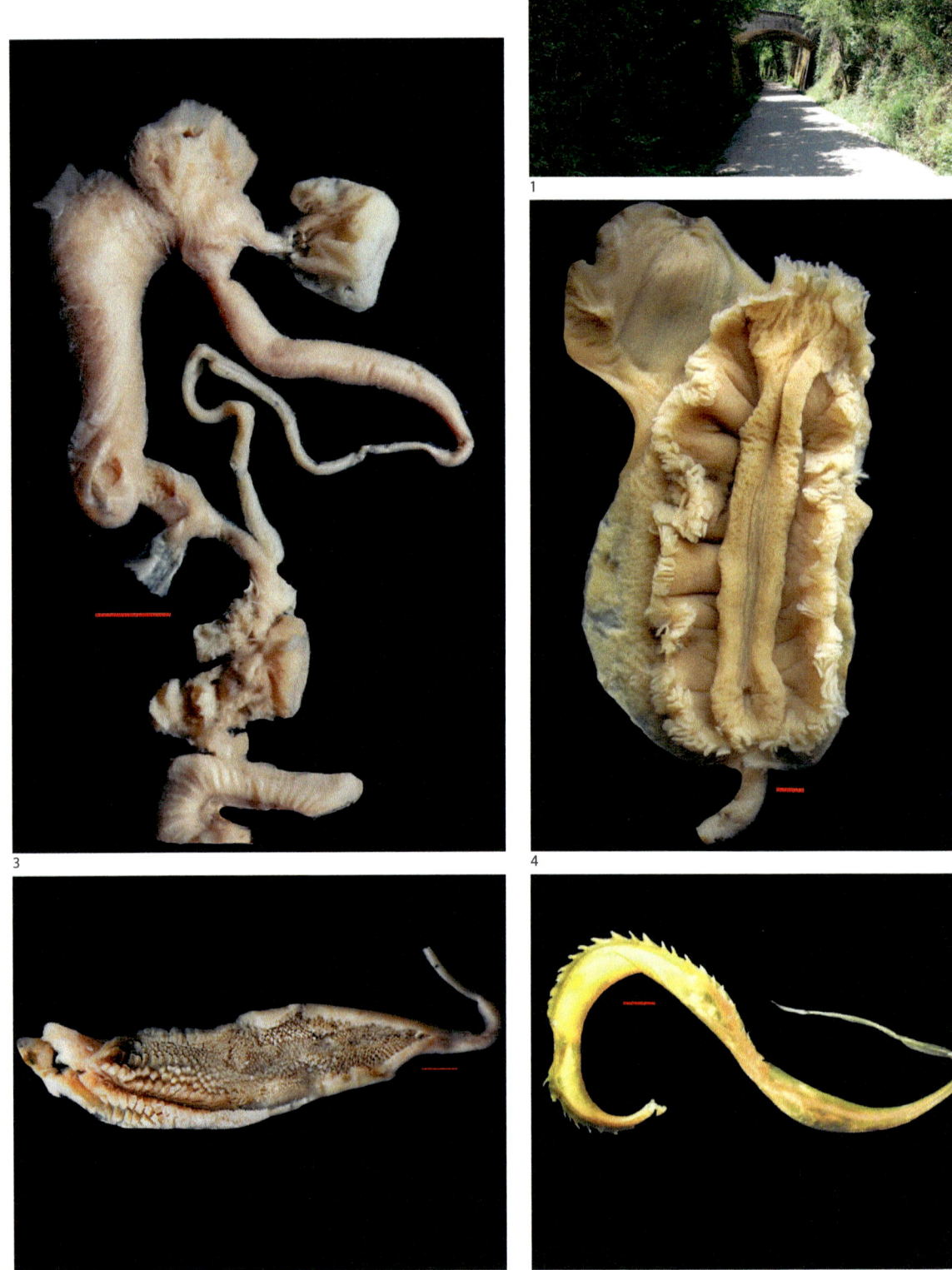

1

3

4

6

7

2

Lámina 4.1. *Arion vulgaris*

Labouiche, Baulou, Foix, Francia

Figuras

1: Senda verde del ferrocarril.

2: Espécimen conservado en etanol al 70%.

3: Parte distal del sistema genital de un individuo adulto en fase femenina.

4 y 5: Lígula en el interior del oviducto libre distal, con un surco en el centro y expansiones petaloides en el margen.

6: Pared interna del epifalo.

7: Espermatóforo.

8: Lígula evaginada.

Escala: 1 mm

Observaciones

Los especímenes que se recogieron en los alrededores de Labouiche eran adultos en fase femenina. La ovotestis es pequeña y negra y la glándula de la albúmina grande y blanquecina. El epifalo mide 21 mm y el canal deferente 28 mm. En el extremo distal del espermatóforo aparece la carena con dientes bien marcados, mientras que en el proximal se desvanecen. En el borde libre de la lígula existe un festoneado formado por expansiones dérmicas en forma de pétalos. En el centro de la lígula existe un canal o surco que comunica con el oviducto libre proximal por medio de un orificio. En las formas juveniles, sobre el borde libre de la lígula existe un festón a modo de faldilla ondulada; a medida que va alcanzando la madurez sexual, el festón o faldilla crece, se fragmenta y es cuando se originan las estructuras con forma de pétalo.

1

2

3

5

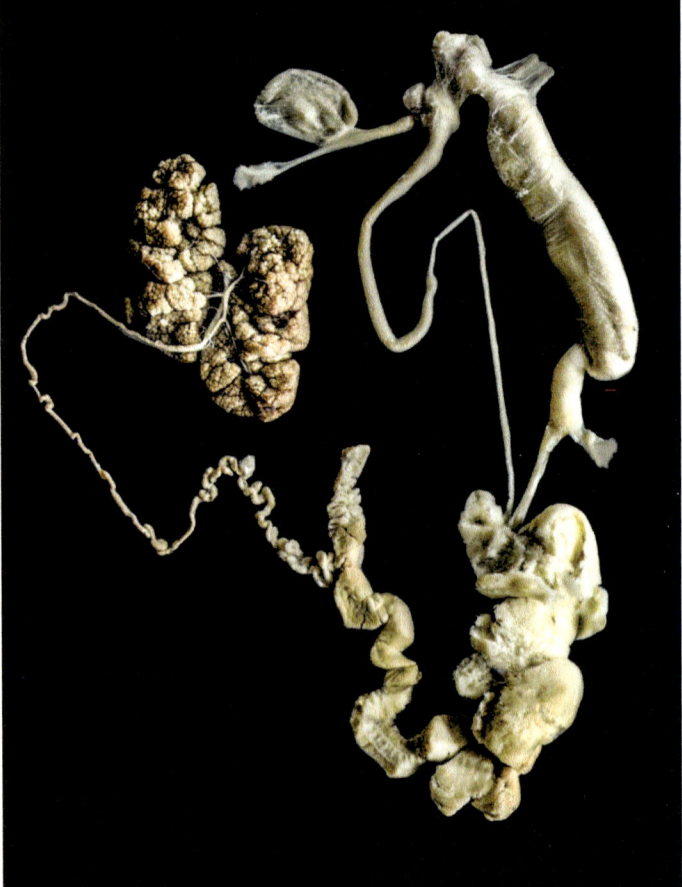

7

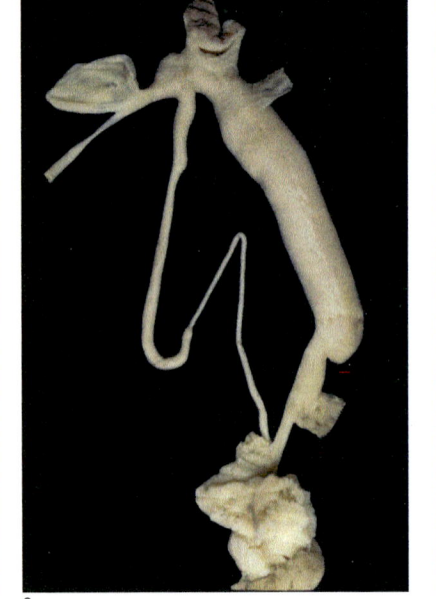

8

Lámina 4.2. *Arion vulgaris*
Setcases, Girona, España

Figuras

1: Setcases, vista desde el río Ter.

2, 3 y 4: Variabilidad del color en individuos adultos.

5 y 6: Individuos juveniles con dos bandas sobre el dorso.

7 y 8: Sistema genital de individuos adultos en fase masculina.

9: Resaltada en verde, lígula con el borde festoneado con lobulaciones petaloides.

10: Interior del epífalo.

Escala: 1 mm

Observaciones

Setcases (Girona) es la localidad tipo de *Arion magnus* Torres Mínguez, 1923. CASTILLEJO, RODRÍGUEZ–CASTRO e IGLESIAS (2017) redescriben y dan por válida esta especie.

Es problemático entender el ciclo biológico de esta especie (*Arion magnus = Arion vulgaris*) en la zona de Setcases. Para esta monografía se muestreó la zona de Setcases en cinco ocasiones, en otoño, al principio y al final de la primavera. Solamente en el mes de junio observamos la mayor actividad y densidad de *Arion vulgaris* en Setcases. Curiosamente, en el mes de junio por la noche los individuos de esta especie estaban activos por todas partes: bordes de camino, alcantarillas, huertos, muros viejos de casas y fincas. Es impresionante el tamaño de los individuos observados, ya que sobrepasan los 200 mm en extensión. No es de extrañar que Torres Mínguez usase el epíteto *magnus*. Sin embargo, en el muestreo del mes de marzo no encontramos ningún ejemplar de *Arion vulgaris*. De esto se deduce que en la zona del Parque Natural Regional de los Pirineos Catalanes los especímenes de los ariónidos alcanzan la madurez sexual al principio del verano o final de la primavera. Al final del otoño, con las primeras nieves, ya no hay actividad.

6

Los especímenes de Setcases en madurez sexual son de color castaño con diferentes tonalidades, sin bandas en el dorso. Los individuos juveniles tienen dos bandas más oscuras sobre dorso y manto. El sistema genital que figuramos corresponde a adultos en fase masculina, ovotestis grande y negruzca y glándula de la albúmina pequeña. La lígula es oblonga piriforme, con el borde festoneado con lobulaciones petaloides que también aparecen sobre verrugas internas. El epífalo mide entre 30 y 38 mm y el canal deferente entre 30 y 37 mm. En Setcases no encontramos individuos de color negro como en Queralbs, en el Vall de Núria. Además de *Arion magnus*, TORRES MÍNGUEZ (1923; 1925; 1927) también describió en Setcases a dos especies más: *Arion nuriae* y *Arion lineispede*, que ya fueron sinonimizadas con *Arion magnus* por CASTILLEJO, RODRÍGUEZ–CASTRO e IGLESIAS (2017). En base a criterios anatómicos y moleculares, en este trabajo se consideran las especies descritas por Torres Mínguez en Setcases como sinonimias de *Arion vulgaris*, si bien el análisis del fragmento *barcode* muestra que los ejemplares recogidos en esta localidad se sitúan en un clado genéticamente diferenciado del resto de especímenes analizados. El estudio detallado de estas poblaciones, incluyendo un mayor número de marcadores moleculares, deberá ser abordado en el futuro, para determinar su posible estatus como linaje diferenciado dentro de *Arion vulgaris*.

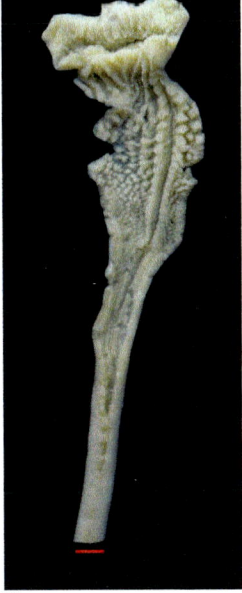

10

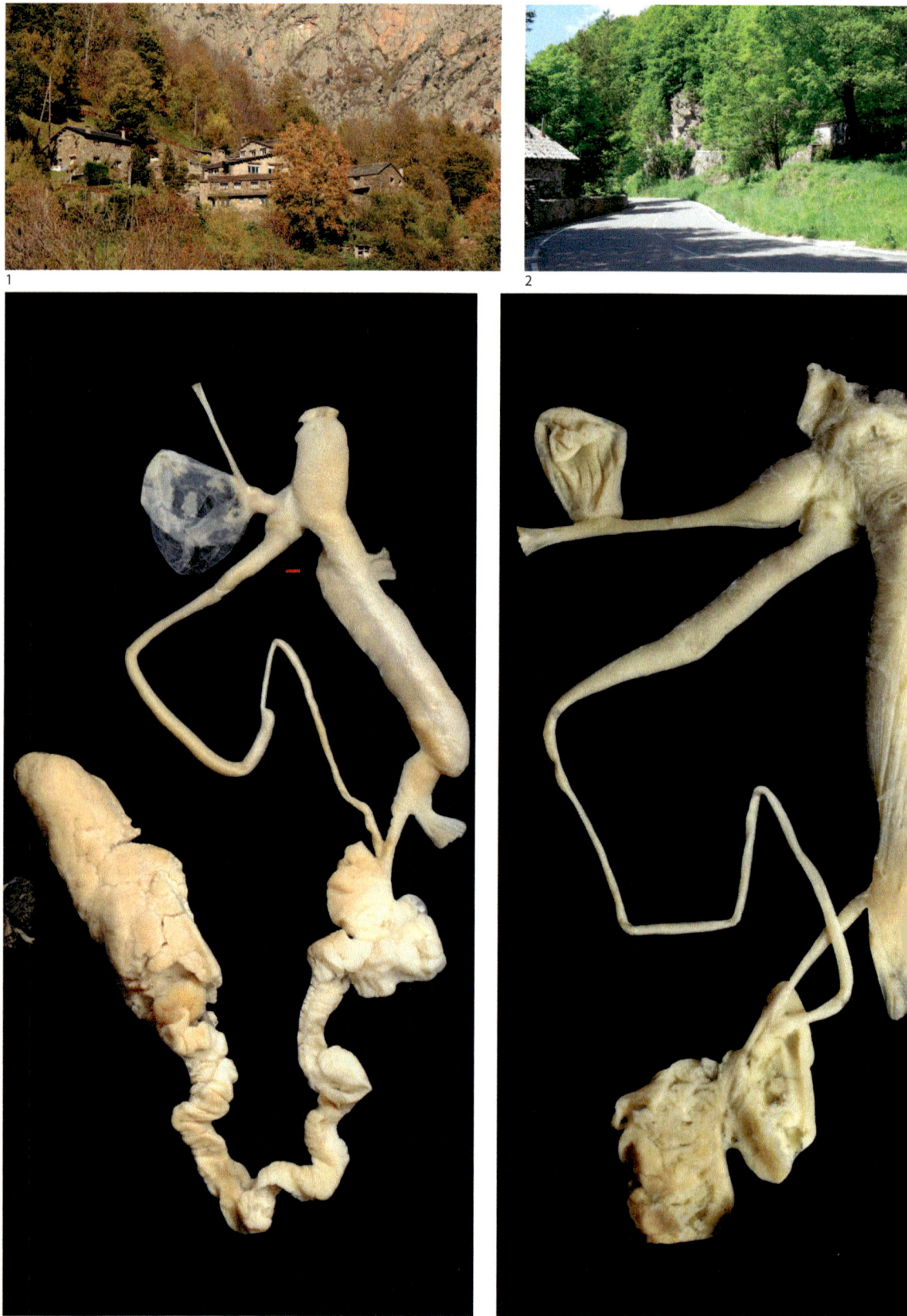

1

2

4

5

3

Lámina 4.3. *Arion vulgaris*
Queralbs, Vall de Núria, Girona, España

Figuras

1 y 2: Queralbs, Vall de Núria, río El Freser.

3: Espécimen negro activo durante el día.

4 y 5: Sistema genital en fase femenina.

6: Atrio, lígula y epifalo abiertos.

7: Interior del epifalo.

Escala: 1 mm

6

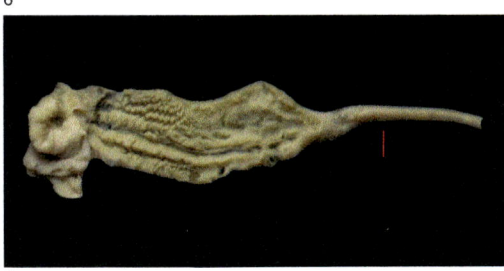

7

Observaciones

Para TORRES MÍNGUEZ (1927), *Arion lineispede* es una babosa grande con el dorso del cuerpo completamente negro, y habita en Setcases y Núria (Girona). BORREDÀ y MARTÍNEZ-ORTÍ (2023) recuperan y vuelven a describir *Arion lineispede* Torres Mínguez, 1927, e indican que la localidad tipo es Núria y Setcases. Según estos autores, los individuos de *Arion lineispede* son de gran tamaño, pudiendo superar los 140 mm, con dorso de color uniforme marrón muy oscuro o negro. Lígula intra-oviductal en forma de U o V invertida y bastante festoneada. Conducto deferente y epifalo de longitud similar.

Nosotros encontramos individuos en madurez sexual durante los muestreos realizados en los meses de junio a agosto de 2014 y 2016 en la zona de Queralbs, en el Vall de Núria. En otoño no encontramos ningún espécimen de *Arion* en actividad en esta localidad. Los especímenes estudiados estaban en fase femenina, con la glándula de la albúmina muy grande y la ovotestis pequeña. El reborde de la lígula del sistema genital está festoneado y adornado con lóbulos petaloides bilobulados. El extremo distal de la lígula está ligeramente levantado. En el interior de la lígula se desarrolla un surco que posiblemente tenga la misión de albergar y guiar el espermatóforo. La longitud del epifalo oscila entre 19 y 35 mm, y la del canal deferente entre 26 y 30 mm. El interior del epifalo está tapizado con papilas poliédricas de grosor distinto.

CASTILLEJO, RODRÍGUEZ–CASTRO e IGLESIAS (2017) citan *Arion magnus* Torres Mínguez, 1923 en Setcases, Queralbs y Vall de Núria. Basándose en datos anatómicos y moleculares, estos autores consideran que las especies descritas en esta zona por TORRES MÍNGUEZ (1924; 1925; 1927): *Arion ruginosus*, *Arion collominiato*, *Arion nigrachlamydae*, *Arion nuriae* y *Arion lineispede* son sinonimias de *Arion magnus*. Los resultados mostrados en esta monografía apoyan la hipótesis de que estas especies son conespecíficas de *Arion vulgaris*.

1

2

4

5

7

8

6

Lámina 4.4. *Arion vulgaris*
Benasque, Huesca, España

Figuras

1: Llanos del Hospital, Benasque.

2: Valle de Estós, Benasque.

3: Valle de Eriste, Benasque.

4: Espécimen marrón de la zona de Benasque.

5: Espécimen negro.

6: Espécimen juvenil, con dos bandas sobre el dorso.

7: Sistema genital de un individuo en fase masculina.

8: Parte distal del sistema genital de un individuo en fase masculina.

9: Lígula ovalada dentro del oviducto distal.

10: Lígula aislada mostrando las expansiones petaloides sobre el borde.

11: Lígula piriforme dentro del oviducto distal.

12: Interior del epifalo.

Escala: 1 mm

10

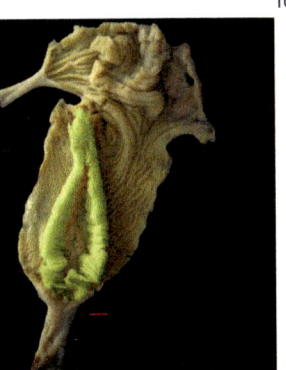

12

Observaciones

En los Valles de Estós, Eriste y Los Llanos del Hospital aparecen tanto individuos de color marrón como negro. Los juveniles tienen dos bandas oscuras sobre dorso y escudo, que desaparecen en los adultos. La lígula en los especímenes maduros en fase masculina tiene el borde libre recubierto de prolongaciones filiformes a modo de penachos que acaban en punta roma o con los extremos bilobulados. En el centro de la lígula se desarrolla un canal que nace en la interfaz entre el oviducto libre proximal y el oviducto libre distal. La parte distal del canal de la lígula se introduce en el interior del atrio. La lígula de los especímenes juveniles tiene forma de pera, no aparece el surco central y las lobulaciones del borde de la lígula son patentes, pero no se han desarrollado las estructuras petaloides. El epifalo mide entre 18 y 20 mm de longitud y el canal deferente entre 26 y 27 mm. En el interior del epifalo se observa que en el fondo existe un canal en forma de V que está flanqueado por papilas gruesas. En la terminología que empleamos, a la zona donde aparece el canal la denominamos "piso", mientras que el término "techo" lo aplicamos a la zona que está por encima del piso. En el surco en V es donde se forma la carena aserrada del espermatóforo. Las papilas del techo del epifalo son más pequeñas que las del piso. Tanto en el piso como en el techo de la parte proximal del epifalo solamente existen papilas pequeñas, lo que se corresponde con el tamaño pequeño de los dentículos de la carena.

Lámina 4.5. *Arion vulgaris*
Sueras, Sierra de Espadán, Castellón, España

Figuras
1: Fuente Castro, Sueras.

2: Font dels Ullals, Sueras.

3: Corrales del Agua Negra, Sierra de Espadán.

4 y 5: Especímenes adultos.

6 y 7: Especímenes juveniles con dos bandas.

Observaciones
BORREDÀ y MARTÍNEZ-ORTÍ (2014) describen la especie *Arion (Kolbetia) luisae* a partir de ejemplares inmaduros que recogieron en abril de 2013 en Soneja, Sierra de Espadán (Castellón). Los dos ejemplares que capturaron los mantuvieron en cautividad hasta que consideraron que habían alcanzado la madurez sexual. Medían 45 mm y eran de color gris parduzco claro, con dos bandas laterales. La lígula tiene forma de V con festón. BORREDÀ y MARTÍNEZ-ORTÍ (2023) describen nuevamente una nueva especie en la Sierra de Espadán que denominan *Arion amortii* Borredà, n. sp (sic) e indican que *"son individuos de color pardo achocolatado o pardo sucio con algo de tono rojizo, con restos de bandeado oscuro en algunos ejemplares incluso adultos. Los juveniles muy frecuentemente son bandeados. Suela clara y orla anaranjada o amarilla con lineolas negras. Mucus amarillento"*. Al describir el sistema genital indican: *"Lígula en el interior del oviducto distal no muy gruesa pero muy alargada y festoneada, con bordes de aspecto como deshilachado y en forma de collar o de U"*.

En el año 2017 estudiamos las babosas de la Sierra de Espadán, y durante tres días se muestrearon de día y de noche varios biotopos de localidades distintas. Estos especímenes pertenecen a la especie *Arion vulgaris*. Son babosas de colores muy vivos, muy vistosos, claros, llamativos, de tonos amarillos, verdosos. Los tentáculos son blanquecinos, el reborde de la suela pedia es anaranjado y la suela es blanca. El mucus del cuerpo es amarillento. Este aspecto contrasta con los colores marrón oscuro o negro de *Arion vulgaris* de los Pirineos y del resto de Europa. Los juveniles tienen dos bandas oscuras sobre el dorso y el escudo. El sistema genital sigue el mismo patrón que los *Arion vulgaris* de los Pirineos. El epifalo mide 25 mm y el canal deferente 22 mm. La lígula es oblonga y tiene el reborde festoneado con papilas digitiformes, algunas bilobuladas. El epifalo está tapizado con papilas poliédricas, más gruesas en el piso que en el techo. Comparando nuestras observaciones y estudios anatómios con las descripciones que Borredà y Martínez-Ortí dan de las especies descritas por ellos en la Sierra de Espadán, concluimos que *Arion luisae* y *Arion amortii* son formas juveniles o semiadultas en fase masculina de *Arion vulgaris*.

8

9

10

Lámina 4.5 (cont.) *Arion vulgaris*
Sueras, Sierra de Espadán, Castellón, España

Figuras

8, 9 y 10: Sistema genital en fase femenina.

11: Lígula en el interior del oviducto distal.

12: Pared interna del epifalo.

Escala: 1 mm

Figura 17. Fotografía de *Arion amygdaliformis* sp. nov. en Irati (Navarra).

Arion amygdaliformis sp. nov.

Derivatio nominis. Su nombre hace referencia a la forma de la lígula, similar a la del endocarpio de la almendra (*amygdalum* en latín). Por tanto, su forma se asemeja a la parte cóncava de media cáscara de almendra.

Material examinado

Se estudiaron ejemplares de las siguientes localidades:

Holotipo:

> Localidad tipo: Casas de Irati, Selva de Irati, Ochagavía, Navarra, España.
> Coordenadas: 42.988766, -1.105105.
> Fecha de captura: 06-11-1994.
> Depósito: Colección del Departamento de Zoología, Genética y Antropología Física de la Universidade de Santiago de Compostela, A Coruña, España.

Paratipos:

1. Localidad: Pikatua, Selva de Irati, Ochagavía, Navarra, España.
   Fechas de captura: 11-11-2015, 11-11-2016.
   Número de ejemplares: 5
   Depósito: Colección del Departamento de Zoología, Genética y Antropología Física de la Universidade de Santiago de Compostela, A Coruña, España.
2. Localidad: Casas de Irati, Selva de Irati, Ochagavía, Navarra, España.
   Fechas de captura: 06-11-1994, 11-11-2015, 11-11-2016.
   Número de ejemplares: 28
   Depósito: Colección del Departamento de Zoología, Genética y Antropología Física de la Universidade de Santiago de Compostela, A Coruña, España.

Caracteres diagnósticos basados en la anatomía

i.   Babosas de gran tamaño, los adultos son de color marrón con distintos tonos, en extensión sobrepasan los 100 mm de longitud. Reborde de la suela pedia de color rojizo.

ii. Cuando se les molesta no se balancean (no tienen comportamiento *rocking*).

iii. Tubérculos de la piel grandes, aquillados.

iv. Lígula intra-oviductal, que se asemeja a la parte cóncava de media cáscara de almendra. Tiene un gran pliegue longitudinal del que salen pequeños pliegues transversales que se funden con la pared interna del oviducto distal. Su forma se asemeja a una cordillera montañosa de la que bajan desde la cumbre riachuelos que desembocan en el valle. El orificio del oviducto proximal se abre en el fondo de la lígula, en el piso, no se abre sobre las paredes de la lígula.

v.   En la lígula de las formas juveniles se insinúa un pliegue secundario proximal, en las inmediaciones del orificio del oviducto libre proximal. Este pliegue secundario recuerda a la forma de la lígula de los especímenes juveniles de *Arion torquiformis* sp. nov.

vi. En los adultos en fase femenina la longitud del epifalo y del canal deferente es la misma: 25 mm. En algunos ejemplares el canal deferente es ligeramente mayor. En los juveniles también se mantiene la proporción entre epifalo y canal deferente.

vii. El músculo retractor del sistema genital tiene dos ramas con forma de Y. El tronco se une a la pared del cuerpo, por debajo del escudo, y las ramas se unen una a la base del receptáculo seminal y la otra al oviducto libre proximal. El punto de inserción sobre el oviducto libre proximal varía en los juveniles y en los adultos. En los juveniles es más basal que en los adultos.

Descripción

Morfología externa y coloración

Son ariónidos muy grandes, en extensión sobrepasan los 100 mm. Los adultos son de color marrón en todos sus tonos, algunos parecen negros. Los adultos no tienen bandas sobre el dorso o el escudo. En los juveniles se observan dos bandas blanquecinas sobre el dorso y el escudo, la banda de la derecha pasa por encima del pneumostoma. Los tubérculos de la piel son grandes, aquillados.

La suela pedia es trizonal, con las franjas externas oscuras. Los juveniles tienen la suela pedia blanquecina. El reborde de la suela pedia es rojizo. El mucus del cuerpo es incoloro o blanquecino.

Sistema genital

En algunos adultos en fase femenina la parte distal del sistema genital aparece teñida de negro, aunque esta coloración no es constante en todos los especímenes. Tal vez esté relacionada con los procesos de anestesiado y fijación.

Ovotestis. Pequeña y con el epitelio que recubre los acini de color negro.

Glándula de la albúmina. Grande y blanquecina.

Espermoviducto. Contorneado y de color blanquecino.

Epifalo y canal deferente. La longitud del canal deferente es la misma que la del epifalo. La longitud de cada uno ronda los 26 mm, en algunos el canal deferente es ligeramente mayor. La variación de las proporciones entre el canal deferente y el epifalo depende de la fase de desarrollo en la que se encuentren los individuos, lo cual está relacionado con la función que en ese momento desempeñan cada una de las partes.

Oviducto libre proximal. Delgado, uniforme, desemboca lateralmente sobre el oviducto libre distal. Una de las ramas del músculo retractor del genital se inserta a media altura. Su orificio se abre en la base de la lígula.

Oviducto libre distal. Cilíndrico, con dos acodamientos, uno próximo al punto de desembocadura lateral del oviducto libre proximal, y otro antes de desembocar en el atrio.

Atrio proximal. En él desembocan el canal del receptáculo seminal, del epifalo y del oviducto libre distal.

Atrio distal. Cilíndrico, recubierto externamente con un epitelio de aspecto glanduloso. Internamente es liso, sin pliegues.

Receptáculo seminal. Esférico, grande, voluminoso, con un canal corto y ancho. Los canales del receptáculo seminal y del epifalo desembocan juntos en la base del atrio distal, al lado del oviducto libre distal.

Lígula. Tiene forma de la parte cóncava de media cáscara de almendra. Es un gran pliegue longitudinal con los extremos curvados y del cénit o cresta salen pliegues secundarios transversos que delimitan crestas o valles que se difuminan a medida que se alejan de la cresta. La estructura de la lígula de los especímenes juveniles es la misma que la de los adultos. En la parte proximal de la lígula de algunos juveniles, en las proximidades del orificio por el que abre el oviducto libre proximal, aparece un pequeño pliegue que recuerda someramente a la lígula de los juveniles de *Arion torquiformis* sp. nov. En la lígula de los adultos no aparece este pliegue.

Espermatóforo. No se han encontrado restos de espermatóforo en el receptáculo seminal, en algunos ejemplares se ha encontrado una especie de polvillo blanquecino en el interior del receptáculo seminal.

Cópula. No se ha encontrado ninguna cópula que con certeza podamos asignar a esta especie.

Comparación con especies próximas

Arion amygdaliformis sp. nov. es una babosa de gran tamaño de color marrón con la lígula alojada dentro del oviducto libre distal. Por el tamaño y color del cuerpo se podría confundir con *Arion rufus,* y recuerda remotamente a los *Arion fuligineus* de la Serra da Estrela en Portugal, descritos como *Arion nobrei.* También se podría confundir con los *Arion torquiformis* sp. nov. del Parque Natural Señorío de Bértiz en Navarra. Las diferencias entre estas especies están en la lígula. *Arion amygdaliformis* es la única especie que tiene la lígula en forma de cáscara de almendra y alojada en el oviducto. Además, respecto a *Arion rufus*, con el que coexiste en la Selva de Irati, puede ser diferenciado porque *Arion amygdaliformis* no se balancea al ser molestado.

La estructura del sistema genial de *Arion amygdaliformis* es muy parecida a la de *Arion vulgaris*. Ambos tienen la lígula intra-oviductal y las longitudes del epifalo y el canal deferente son muy similares. En *Arion vulgaris* oscilan entre 30 y 38 mm y en *Arion amygdaliformis* entre 27 y 36 mm. Estas diferencias no se consideran relevantes ya que las medidas de estos conductos dependen del estado de madurez y de los procesos de anestesiado y conservación. Las características específicas que los diferencian son la forma de la lígula y la posición por donde se abre el orificio del oviducto libre en el atrio proximal. En particular, la lígula de *Arion amygdaliformis* en forma de cáscara de almedra es diagnóstica.

Distribución de *Arion amygdaliformis* sp. nov. en la Península Ibérica

Arion amygdaliformis sp. nov. Ha sido encontrada únicamente en la parte española de la Selva de Irati, Ochagavía (Navarra) (Figura 18). En la Selva de Irati hemos encontrado esta especie junto a *Arion rufus* y *Arion torquiformis* sp. nov.

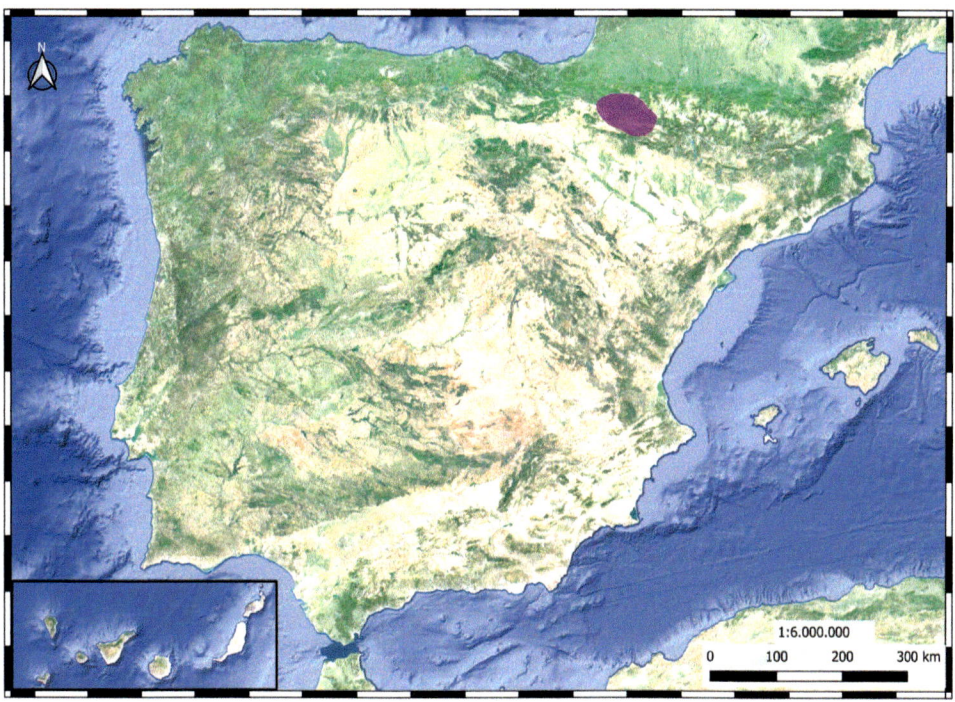

Figura 18. Distribución de *Arion amygdaliformis* en la Península Ibérica.

Material utilizado para el estudio anatómico y molecular

1. Ochagavía, alrededores de la Plaza Obispo Pablo Gúrpide: 31-05-2016
2. Casas de Irati, Selva de Irati, Ochagavía, Navarra: 06-11-1994
3. Km-22 carretera de Abodi, NA-2012, bajada hacia el río Irati: 12-09-2015
4. Ermita de la Virgen de las Nieves, Selva de Irati, Sarriguren, Navarra: 12-07-2017
5. Camino desde el Área de Picnic de las Casas de Irati hasta el Embalse de Irabia, Navarra: 06-09-1994, 10-11-2015

6. Camino que va desde el Centro de Esquí Nórdico de Abodi hasta el Embalse de Koxta, paralelo al río Pikatua, Selva de Irati, Navarra: 11-11-2015
7. Cascada del Cubo, río Urbeltza, Selva de Irati, Navarra: 29-05-2016

En la siguiente tabla se detallan las localidades en las que se recolectaron ejemplares de *Arion amygdaliformis* sp. nov. para el estudio molecular llevado a cabo en esta monografía. Para cada localidad se indican los especímenes que fueron secuenciados, utilizando para ello el código asignado en la colección del Departamento de Zoología de la USC. En la última columna se indica el código del haplotipo único para el fragmento *barcode* del gen *cox1* que aparece en el detalle del árbol filogenético de esta especie. Nótese que un mismo haplotipo puede encontrarse en localidades diferentes. En otras palabras, ejemplares tanto de la misma localidad como de localidades diferentes pueden tener una secuencia del fragmento *barcode* idéntica y, en esos casos, en el árbol filogenético solo se muestra el código de uno de estos ejemplares, denominado «haplotipo *cox1*-5' de referencia». Si el haplotipo de referencia pertenece a una localidad diferente a la de los especímenes secuenciados a los que se hace referencia, se indica en cursiva.

Localidad	Especímenes secuenciados	Haplotipo *cox1*-5' de referencia
Casas de Irati, Selva de Irati, Ochagavía, Navarra	USCM13555	*USCM6398*
Ermita de la Virgen de las Nieves, Selva de Irati, Navarra	USCM6398 USCM6401 USCM6404 USCM6406	USCM6398
	USCM6403	USCM6403
	USCM6402	USCM6402
	USCM6405	USCM6405
Pikatua, Irati, Navarra	USCM13548	USCM13548
	USCM6379	USCM6379
	USCM6388 USCM6397	USCM6388
	USCM6381	USCM6381
	USCM6387 USCM6409	USCM6387

Resultados del análisis filogenético de *Arion amygdaliformis* sp. nov.

Los resultados del análisis filogenético basado en el gen *cox1*-5' indican que los especímenes recolectados y que según el examen anatómico se identifican como *Arion amygdaliformis*, forman un clado monofilético y con buen soporte estadístico (probabilidad posterior = 1; Figura 19). La diferenciación genética de estos especímenes respecto a *Arion vulgaris* constituye un criterio adicional para su identificación como una nueva especie que, de acuerdo con el estudio anatómico, incluimos dentro del complejo de *Arion vulgaris*.

Tanto el árbol basado en el fragmento *barcode* (Figura 53) como el árbol multilocus sitúan con gran soporte estadístico a *Arion amygdaliformis* como el clado hermano del clado que incluye a *Arion vulgaris* y las especies del complejo de *Arion ater-rufus* (Figura 54).

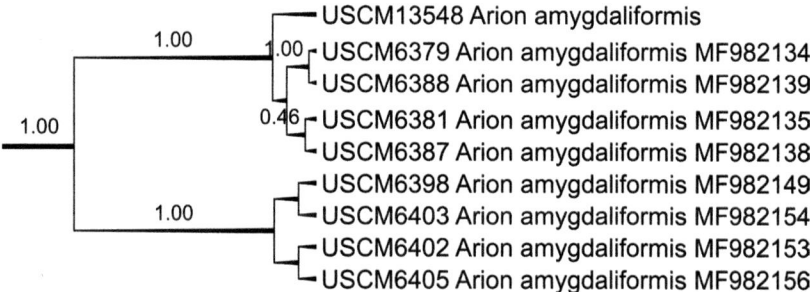

Figura 19. Detalle del árbol filogenético basado en el fragmento *barcode* del gen mitocondrial *cox1*-5' que muestra las relaciones entre los especímenes de *Arion amygdaliformis* sp. nov. secuenciados en esta monografía (ver nota final, pág. 389).

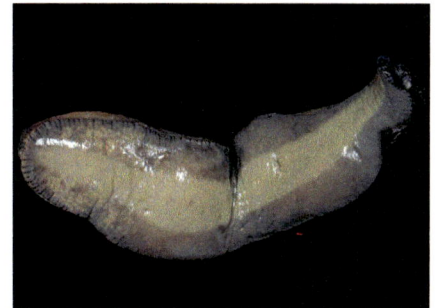

7

Lámina 5.1. *Arion amygdaliformis* sp. nov.
Holotipo

Casas de Irati, Selva de Irati, Ochagavía, Navarra, España

Figuras

1, 2 y 3: Casas de Irati, Selva de Irati, Navarra.

4 y 5: Individuo vivo en actividad fotografiado por la noche.

6 y 7: Holotipo conservado en etanol, depositado en la colección del Dpt. de Zoología de la USC.

8 y 9: Sistema genital del holotipo en fase femenina.

10: Atrio genital, oviducto libre distal y epifalo abiertos.

11: Detalle de la lígula en el interior del oviducto libre.

12: Interior del epifalo.

Escala: 1 mm

11

Observaciones

El holotipo se recogió en los hayedos de los alrededores de las Casas de Irati, río Urtxuria y la carretera NA-2012. Las fotografías de los especímenes vivos se tomaron por la noche el 6/11/ 1994 en soporte fotográfico tipo diapositiva; 15 años más tarde se digitalizaron. Los especímenes anatomizados estaban en fase femenina. La ovotestis es pequeña, de color negro y la glándula de la albúmina es grande, compacta y blanquecina. El epifalo mide 26 mm, el canal deferente mide también 26 mm y el oviducto libre proximal mide 19 mm. Una rama del músculo retractor del genital se une en el punto medio del oviducto libre proximal y la otra en la base del receptáculo seminal. El interior del atrio distal es liso, sin protuberancias. La lígula tiene la forma de la parte cóncava de una cáscara de almendra. La cara interna del oviducto libre está tapizada por pequeños pliegues cuyo conjunto se asemeja a un "bordado de nido de abeja". El orificio del oviducto libre está en la base de la lígula, en el "piso", no sobre las paredes de la lígula. El epifalo está tapizado con pequeñas papilas romboédricas de distinto tamaño; las pequeñas son proximales y las grandes son distales. El canal del receptáculo seminal es corto y grueso.

1

2

4

5

6

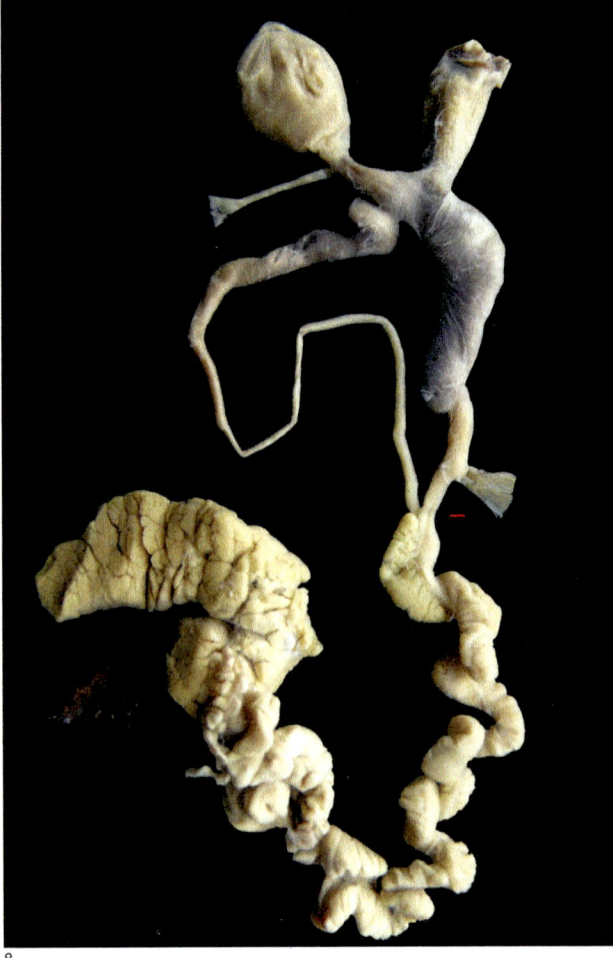

8

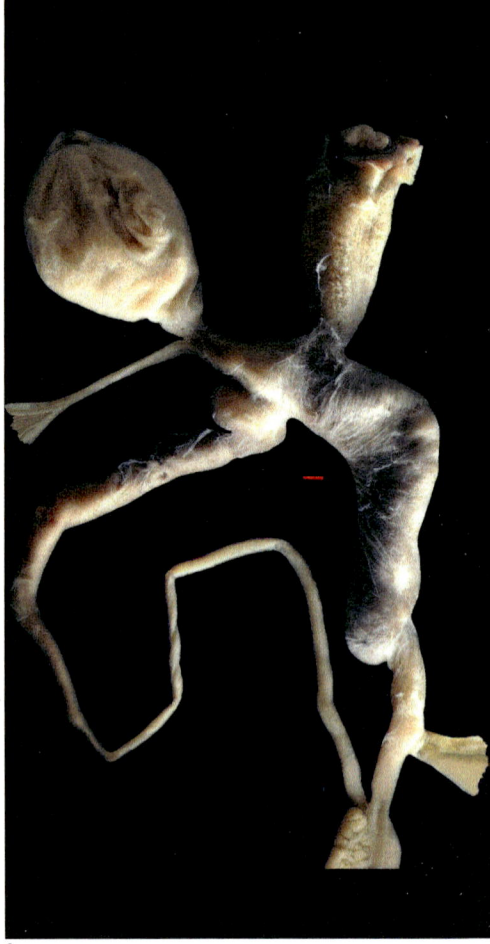

9

Lámina 5.2. *Arion amygdaliformis* sp. nov.
Paratipos
Casas de Irati, Selva de Irati, Ochagavía, Navarra, España

Figuras

1, 2 y 3: Área de picnic en la zona del Punto Información de Turismo Selva de Irati.

4 y 5: Individuos en actividad fotografiados por la noche.

6: Vista ventral de un paratipo conservado en etanol.

7: Vista dorsal de paratipos, el extendido corresponde con la Figura 6.

8 y 9: Sistema genital en fase femenina del paratipo de las Figuras 6 y 7.

10 y 11: Lígula en el interior del oviducto.

12: Interior del epifalo y su canal deferente.

Escala: 1 mm

7

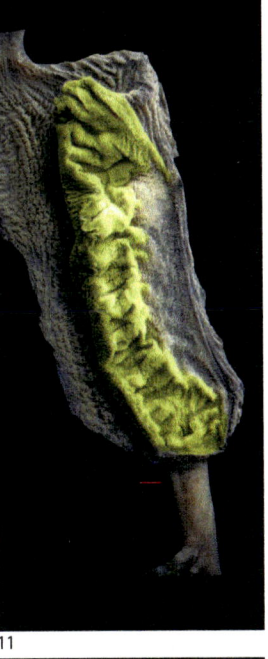

11

Observaciones

Estos paratipos se recogieron en los bordes del camino del hayedo que va desde el área de picnic de las Casas de Irati hasta el embalse de Irabia. Los muestreos fueron diurnos y nocturnos. El sistema genital de esta lámina corresponde al mismo individuo de las Figuras 6 y 7. El orificio del oviducto libre proximal se abre en la base de la lígula, no sobre las paredes de la lígula como sucede en *Arion torquiformis*.

El interior del epifalo está tapizado por papilas poliédricas de distinto tamaño y distribución zonal.

1

2

4

5

6

9

11

12

13

Lámina 5.3. *Arion amygdaliformis* sp. nov.

Paratipos

Casas de Irati, Selva de Irati, Ochagavía, Navarra, España

Figuras

1, 2 y 3: Ermita de la Virgen de las Nieves, Selva de Irati, Navarra.

4 y 5: Individuos adultos fotografiados por la noche en actividad.

6, 7 y 8: Individuos juveniles con dos bandas en el dorso.

9 y 10: Individuos de color marrón conservados en etanol.

11 y 13: Sistema genital en fase femenina de los individuos de las Figuras 9 y 10.

12: Lígula en el interior del oviducto.

14: Interior del epifalo.

Escala: 1 mm

8

10

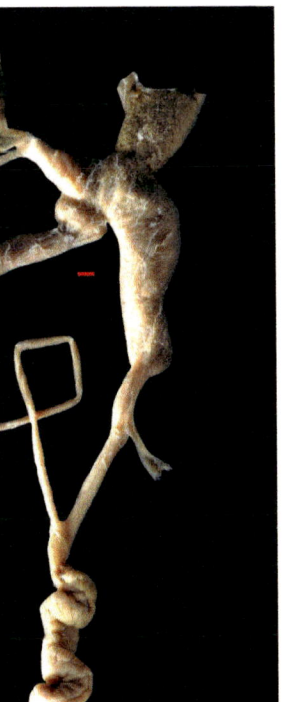

14

Observaciones

Los paratipos se recogieron en el hayedo de los alrededores de la Ermita de la Virgen de las Nieves en la Selva de Irati. Los muestreos fueron diurnos y nocturnos y los individuos se recogieron en el borde de los caminos y sobre la hojarasca.

El sistema genital de estos individuos está en fase femenina. La lígula tiene un aspecto en apariencia distinto al del holotipo, ya que el oviducto se abrió por el costado erróneo. El resto de las estructuras son idénticas a las del holotipo.

Lámina 5.4. *Arion amygdaliformis* sp. nov.
Pikatua, Selva de Irati, Ochagavía, Navarra, España

Figuras

1 y 2: Camino que va desde el Centro de Esquí Nórdico de Abodi hasta el embalse de Koxta, paralelo al río Pikatua, Selva de Irati.

3: Detalle de la hojarasca de hayas, por las noches las babosas salen del interior.

4 y 5: Individuos de *Arion amygdaliformis* de color marrón claro y oscuro.

6 y 7: Individuos juveniles conservados en etanol.

8 y 9: Sistema genital de los individuos de las Figuras 6 y 7. Los individuos están en fase muy juvenil.

10: Lígula en el interior del oviducto.

11: Interior del epifalo, las papilas no están muy definidas.

Escala: 1 mm

7

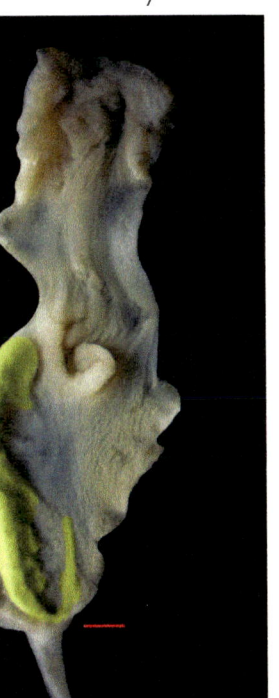
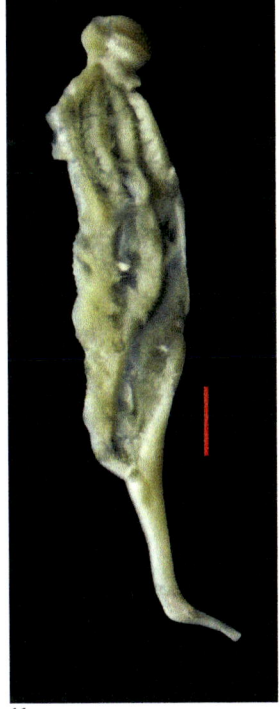

11

Observaciones

Los ejemplares se recogieron en los bordes del camino que baja desde el Centro de Esquí Nórdico de Abodi hasta el embalse de Koxta, paralelo al río Pikatua. Por las noches, la densidad de los ariónidos en los caminos es alta. Después de unas horas de actividad los ejemplares desaparecen para volver a salir antes del amanecer. Muchos ejemplares salen a la superficie de debajo de la hojarasca de las hayas.

Los individuos anatomizados se recogieron en noviembre y eran juveniles. La ovotestis era diminuta, al igual que la glándula de la albúmina. El epifalo mide 11 mm y el canal deferente 12 mm. El oviducto libre proximal mide 16 mm. La lígula está perfectamente definida en este ejemplar juvenil y el epifalo no tiene las papilas poliédricas bien definidas. Es curioso como en la base de la lígula, en la parte proximal de esta, antes de empezar el oviducto libre proximal y en la proximidad del orificio oviductal, se insinúa un pequeño pliegue que recuerda al epifalo en forma de collera o U de los juveniles de *Arion torquiformis*.

1

2

4

5

6

8

9

10

Lámina 5.5. *Arion amygdaliformis* sp. nov.

Pikatua, Selva de Irati, Ochagavía, Navarra, España

Figuras

1, 2 y 3: Camino que va desde el Centro de Esquí Nórdico de Abodi hasta el Embalse de Koxta, paralelo al río Pikatua, Selva de Irati.

4: Individuo en actividad.

5: Suela de un individuo juvenil.

6: Espécimen saliendo de debajo de la hojarasca del hayedo.

7: Individuo juvenil conservado en etanol.

8: Sistema genital del espécimen juvenil de la Figura 7.

9 y 10: Lígula en el interior del oviducto. La lígula de la Figura 9 está resaltada en verde y señalado el orificio del oviducto.

11: Interior del epifalo, con las papilas poco marcadas.

Escala: 1 mm

7

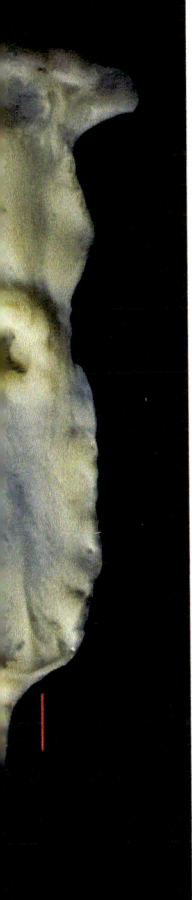
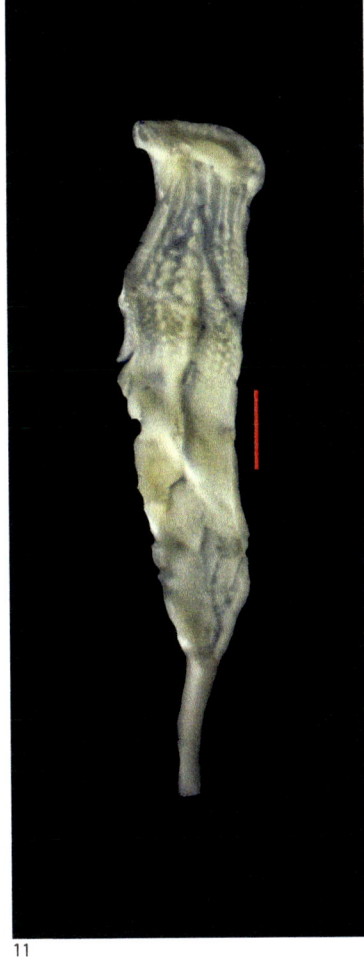

11

Observaciones

En los márgenes del río Pikatua, desde el Centro de Esquí Nórdico de Abodi hasta el Embalse de Koxta, se muestreó en las mismas fechas de los años 2015 y 2016. Tanto en 2015 como en 2016, los ejemplares que encontramos estaban en fase juvenil temprana. No tenían desarrollada ni la ovotestis ni la glándula de la albúmina. El epifalo mide 13 mm y el canal deferente 14 mm. El oviducto libre proximal mide 15 mm. La rama oviductal del músculo retractor del genital se une al oviducto libre proximal en el tercio final de este. La lígula está bien definida, tiene forma de media cáscara de almendra y sigue apareciendo el pliegue secundario en la base de la lígula, que quiere recordar a la lígula de los juveniles de *Arion torquiformis*. Las papilas del interior del epifalo no están muy desarrolladas.

COMPLEJO DE *ARION FULIGINEUS*

Generalidades

Las principales características comunes a las especies incluidas dentro del complejo de *Arion fuligineus* son la presencia de bandas oscuras en los costados y en el escudo, y un aparato genital caracterizado por la presencia de un atrio pequeño y un oviducto libre distal largo y engrosado que contiene una lígula en forma de elipse o de U. Las principales diferencias entre las cuatro especies incluidas en este complejo se encuentran en el sistema genital. Además, con pocas excepciones, presentan distribuciones prácticamente alopátricas en la Península Ibérica. Dentro de este complejo se han descrito un total de 11 especies en la Península Ibérica, algunas de las cuales, tras el estudio realizado en esta monografía, se consideran sinonimias. La forma de la lígula fue, inicialmente, uno de los caracteres principales usados para separar las distintas especies del complejo, al considerarlo un órgano estimulador y por tanto de relevancia para el aislamiento reproductivo entre especies. Sin embargo, tal y como comentamos al comienzo de esta monografía, este papel es de menor relevancia, o incluso inexistente, si se considera la lígula como un órgano de arrastre del espermatóforo. Por tanto, y aunque las diferencias en la anatomía de la lígula puedan en principio apuntar a la existencia de diferentes especies, los análisis moleculares presentados en esta monografía muestran que las pequeñas distancias genéticas dentro del complejo de *Arion fuligineus* no justifican la separación de ese gran número especies, el cual reducimos en este trabajo a cuatro: *Arion fuligineus*, con distribución atlántica; *Arion flagellus*, con distribución cantábrica; *Arion hispanicus*, con distribución mesetaria restringida; y *Arion gilvus*, con distribución mesetaria amplia. *Arion lusitanicus*, especie ampliamente citada y considerada endémica de la Península Ibérica, es considerada aquí un sinónimo de *Arion fuligineus*, al aplicarse el principio de prioridad tal y como establece el Código Internacional de Nomenclatura

Zoológica (*Arion fuligineus* Morelet, 1845 es el sinónimo sénior, mientras que *Arion lusitanicus* Mabille, 1868 es el sinónimo júnior).

Descripción general del complejo de *Arion fuligineus*

Morfología externa

i.   Los adultos sexualmente maduros pueden sobrepasar los 100 mm de longitud, dependiendo de las zonas. En las sierras del norte, con clima continental, los especímenes alcanzan la madurez sexual con una talla menor, 60 mm.

ii. El color del cuerpo varía en función de las zonas geográficas. En las zonas costeras son más vistosos, de color verde amarillento con tintes marrones, y dos franjas oscuras en el dorso y el escudo. Los ejemplares adultos de Luso–Buçaco y Serra da Estrela son de color uniforme, marrón oscuro, pero no negros, los juveniles son de colores más claros y con bandas en el dorso. Los ejemplares de la Cordillera Cantábrica son de color uniforme, negros o grises, sin bandas. El color de la suela pedia varía también en función de la zona geográfica y del desarrollo sexual. En los juveniles es blanco y en adultos puede tener bandas de color oscuro.

iii. El mucus del cuerpo varía dependiendo de la zona geográfica, de la época del año y de la alimentación, y va desde incoloro a blanco o amarillento.

iv. Cuando se les molesta no se balancean (no tienen comportamiento *rocking*).

Sistema genital

i.   Lígula alojada en el oviducto libre distal (lígula intra-oviductal). La lígula puede ser oval, oblonga, redondeada, abierta (en forma de U) o cerrada (elíptica), piriforme. En el centro de la lígula puede existir o no un canal definido y flanqueado por dos pliegues. Una constante que se observa en este complejo de especies es que el techo y el piso del oviducto libre distal, es decir, el espacio que no está ocupado por la lígula, se encuentra tapizado por celdillas que se asemejan a un panal de abejas arrugado. El reborde de la lígula está ligeramente festoneado, apareciendo una faldilla rota o entera.

ii. La longitudes del epifalo y del canal deferente dependen del desarrollo sexual. En los adultos en fase masculina el epifalo puede alcanzar 20 mm de longitud y el canal deferente un poco menos. Se puede decir que ambos tienen igual medida. El interior del epifalo está tapizado con papilas poliédricas irregulares y de tamaños distintos.

iii. Los espermatóforos tienen una longitud un poco superior al epifalo. Externamente tienen una carena formada por pequeños dientes aserrados.

iv. La duración de la cópula depende de factores intrínsecos del sistema genital: velocidad de producción de espermatozoides, longitud del epifalo, encapsulado y trasferencia. Se han observado cópulas que han durado horas y no han transferido ningún espermatóforo.

La siguiente sinopsis proporciona las características fundamentales de este complejo, así como aquellas que permiten diferenciar las cuatro especies que en él se engloban.

Clave para la identificación de especies del complejo de *Arion fuligineus*

Arion de tamaño mediano, los adultos en extensión alcanzan los 100 mm. Cuerpo con tintes verdosos, anaranjados, marrones, amarillos, grisáceos oscuros y con dos bandas más oscuras sobre dorso y escudo. Lígula intra-oviductal.

A.- Lígula circular, oblonga, con o sin pliegues en su interior. Pared interna del oviducto con pliegues longitudinales y transversales en forma de «bordado de nido de abeja». Epifalo y canal deferente de igual longitud, 20 mm cada uno: *Arion fuligineus* Morelet, 1845.

B.- Lígula circular, pequeña, alojada en el tercio proximal del oviducto libre, con uno o dos pliegues que se prolongan hacia el atrio. El epifalo mide 30 mm y el canal deferente 15 mm: *Arion flagellus* Collinge, 1893.

C.- Lígula con dos largos pliegues unidos proximal y distalmente, tomando el aspecto de una elipse o una pera. Epifalo y canal deferente de 4 mm de longitud cada uno. *Arion hispanicus* Simroth, 1886.

D.- Lígula elíptica, formada por dos pliegues que convergen en el extremo atrial, en algunos casos son paralelos y toman forma de U. El epifalo mide 12 mm y es siempre más largo que el conducto deferente, que mide 10 mm: *Arion gilvus* Torres Mínguez, 1925

A continuación, se detallan las sinonimias y su correspondencia con las especies válidas, así como las áreas geográficas donde han sido citadas cada una de las especies del complejo de *Arion fuligineus*:

1. Distribución atlántica: *Arion fuligineus* Morelet, 1845
   a. Citado como *Arion fuligineus*
      i. Serra do Gerês (Viana do Castelo, Portugal)
      ii. Herbón (A Coruña), Sarela (Santiago de Compostela, A Coruña)
      iii. O Grove (O Salnés, Vilagarcía de Arousa, Pontevedra)
      iv. Oulego (Serra da Enciña de Lastra, Ourense)
      v. Serra dos Ancares (Lugo)
   b. Citado como *Arion nobrei*
      i. Mata do Buçaco (Aveiro/Coimbra, Portugal)
      ii. Serra da Estrela (Portugal)
      iii. Garganta la Olla (Cáceres)
   c. Citado como *Arion lusitanicus*
      i. Serra da Arrábida (Setúbal, Portugal) y Sintra (Lisboa, Portugal)
      ii. Serra de Monchique (Algarve, Portugal)
2. Distribución cantábrica: *Arion flagellus* Collinge, 1893
   a. Citado como *Arion flagellus*
      i. Croydon (Inglaterra)
      ii. Fragas do Eume (A Coruña)
      iii. Cadramón (Serra do Xistral, Lugo)
      iv. Covadonga (Asturias)
      v. Garganta del Cares (Posada de Valdeón, León - Cabrales, Asturias)
      vi. La Hermida (Cantabria)
      vii. Omaña (Riello, León)
   b. Citado como *Arion fulvipes*
      i. Monte Mijedo (Argoños, Santoña, Cantabria)
      ii. La Bien Aparecida (Ampuero, Cantabria)
3. Distribución mesetaria I (restringida): *Arion hispanicus* Simroth, 1886
   a. *Arion hispanicus*
      i. Serra da Estrela (Manteigas, Portugal)
      ii. Deleitosa (Cáceres) y Garganta la Olla (Cáceres)
4. Distribución mesetaria II (amplia): *Arion gilvus* Torres Mínguez, 1925
   a. Citado como *Arion gilvus*
      i. Serra de Pàndols (Gandesa, Tarragona)
      ii. Parque Natural de la Font Roja (Alcoy, Alicante)

b. Citado como *Arion baeticus*
    i. Cerro de Hierro (Sierra Norte de Sevilla)
    ii. El Quejigo y el Repilado (Sierra de Aracena, Huelva)
    iii. Fuente de los Tilos, Hoz de Beteta (Cuenca)
c. Citado como *Arion urbiae*
    i. Alsasua (Navarra)
    ii. Belorado (Burgos)
    iii. Mata de Monteagudo (Valle del Tuéjar, León)
d. Citado como *Arion anguloi*
    i. Sierra de Urbasa (Navarra)
    ii. Osma (Álava)
e. Citado como *Arion wiktori*
    i. Viniegra de Abajo (La Rioja)
f. Citado como *Arion paularensis*
    i. Sierra de Guadarrama (Madrid)

Distribución de las especies del complejo de *Arion fuligineus* en la Península Ibérica

En esta monografía se han estudiado numerosos individuos de *Arion* que pueden adscribirse al complejo de *Arion fuligineus*. Desde las localidades prospectadas más occidentales, en Galicia, hasta las más orientales, en los Pirineos y Montagne Noire (Francia), y desde las más septentrionales, en la Cordillera Cantábrica, hasta las más meridionales, por ejemplo en Sierra Nevada, hemos encontrado individuos de tamaño medio-grande (50-90 mm de longitud en etanol), con bandas oscuras en los costados y escudo, y un aparato genital caracterizado por la presencia de un atrio pequeño y un oviducto libre distal largo y engrosado que contiene una lígula en forma de elipse abierta o cerrada. En la Figura 20 se muestran los rangos de distribución de las cuatro especies de este complejo.

1.- Distribución atlántica. La especie *Arion fuligineus* se encuentra en la zona atlántica de la Península Ibérica. Aparece en la Serra de Monchique (Algarve), en la Serra da Arrábida (Setúbal), en la Serra da Estrela y en la Serra do Gerês entre otras, y su distribución se extiende hasta el Macizo Galaico y los Montes de León, pero no se adentra en la vertiente que da al mar Cantábrico. Son ariónidos de gran tamaño, los adultos en marcha sobrepasan los 100 mm de longitud. Presentan colores vistosos, rojizos, amarillo, verdosos, castaño y con dos bandas oscuras sobre el dorso.

2.- Distribución cantábrica. La especie *Arion flagellus* se localiza en la zona cantábrica de la Península Ibérica. Aparece en toda la Cordillera Cantábrica, tanto en la cara norte como en la cara sur. Es frecuente en las Fragas do Eume (A Coruña), en la Serra do Xistral (Lugo), en el Parque Nacional de los Picos de Europa (Asturias-Cantabria), en el Parque Natural Saja-Besaya (Cantabria) y llega hasta el Parque Natural de los Collados del Ansón (Cantabria). Los individuos de esta especie son grandes, sobrepasan los 100 mm de longitud. El color varía desde el negro azabache sin bandas en los costados, al color verdoso o castaño, con dos bandas oscuras en el dorso.

3.- Distribución mesetaria. Aquí aparecen dos subgrupos bien diferenciados morfológica y genéticamente. Por un lado, tenemos el *Arion hispanicus* que se encuentra en la Serra da Estrela (Portugal), la Sierra de Gata (Cáceres) y la Sierra de la Peña de Francia (Salamanca), dentro de la parte occidental del Sistema Central. Por otro lado, la especie *Arion gilvus* se encuentra en el Sistema Central, Sistema Ibérico y Sistema Bético, incluida Sierra Morena. En *Arion gilvus* incluimos como sinonimias a *Arion baeticus*, *Arion paularensis*, *Arion wiktori* y *Arion urbiae*, todas ellas genéticamente muy próximas entre sí. Morfológicamente, se pueden encontrar diferencias entre todas estas especies en la longitud relativa del oviducto libre distal, las proporciones de las longitudes del epifalo y el canal deferente o en la forma de la lígula, caracteres estos que poseen una gran plasticidad, variando en tamaño y longitud en función del estado sexual del individuo.

Cabe destacar la importancia de la Serra da Estrela (Portugal) por su elevada diversidad de ariónidos. En ella se han citado las siguientes especies: *Geomalacus maculosus*, *Geomalacus squammantinus*, *Arion ater*, *Arion fuligineus* (como *Arion nobrei*), *Arion hispanicus* y *Arion intermedius*. Esta gran diversidad podría estar asociada con la importancia de esta región como potencial refugio glaciar o con la heterogeneidad climática y ambiental que presenta.

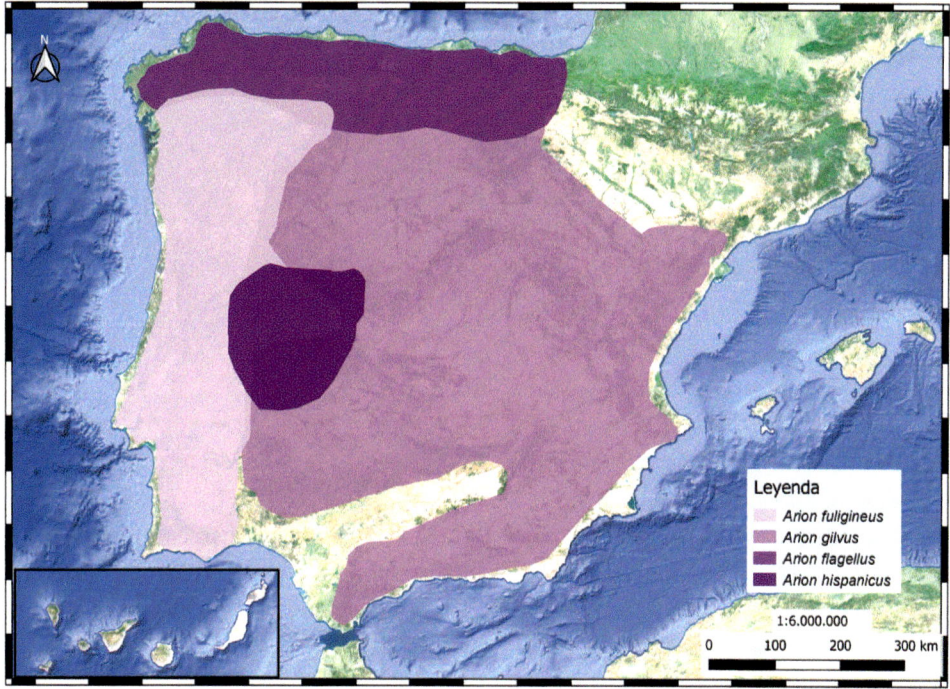

Figura 20. Mapa que muestra los rangos de distribución de las cuatro especies reconocidas dentro del complejo de *Arion fuligineus* en la Península Ibérica.

Perspectiva histórica

En el siglo XIX diversos malacólogos europeos, como Morelet, Mabille, Pollonera y Simroth, describieron varias especies de gasterópodos terrestres desnudos, muchas de ellas recogidas en Portugal y clasificadas dentro del género *Arion*. En muchos casos, las descripciones de estos ariónidos se basaron exclusivamente en los caracteres externos de los animales y fueron frecuentes las diferencias de opinión entre estos autores, motivadas por la zona y la época de recogida del material, su estado de conservación o el distinto recolector que les hizo llegar el material. Posteriormente, en la segunda mitad del siglo XX, se llevó a cabo la descripción de numerosas babosas en la Península Ibérica, las cuales fueron identificadas y descritas exclusivamente por su morfología externa o con datos anatómicos incompletos del sistema genital.

Para cada una de las especies de este complejo se presenta en esta monografía un resumen de esta actividad taxonómica tan prolífica y que ha llevado a la existencia de numerosos sinónimos para las especies que nosotros reconocemos dentro del complejo de *Arion fuligineus*. En términos generales, los aspectos más destacables son:

CASTILLEJO y RODRÍGUEZ (1993a) hacen una revisión bibliográfica de las especies de babosas terrestres citadas en Portugal. Entre los ariónidos descritos con especímenes recogidos en Portugal se encuentran:

> *Arion fuligineus* Morelet, 1845
> *Arion fuscatus* Morelet, 1845 (non Férussac, 1819)
> *Arion pascalianus* Mabille, 1868
> *Arion lusitanicus* Mabille, 1868
> *Arion hispanicus* Simroth, 1886
> *Arion dasilvae* Pollonera, 1887
> *Arion nobrei* Pollonera, 1889

Todos estos taxones son ariónidos de medio-gran tamaño, frecuentemente con bandas oscuras sobre el dorso. Según la iconografía que figuran los autores que las describieron, el sistema genital se caracteriza por tener un atrio genital pequeño y un oviducto libre largo y engrosado. Excepto *Arion lusitanicus* Mabille, 1868, ninguna otra especie nominal de las mencionadas ha sido citada por autores no ibéricos.

Debido a la falta de especialistas que retomasen el estudio de la malacofauna portuguesa de ariónidos, se utilizó exclusivamente la especie *Arion lusitanicus* para los ariónidos de gran tamaño que no fueran *Arion ater* y *Arion rufus* en la Península Ibérica, en concordancia con el hábito seguido en el resto del continente. Los otros nombres de los ariónidos del grupo cayeron en el olvido y no se tomaron en consideración. CASTILLEJO y RODRÍGUEZ (1993b) realizaron un estudio detallado de las babosas de Portugal y durante dos años visitaron y recogieron muestras de las mismas zonas donde en el siglo XIX se citaron estas babosas descritas por Morelet, Pollonera y Simroth en Portugal, con el fin de intentar esclarecer el problema del grupo de especies de *Arion lusitanicus*. Es importante aclarar que, al haberse perdido los ejemplares tipo de cada especie nominal, el estudio de estos ariónidos requería visitar las localidades tipo de las especies. Los trabajos de estos autores son indispensables para la correcta interpretación de la variabilidad intraespecífica de los grandes *Arion* de lígula intra-oviductal en la Península Ibérica y en el resto de Europa. Los ariónidos de gran tamaño que CASTILLEJO y RODRÍGUEZ (1993b) reconocen en Portugal son los siguientes: *Arion nobrei* Pollonera, 1889, *Arion lusitanicus* Mabille, 1868 y *Arion fuligineus* Morelet, 1845. En esta monografía, consideramos a estos tres taxones conespecíficos, y su nombre válido debe ser *Arion fuligineus*, por ser este más antiguo.

BORREDÀ y MARTÍNEZ-ORTÍ (2023) hacen una revisión de las citas de los ariónidos en Cataluña y Andorra desde el siglo pasado hasta la actualidad. Señalan que en su publicación «*se comenta la historia taxonómica del complejo de* Arion lusitanicus *y como se ha ido denominando este grupo de especies, desde* Arion lusitanicus *hasta* Arion lusitanicus *auct. non Mabille, o* Arion lusitanicus *s.l., o complejo* Arion lusitanicus. *Eso mismo ha ocurrido en otros complejos de* Arion. *El complejo* Arion lusitanicus, *poco a poco ha ido resolviéndose en diversas especies en la Península Ibérica:* Arion lusitanicus, Arion flagellus, Arion nobrei, Arion fuligineus, Arion vulgaris, Arion magnus *o* Arion fulvipes. *Varias de estas denominaciones recuperadas de décadas pasadas y que ahora se consideran buenas especies*». En esta revisión incluyen las especies descritas recientemente en la Península Ibérica: *Arion fagophilus* de Winter, 1986, *Arion urbiae* de Winter, 1986, *Arion paularensis* Wiktor y Parejo, 1989, *Arion wiktori* Parejo y Martín, 1990, *Arion baeticus* Garrido, Castillejo e Iglesias, 1994, *Arion iratii* Garrido, Castillejo e Iglesias, 1995, *Arion lizarrustii* Garrido, Castillejo e Iglesias, 1995 y *Arion molinae* Garrido, Castillejo e Iglesias, 1995. Respecto a la identificación de las especies señalan que «*En los últimos tiempos se tiende a diferenciarlas por técnicas de marcadores moleculares cuyos resultados pueden no ser concluyentes y tener cierta subjetividad, por lo que deben complementarse y viceversa con datos morfoanatómicos, que a veces son difíciles de determinar y que se mantengan preservados en ejemplares de cuerpo blando y sin concha como las babosas. En cualquier caso, en taxonomía, hay que usar todas las técnicas que la ciencia ofrezca*». BORREDÀ y MARTÍNEZ-ORTÍ (2023) en sus publicaciones anteriores dan primordial importancia a la anatomía para identificar a las especies, obviando las referencias a los datos existentes sobre la filogenia basada en datos moleculares o la variabilidad intraespecífica de la anatomía en función del estado de madurez de los individuos.

Por otra parte, DAVIES (1987) rehabilita el taxón nominal *Arion flagellus* Collinge, 1893, casi olvidado por confusión con *Arion lusitanicus*, redescribiéndolo con ejemplares británicos. Posteriormente, CASTILLEJO (1992) notifica el hallazgo de *Arion flagellus* en el norte de Galicia y proporciona datos sobre su morfología y bionomía. CASTILLEJO, RODRÍGUEZ-CASTRO e IGLESIAS (2019) estudian los ariónidos descritos por TORRES MÍNGUEZ (1925) en Cantabria y recuperan el taxón *Arion fulvipes* y lo redescriben como *Arion (Mesarion) fulvipes* Torres Mínguez, 1923. Estos dos taxones se consideran conespecíficos en esta monografía, y su nombre válido debe ser *Arion flagellus*.

Con relación a *Arion hispanicus*, SIMROTH (1886) creó esta especie para un ariónido de la Serra da Estrela que en etanol medía 29 mm. POLLONERA (1889; 1890a) consideró esta especie como buena y se limitó a recoger la descripción que daba Simroth, añadiendo pequeños detalles sobre el oviducto libre distal y el epifalo. Años más tarde, SIMROTH (1891), añadía nuevos datos anatómicos sobre esta especie y sugería que debía considerarse como una variedad de *Arion lusitanicus* Mabille, 1868. Para TAYLOR (1907) y NOBRE (1941) *Arion hispanicus* era la variedad *aterrima* de *Arion ater* (Linnaeus 1758). HESSE (1926) y REGTEREN ALTENA (1956) la consideraban una buena especie. RODRÍGUEZ (1990) en su trabajo sobre las babosas de Portugal redescribe *Arion (Mesarion) hispanicus* Simroth, 1886.

La cuarta especie válida de este complejo es *Arion gilvus*, considerando en esta monografía sinonimias de esta especie a las especies *Arion urbiae, Arion wiktori, Arion paularensis* y *Arion baeticus,* ya que estas poseen numerosas semejanzas anatómicas y moleculares.

DE WINTER (1986) describe *Arion (Mesarion) urbiae* en las provincias de Gipuzkoa, Navarra y Burgos. El autor compara esta especie con *Arion hispanicus* Simroth, 1886 descrita por SIMROTH (1886) en la Serra da Estrela en Portugal, y señala que difiere de esta por el tamaño (15 mm) y por la presencia de dos bandas oscuras sobre el dorso.

MARTÍN y GÓMEZ (1988) describen *Arion anguloi* en la provincia de Álava, que según los autores se diferencia de *Arion urbiae* por su color, oliváceo con el mucus del cuerpo amarillento.

WIKTOR y PAREJO (1989) describen *Arion (Kolbeltia) paularensis* en la Sierra de Guadarrama.

PAREJO y MARTÍN (1990) describen *Arion wiktori* en La Rioja.

GARRIDO, CASTILLEJO e IGLESIAS (1994) describen la especie *Arion baeticus* a partir de ariónidos de la provincia de Huelva, y con un área de distribución que llega hasta las provincias de Málaga y Cuenca.

GARRIDO, CASTILLEJO e IGLESIAS (1994) redescriben *Arion gilvus* Torres Mínguez, 1925 mediante topotipos recogidos en Gandesa (Sierra de Pàndols, Tarragona). Este es, por tanto, el nombre que tiene prioridad a la hora de establecer la sinonimia de estas especies.

Figura 21. Fotografía de
Arion fuligineus en la Serra
do Gerês (Portugal).

Arion fuligineus Morelet, 1845

Caracteres diagnósticos basados en la anatomía

i. Animales de gran tamaño (+ 110 mm), de color variable dependiendo de la localidad, pero nunca negros. La coloración puede variar desde el marrón uniforme hasta el color verdoso-rojizo, con bandas oscuras sobre el dorso.
ii. Tubérculos de la piel no muy grandes, oblongos y no aquillados en vivo.
iii. Lígula intra-oviductal de forma elíptica, con un surco en el interior.
iv. El epifalo y el canal deferente tienen la misma longitud, alrededor de 20 mm cada uno, dependiendo del estado de desarrollo.

Descripción

Morfología externa y coloración

Animales grandes, de longitud variable, que sobrepasan los 100 mm en vivo y oscilan entre 40 y 80 mm en etanol al 70%. El color del cuerpo depende tanto de su estado de desarrollo como de las zonas geográficas y del medio donde se encuentren los ejemplares, de modo que los ejemplares son de color más o menos verdoso en un prado, o de color pardo claro cuando se encuentran sobre hojas caídas de caducifolios. En términos generales, el color varía desde castaño oscuro a pardo anaranjado. La suela pedia es blanca, o con las zonas laterales grises y la central ligeramente más clara. Los juveniles presentan dos bandas longitudinales en el dorso. Los adultos pueden no presentar estas bandas.

De acuerdo con la región de la que procedan los individuos, su color variará de la siguiente forma:

*   Serra da Arrábida y Sintra: Dorso castaño-olivaceo, con bandas más claras, de color amarillo. Margen del pie anaranjado. Suela gris, con la zona central blanquecina. Mucus del cuerpo y de la suela pedia incoloro.
*   Luso-Buçaco (Coimbra) y Serra da Estrela: Dorso castaño oscuro con la suela pedia oscura, grisácea, más clara en centro. Sin bandas en el dorso.
*   Serra do Gerês y Viana do Castelo: Color pardo-anaranjado, con dos bandas más oscuras en el dorso. Mucus incoloro. Surco peripedioso anaranjado. Suela pedia blanca.

- Serra de Monchique: Color anaranjado rojizo, con dos bandas pardas en el dorso. Suela blanca. Mucus incoloro. Surco peripedioso rojizo.
- Montes de Galicia y Montes de León: Los ejemplares de la Serra dos Ancares son de color amarillento- anaranjado, miden más de 100 mm de longitud, sin bandas sobre el dorso. Los juveniles también son de color anaranjado con dos bandas oscuras en el dorso.

Sistema genital

Existe una gran variabilidad en la estructura del aparato genital y en la forma de la lígula, así como en la presencia o ausencia de pliegues en su interior.

Atrio genital. Atrio distal esférico, de naturaleza glandular, amarillento; atrio proximal reducido.

Oviducto. Oviducto libre cilíndrico y largo; oviducto distal alargado; en algunos casos aparece un codo entre ambos. La pared interna del oviducto distal libre está tapizada por pequeños pliegues longitudinales y transversales, cuya intersección determina un dibujo en forma de «bordado de nido de abeja».

Lígula. Se localiza en el interior del oviducto distal. Presenta una gran variabilidad en su forma (circular, oblonga, con o sin pliegues en su interior).

Receptáculo seminal. Esférico, con un canal generalmente largo, entre 3 y 7 mm. Todos los ejemplares presentan una dilatación o engrosamiento en el inicio del canal del receptáculo seminal, que se corresponde internamente con una estructura en forma de mano que probablemente funcione como guía del espermatóforo.

Epifalo. Largo, con la zona distal engrosada en forma de anillo; canal deferente generalmente más corto que el epifalo, de forma que la relación Ep/Cd es casi siempre superior a la unidad. Músculo retractor del oviducto bifurcado; una rama se inserta al inicio del receptáculo seminal y la otra en la zona de separación entre el oviducto libre y el distal.

Espermatóforo. Grande (30-62 mm), ambarino, con una cresta helicoidal aserrada que se pierde en los extremos.

Se han observado variaciones en el sistema genital dependiendo de las zonas:

- Serra da Arrábida y Sintra: Presentan un codo que separa el oviducto libre del oviducto distal. Lígula oblonga y en ocasiones con reborde más grueso que continúa por el atrio, difuminándose en este. En ocasiones aparecen uno o dos pliegues en el interior de la lígula. En muchos de los ejemplares examinados de la Serra da Arrábida y Sintra, los pliegues laterales de la lígula se reúnen distalmente formando una especie de papila que se prolonga en el atrio, lo que fue apuntado ya por REGTEREN ALTENA (1956), que opina que las variaciones individuales de la forma de la lígula podrían deberse a distintos grados de contracción durante la fijación. El epifalo puede presentar pigmentación en las proximidades del atrio.
- Luso-Buçaco (Coimbra), Marco de Canaveses, Serra da Estrela, Chaves, Pedras Salgadas, Vidago: Lígula pequeña, oblonga, circular o piriforme y poco levantada sobre las paredes del oviducto. Oviducto distal, la mayor parte del epifalo y el inicio del canal del receptáculo seminal de los ejemplares adultos están pigmentados de negro. Esta pigmentación ya fue indicada por POLLONERA (1889) para *Arion lusitanicus* de Portugal y por QUICK (1952) para *Arion lusitanicus* de Inglaterra. REGTEREN ALTENA (1956) indica que la presencia o ausencia de pigmentación podría representar una diferencia subespecífica.
- Serra do Gerês y Viana: Lígula circular, asentada en la proximidad del oviducto libre, de la que parte un pliegue hacia el atrio; puede aparecer también con forma alargada con los extremos redondeados o en forma de herradura (lo que puede deberse a la forma en la que se abre el oviducto distal para observar la lígula).
- Zona de los Montes de Galicia y Montes de León: El epifalo de los individuos adultos en fase masculina mide 26 mm y el canal deferente 25 mm. La lígula es oblonga alargada, piriforme en los individuos en fase masculina temprana. El reborde de la lígula está festoneado con lóbulos profundos. El epifalo está tapizado con papilas romboédricas más grandes en la pared distal y pequeñas en la parte proximal.

Distribución de *Arion fuligineus* en la Península Ibérica

La Figura 22 muestra la distribución de *Arion fuligineus* en la Península Ibérica. Esta especie presenta una distribución atlántica, no existiendo un área de distribución con límites homogéneos y bien definidos. Cabe destacar que las áreas de distribución de algunas especies del complejo de *Arion fuligineus* se superponen o solapan en las zonas limítrofes (Figura 20).

Dentro del área de distribución de *Arion fuligineus* se incluyen las formas de la Serra de Monchique (Algarve), Serra da Arrábida (Setúbal), Serra da Estrela, Serra do Gerés, la parte atlántica del Macizo Galaico y los Montes de León. En general, los individuos adultos de esta especie son de colores vistosos, mezclándose el verde, amarillo, castaño y gris. Sobre el dorso y el escudo aparecen dos bandas oscuras. Este patrón de color se mantiene en todo el área de distribución, excepto en las zonas de la Serra da Estrela, donde los adultos son de color castaño y no presentan bandas oscuras en el dorso.

Figura 22. Distribución de *Arion fuligineus* en la Península Ibérica.

Notas históricas sobre *Arion fuligineus* en la Península Ibérica

COLLINGE (1897), que estudió babosas provenientes de Portugal de las especies *Arion ater, Arion rufus, Arion empiricorum, Arion lusitanicus, Arion nobrei* y *Arion dasilvae*, aceptó algunas de las especies de Pollonera, pero no sinonimizó todas las que proponía Simroth. Las conclusiones a las que llega son que *Arion sulcatus* Morelet, 1845 es idéntico a *Arion empiricorum* Férussac, 1819;

Arion dasilvae Pollonera, 1887 es buena especie; y *Arion nobrei* Pollonera, 1889 es sinónimo de *Arion lusitanicus*.

REGTEREN ALTENA (1956), al estudiar la presencia de *Arion lusitanicus* en Francia, hace una sinopsis de los ariónidos portugueses (*Arion sulcatus, Arion hispanicus, Arion dasilvae, Arion nobrei*), e indica que «*no se ha establecido hasta ahora que sean diferentes a* Arion lusitanicus», y señala que en su opinión «*es muy probable que en Portugal solo existan dos especies:* Arion lusitanicus *(syn.* Arion sulcatus *Poll. (non Morelet),* Arion nobrei *Poll.), y la otra, más pequeña,* Arion hispanicus *(syn.* Arion dasilvae *Poll.)*».

CESARI (1978) señala que *Arion lusitanicus* presenta una notable variabilidad fenotípica, justificada en buena parte por la influencia de los factores ambientales que condicionan y modifican el ritmo de crecimiento. CHEVALLIER (1969) apunta que existe una variación cromática de *Arion lusitanicus* en relación con la altitud, de forma que en los Pirineos existen formas marrones y negras, y añade además que la variedad negra de *Arion lusitanicus* (var. *nigrescens* Collinge) se corresponde con *Arion nobrei* Pollonera, 1889.

Los ariónidos de gran tamaño que CASTILLEJO y RODRÍGUEZ (1993b) reconocen en Portugal son los siguientes: *Arion nobrei* Pollonera, 1889, *Arion lusitanicus* Mabille, 1868 y *Arion fuligineus* Morelet, 1845. Las características que proporcionan para cada una de ellas son las siguientes:

- *Arion fuligineus* Morelet, 1845. Esta especie mide, en estado adulto y conservado en etanol al 70%, 90 mm de longitud máxima. Se trata de una babosa de matices cromáticos que oscilan entre el anaranjado y el pardo oscuro, dotada de dos bandas acastañadas en los costados y el escudo (que en los ejemplares conservados pueden volverse negras o desaparecer). La suela es anaranjada o blanca amarillenta y conserva el color cuando se sumerge en etanol. El mucus del cuerpo es amarillento. El canal deferente mide de 3/4 a 1/2 de la longitud del epifalo. La lígula tiene forma de V, con el vértice dirigido hacia el atrio. La parte distal del epifalo está pigmentada de color oscuro. En el interior del inicio del canal del receptáculo seminal existe una papila. La cópula se distingue por el giro continuo de los participantes. El espermatóforo mide de 20 a 30 mm de longitud. Esta forma fue hallada en el noroeste de Portugal (provincia de Minho).
- *Arion lusitanicus* Mabille, 1868. El adulto se caracteriza, según CASTILLEJO y RODRÍGUEZ (1993b), por alcanzar en vivo 80 mm de longitud máxima, y 60 mm conservado en etanol. Es una babosa de color castaño oscuro, con matices amarillentos. Presenta dos bandas de color castaño claro en los costados y escudo. Suela cromáticamente tripartita, con dos campos longitudinales laterales gris oscuros y uno central blanco

(en etanol, los campos laterales se vuelven negros). Mucus corporal incoloro. El canal deferente presenta la misma longitud que el epifalo, y en conjunto no sobrepasan 40 mm. La parte distal del epifalo puede aparecer pigmentada. Lígula en forma de V con el vértice dirigido hacia el atrio. La cópula es estática y el espermatóforo mide de 30 a 40 mm de longitud. Esta forma se recogió en su tierra típica, el suroeste de Portugal.

- *Arion nobrei* Pollonera, 1889. Es la especie más grande del complejo en Portugal. Los adultos pueden sobrepasar 90 mm de longitud en vivo, mientras que los ejemplares conservados en etanol oscilan entre 60 y 70 mm. Es una babosa acastañada o verdosa, de tonos oscuros, con o sin bandas en los costados (nunca en el escudo), que conservada en etanol se oscurece. La suela es negra, a veces provista de un campo longitudinal central más claro que los laterales, aunque en etanol es totalmente negra. El mucus presenta un color amarillento pálido. El canal deferente es tan largo como el epifalo, y los dos en conjunto miden aproximadamente 70 mm. Lígula piriforme u oblonga. El aparato genital está pigmentado de negro. La cópula es estática y el espermatóforo a veces sobrepasa 65 mm de longitud. Especie encontrada en la parte central y septentrional de Portugal.

En esta monografía, basándonos tanto en las características anatómicas como en los datos moleculares, consideramos estas tres especies como sinonimias y, puesto que *Arion fuligineus* es el nombre más antiguo, tiene prioridad sobre el resto y es por tanto el que debe adoptarse como nombre válido. La trazabilidad y notas históricas de estos taxones es la siguiente:

Arion fuligineus Morelet, 1845

La descripción que de esta especie hace MORELET (1845) no aclara mucho sobre su morfología. El nombre específico hace alusión a su tonalidad oscura, el dorso es «*castaño ahumado, cubierto de hollín*», la cabeza y los tentáculos son más oscuros. Otro dato característico es que la «*suela pedia es amarillenta, sobre todo en la parte anterior*». Morelet encontró esta especie en Ponte de Lima, al norte de Portugal.

POLLONERA (1890a) recoge íntegramente la descripción de Morelet, y añade que, según la figura de Morelet, «*esta representa un animal grande, casi de 60 mm*». Reconoce que no ha visto esa especie, pero parece que se puede distinguir del *Arion subfuscus* (Draparnaud, 1805) por «*su escudo más giboso*».

SIMROTH (1891) opina que al *Arion fuligineus* de Morelet hay que considerarlo como una variedad de *Arion lusitanicus* Mabille, 1868, pero deja abierta la posibilidad de que se trate de una nueva especie, estrechamente emparentada con *Arion lusitanicus*.

TAYLOR (1907) considera la especie descrita por Morelet en Ponte de Lima como la variedad *fuliginea* de *Arion subfuscus* (Draparnaud, 1805), y añade como características a las ya indicadas por MORELET (1845) que *«puede tener o no bandas laterales oscuras»*. NOBRE (1941) opina que el *Arion fuligineus* de Morelet es una sinonimia de *Arion hortensis* Férussac, 1819.

Arion lusitanicus Mabille, 1868

MABILLE (1868) señala que *Arion lusitanicus* vive en Portugal, concretamente en la Serra da Arrábida. Considera como sinonimia de ella a las variedades Γ (Serra de Sintra) y δ (Serra da Arrábida) del *Arion rufus* citado por MORELET (1845) en Portugal.

Mabille se basa en la morfología externa para describir esta especie y dice: *«es una forma más fina y más alargada que* Arion rufus, *con tubérculos poco alargados acabados superiormente en una arista aguda cuando el animal se contrae, el margen del pie es gris claro, rojizo o amarillento, mucus amarillo, la coloración general es rojiza o ferruginosa, las bandas laterales son negras, a veces bermejas o menos oscuras»*.

POLLONERA (1889) estudia ejemplares de *Arion lusitanicus* que le enviaron de Porto, Coimbra y Pereira, y señala la variación de color del cuerpo y de la suela y lo compara con *Arion nobrei* Pollonera, 1889, y figura el aparato genital de ambos. Al año siguiente, POLLONERA (1890a), lo describe sin compararlo con *Arion nobrei*. Para él, *Arion lusitanicus* se encuentra en todo Portugal. La característica fundamental del tipo de esta especie es que tiene en el dorso una banda oscura lateral, pero que pasa por gradaciones hasta desaparecer. El color del cuerpo varía del rojo ladrillo al amarillo oliváceo hasta castaño más o menos oscuro. La suela pedia es amarillenta u olivácea en el medio, con las zonas laterales oscuras. El mucus del animal vivo es incoloro, pero en etanol se vuelve blanco sucio, un poco amarillento, mientras que el del pie es de color amarillo intenso. Del aparato genital indica que el atrio distal, casi esferoidal, está separado de los otros órganos por un estrangulamiento muy profundo. El epifalo es más largo que el de *Arion ater* y *Arion empiricorum* y añade que está pigmentado de negro en su parte distal y reforzado en su terminación por un burlete circular. Del oviducto dice que el oviducto distal tiene forma de porra alargada.

POLLONERA (1890c) considera que las diferencias entre *Arion nobrei* y *Arion lusitanicus* son escasas y, dejando a un lado la diferencia en la morfología externa, sus aparatos genitales son muy próximos, si bien existe alguna diferencia notoria como la forma del atrio inferior, que en *Arion lusitanicus* es casi esférico (no se refiere al atrio de *Arion nobrei*). Termina diciendo que *Arion nobrei* puede ser considerado como una especie buena o como una variedad de *Arion lusitanicus*.

SIMROTH (1891) estudia material de *Arion lusitanicus* de todo Portugal. De los ejemplares de la Serra de Sintra señala que solo encontró la variedad roja. Las figuras corresponden a individuos juveniles, aunque hace observaciones sobre adultos cuando indica que en etanol tenían una longitud que iba desde 4.2 cm a 5.5 cm. En el dorso presenta dos bandas grises que se continúan por el escudo junto con otra banda más clara. La suela pedia tiene el campo central gris claro y los laterales blancos o viceversa. El mucus de la suela no es amarillo, mientras que el del dorso es amarillo chillón. En etanol, los animales se vuelven de color gris claro.

Los siguientes individuos que estudia Simroth son los de Porto, donde solamente encontró animales de tamaño medio y adultos. Los más grandes son negros, ninguno rojo y, como mucho, algunos castaños o gris oliváceo. Estos individuos tenían las bandas laterales de la suela oscuras. Simroth compara estos ejemplares de Porto con *Arion timidus* Morelet, 1845 y observa que coinciden en algunas de sus características. De Braga, estudia animales más pequeños, casi adultos, con las bandas del dorso negras sobre fondo oscuro de tonalidad castaño uniforme. Los más grandes no tienen ningún dibujo y son negros o grises. Camino de la Serra do Gerês encuentra animales con el cuerpo oscuro, con dos bandas bien marcadas sobre el dorso y la suela pedia clara. En Caldas do Gerês halló ariónidos de gran tamaño completamente negros, con los tubérculos del dorso con una quilla un poco más corta que en *Arion empiricorum*, la suela pedia negra, pero un poco más clara. En Coimbra, encontró animales completamente negros, de 9 cm de longitud; y añade una nota a pie de página en la que indica que la forma de Coimbra fue descrita por Pollonera con el nombre de *Arion nobrei* Pollonera, 1889. Lo mismo que indica para Coimbra se puede aplicar para Monchique, pero en esta zona los individuos no superaron los 6.5 cm de longitud. En Alvega (Abrantes) encontró unos ariónidos de igual tamaño que los de Monchique, pero de color castaño. En Lisboa halló formas como las de Braga.

La Figura 1 de la Plancha 6 de SIMROTH (1891) representa el aparato genital de esta especie, y la Figura 2 de la misma plancha, el espermatóforo. La cópula la ilustra en la Plancha 5, Figura 5. En el texto hace una descripción detallada del aparato genital sin indicar la localidad de captura. Abre el oviducto distal y encuentra «*una verdadera lígula, una lengua libre que se abre según un pliegue longitudinal central*» y más abajo añade que «*el limaco tiene la lígula* de Arion empiricorum, *mientras que la forma del oviducto es igual que la de* Arion subfuscus».

La cópula descrita y figurada la observó en el otoño en Porto, e indica que «*el oviducto es evaginado con la lígula y enfrentado con el del contrario*» y añade que «*en la base del genital evaginado aparece el anillo amarillo de las glándulas del atrio*».

COLLINGE (1897) indica que muchos malacólogos han confundido *Arion lusitanicus* con *Arion ater* o *Arion empiricorum* y apunta que SIMROTH (1891) describió y figuró una serie de formas juveniles. A continuación, analiza las especies descritas por Pollonera en Portugal y pasa a describir su aparato genital, pero no indica la localidad de las especies, ni la escala de los dibujos. TAYLOR (1907) considera a *Arion lusitanicus* como una forma intermedia entre *Arion subfuscus* (Draparnaud, 1805) y *Arion ater* (Linnaeus, 1758) y añade que «*por su anatomía interna parece un* subfuscus, *pero externamente su tamaño y color lo aproximan a* ater».

NOBRE (1941) lo considera una sinonimia de *Arion ater* (Linnaeus, 1758), mientras que SEIXAS (1976) lo da por buena especie, e indica que los ejemplares que estudió los recogió en el norte del país.

REGTEREN ALTENA (1956) señala que «*probablemente haya en Portugal dos especies, una de las cuales es* Arion lusitanicus *Mab. (syn.* Arion sulcatus *Poll. (non Morelet),* Arion nobrei *Poll.) de gran tamaño y color muy variable, y otra especie negra y más pequeña que pudiera ser* Arion hispanicus *Simroth (syn.* Arion dasilvae *Poll.)*».

Arion nobrei Pollonera, 1889

POLLONERA (1889) estudió la variedad de *Arion ater* de Morelet de Coimbra, Buçaco y Porto. La comparó anatómicamente con *Arion ater* de Suecia y, al opinar que eran distintas, decidió crear una nueva especie.

Según Pollonera esta especie es grande, de 12 cm de longitud, de color terroso, suela pedia negra con la zona media pizarrosa, levemente pálida. El mucus es incoloro en el animal vivo, pero cuando se introduce en etanol segrega dorsalmente un mucus blanco, y por el margen del pie amarillo claro. Cuando la compara con *Arion sulcatus* Morelet, 1845 remarca que es menor que esta, los tubérculos de la piel están más juntos, el color es más oscuro y la zona central de la suela siempre es más oscura.

El aparato genital es muy parecido al de *Arion ater* (Linnaeus, 1758) y señala que no existe punto de separación entre el canal deferente y el epifalo. Al hablar del color del aparato genital indica que «*el epifalo, el oviducto distal y la parte final del canal del receptáculo seminal están coloreados de negro, coloración que no tienen ni* Arion ater *ni* Arion rufus, *pero que sí se ha encontrado en las especies portuguesas de este grupo* Arion sulcatus, lusitanicus, dasilvae, hispanicus». Añade además que «*esta coloración negra de los genitales se puede considerar como un carácter regional de todo el género* Arion».

En otra parte de su publicación, POLLONERA (1890a) señala que «*el mucus del animal sumergido en etanol está menos coloreado que el de* Arion lusitanicus», y que «*se podría considerar* Arion nobrei *como la variedad negra de* Arion lusitanicus *aunque el aparato sexual sea un poco diferente. El atrio distal es menos redondo, el abultamiento del oviducto (oviducto distal) es un poco más corto y más grueso y el epifalo se funde (resuelve) en el canal deferente de tal forma que no se puede precisar el punto de división entre los dos órganos*».

SIMROTH (1891), al referirse a *Arion lusitanicus* Mabille, 1868, señala que encontró en Coimbra unos *Arion* negros comiendo hongos en un alcornocal, y añade: «*esta forma ha sido descrita mientras tanto por Pollonera como una especie nueva*, Arion nobrei». Dos años antes, SIMROTH (1889), apuntaba que *Arion nobrei* debiera ser considerada como idéntica a *Arion lusitanicus*.

COLLINGE (1897), conocedor de las diferencias existentes sobre la identidad de *Arion ater* (Linnaeus, 1758), *Arion rufus* (Linnaeus, 1758), *Arion empiricorum* Férussac, 1819 y *Arion lusitanicus* Mabille 1868, estudia una serie de ejemplares vivos procedentes de Portugal, sin indicar su localidad, y una de las conclusiones a las que llega es que *Arion nobrei* Pollonera es sinónimo de *Arion lusitanicus*.

Para TAYLOR (1907) *Arion nobrei* es una forma que se encuentra entre *Arion subfuscus* y *Arion ater*, internamente se parece a la primera, pero por su tamaño y color se parece a la segunda.

NOBRE (1941) la considera una sinonimia de *Arion ater* (Linnaeus, 1758) y REGTEREN ALTENA (1956) de *Arion lusitanicus* Mabille, 1868.

Sinonimias

Arion fuligineus Morelet, J. 1845. *Description des mollusques terrestres et fluviatiles du Portugal*. - pp. [1-3], I-VII [= 1-7], 1-116, Pl. I-XIV [= 1-14]. Paris. (Baillière).

Arion lusitanicus Mabille, J. 1868. 1867-1869. *Archives malacologiques*. - pp. 1-80. Paris. (Bouchard-Huzard).

Arion nobrei Pollonera, C. 1889. *Atti della R. Accademia delle Scienze di Torino* 24 (13, 15): 401-418 (or 623-640), Tav. IX [= 9].

Material utilizado para el estudio anatómico y molecular

1. Caldas de Monchique | Alferce, Monchique, Portugal: 11-03-2009, 09-01-2014, 10-12-2015
2. Serra da Arrábida, Setúbal, Portugal: 26-03-1985, 13-11-2010, 25-03-2015
3. Chaos, Guarda, Serra da Estrela, Portugal: 30-04-2009, 14-04-2013, 15-12-2015
4. Luso – Buçaco, Mata Nacional do Buçaco, Luso, Portugal: 20-04-1984, 14-11-2010, 30-11-2-2013, 21-11-2015
5. Curral de Leonte, Parque Nacional da Peneda-Gerês, Caldas do Gerês, Portugal: 01-11-1984, 28-04-2009, 13-02-2013, 03-10-2015
6. Monte de Siradella, O Grove, Pontevedra: 09-11-2013, 28-08-2014
7. Vidán, río Sarela, Santiago de Compostela, A Coruña: 14-06-2009, 01-07-2012, 03-10-2014
8. Os Cabaniños, Os Ancares, Vilarello, Cervantes, Lugo: 01-05-1982, 01-12-1987, 21-04-2013, 17-09-2015
9. Oulego, Parque Natural da Serra da Enciña da Lastra, Ourense: 19-09-2015

En la siguiente tabla se detallan las localidades en las que se recolectaron ejemplares de *Arion fuligineus* para el estudio molecular llevado a cabo en esta monografía. Para cada localidad se indican los especímenes que fueron secuenciados, utilizando para ello el código asignado en la colección del Departamento de Zoología de la USC. En la última columna se indica el código del haplotipo único para el fragmento *barcode* del gen *cox1* que aparece en el detalle del árbol filogenético de esta especie. Nótese que un mismo haplotipo puede encontrarse en localidades diferentes. En otras palabras, ejemplares tanto de la misma localidad como de localidades diferentes pueden tener una secuencia del fragmento *barcode* idéntica y, en esos casos, en el árbol filogenético solo se muestra el código de uno de estos ejemplares, denominado «haplotipo *cox1*-5' de referencia». Si el haplotipo de referencia pertenece a una localidad diferente a la de los especímenes secuenciados a los que se hace referencia, se indica en cursiva.

Localidad	Especímenes secuenciados	Haplotipo *cox1-5'* de referencia
Serra de Monchique, Portugal	USCM6121 USCM6124 USCM6129	USCM6121
Serra da Arrábida, Setúbal, Portugal	USCM7277	USCM7277
	USCM7278	USCM7278
Chaos, Guarda, Serra da Estrela, Portugal	USCM6331	USCM6331
	USCM6330	USCM6330
Mata Nacional do Buçaco, Luso, Portugal	USCM7275 USCM7276	*USCM6331*
Curral de Leonte, Parque Nacional da Peneda-Gerês, Caldas do Gerês, Portugal	USCM7271	USCM7271
Garganta la Olla, La Vera, Cáceres	USCM5378	USCM5378
Os Cabaniños, Os Ancares, Vilarello, Cervantes, Lugo	USCM5942 USCM5943 USCM5944 USCM5945 USCM5946 USCM5947 USCM5948 USCM5949 USCM5951	USCM5942
	USCM5950	USCM5950
Oulego, Parque Natural da Serra da Enciña da Lastra, Ourense	USCM5602	USCM5602
	USCM5604	USCM5604
Monte da Siradella, O Grove, Pontevedra	USCM7287	USCM7287
	USCM7288	USCM7288
Monasterio Franciscano, Herbón, Padrón, A Coruña	USCM7289	USCM7289
	USCM7290	USCM7290

Resultados del análisis filogenético de *Arion fuligineus*

Todas las secuencias obtenidas a partir de especímenes identificados en base a la morfología como *Arion fuligineus* se agrupan en el árbol filogenético basado en el fragmento *barcode* del gen *cox1* formando un clado monofilético diferenciado del resto de especies del complejo *fuligineus* con buen soporte estadístico (probabilidad posterior = 1, Figuras 23 y 53). Dentro de este clado se incluyen además varias secuencias de GenBank de individuos asignados a las especies *Arion lusitanicus* y *Arion nobrei* y recolectados en diversas localidades de Portugal, proporcionando así evidencia adicional en apoyo de la sinonimización de estos taxones propuesta en esta monografía.

Dentro del clado de *Arion fuligineus* se intuye una cierta estructura genética: los especímenes recolectados en la mitad sur del área de distribución (desde Monchique hasta Luso-Buçaco) se agrupan en un clado separado del que incluye a los especímenes recolectados en la mitad norte del área de distribución (región de Viana do Castelo, Gerês y Galicia) (clado A, Figura 23). Dentro del clado A se incluye además un individuo juvenil de *Arion fuligineus* procedente de la localidad de Garganta la Olla en Cáceres (USCM5378). En esta última localidad se encuentra también la especie *Arion hispanicus*.

El análisis multilocus (Figura 54) recupera un clado bien soportado que agrupa las cuatro especies del complejo de *Arion fuligineus*, y sitúa a *Arion fuligineus* s. str. como especie hermana de *Arion hispanicus*, si bien el soporte estadístico es moderado (probabilidad posterior = 0.84), lo que sugiere cierta incertidumbre para esta relación filogenética.

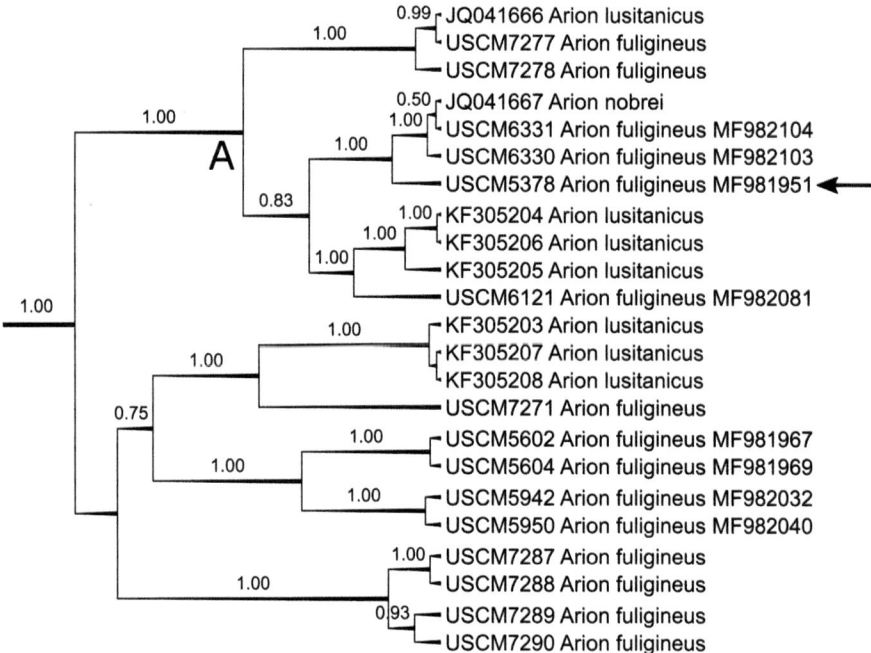

Figura 23. Detalle del árbol filogenético basado en el fragmento *barcode* del gen mitocondrial *cox1*-5′ que muestra las relaciones entre los especímenes de *Arion fuligineus* secuenciados en esta monografía (ver nota final, pág. 389).

1

2

4

5

6

8

10

11

12

Lámina 6.1. *Arion fuligineus*
Serra da Arrábida, Setúbal, Portugal
Localidad tipo de *Arion lusitanicus*

Figuras

1, 2 y 3: Serra da Arrábida, Portinho da Arrábida.

4, 5 y 6: Topotipos de *Arion lusitanicus* (especie aquí sinonimizada con *Arion fuligineus*) en la Serra da Arrábida.

7, 8 y 9: Distintas cópulas de *Arion fuligineus*.

10: Sistema genital de un individuo en fase masculina.

11: Oviducto libre con la lígula y un espermatóforo.

12: Detalle de la dentición del espermatóforo.

13: Interior del epifalo.

Escala: 1 mm

7

9

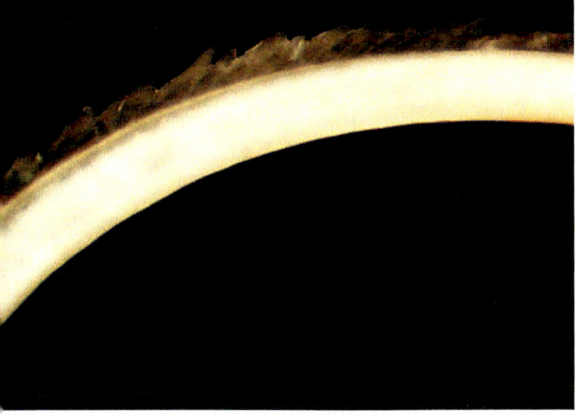

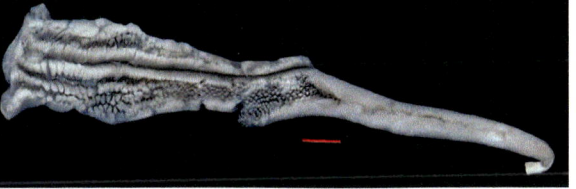

Observaciones

Los topotipos adultos de *Arion lusitanicus* (especie aquí sinonimizada con *Arion fuligineus*) que nosotros encontramos en la Serra da Arrábida miden más de 80 mm de longitud. El cuerpo es de color castaño oliváceo, con dos bandas más claras, amarillentas, sobre el dorso. Margen del pie anaranjado. Suela pedia blanquecina. Mucus incoloro.

El sistema genital tiene un codo que separa el oviducto libre proximal del distal. La lígula es oblonga, piriforme, en ocasiones con reborde más grueso que se introduce por el atrio, donde se difumina. Dependiendo del estado de desarrollo, en el interior de la lígula aparecen 1 o 2 pliegues que forman un surco. El epifalo mide 23 mm y puede presentar pigmentación oscura en las proximidades del atrio. El canal deferente tiene igual longitud que el epifalo. El espermatóforo mide 40 mm. El interior del epifalo está tapizado con papilas poliédricas a ambos lados del surco central. Las cópulas son estáticas, solamente al final de la transferencia del espermatóforo empiezan a girar sincrónicamente los dos individuos en el sentido de las agujas del reloj. Se observó un mayor número de cópulas en el otoño tardío, momento en el cual había gran cantidad de setas en los pinares y madroñales.

14

15

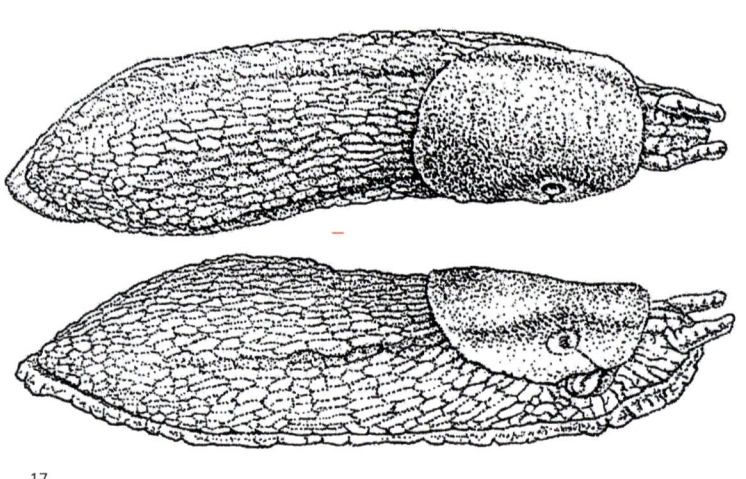

17

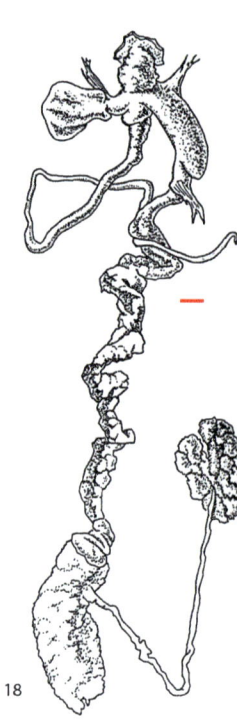

18

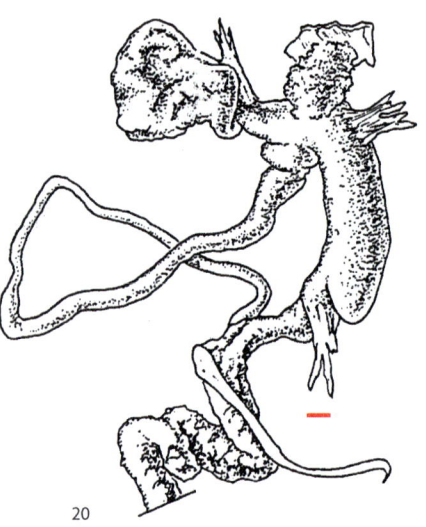

20

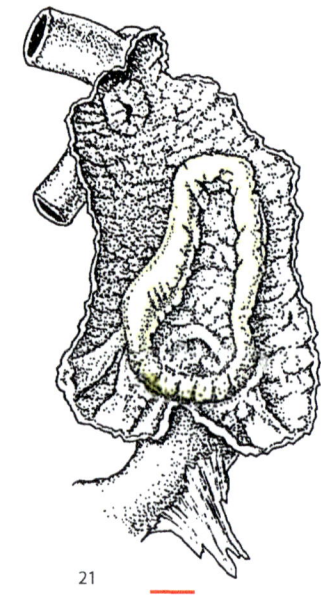

21

22

Lámina 6.1. (cont.) *Arion fuligineus*
Serra da Arrábida, Setúbal, Portugal
Localidad tipo de *Arion lusitanicus*

Figuras

14, 15 y 16: Distintas vistas de la Serra da Arrábida.

17: Vista dorsal y lateral de *Arion fuligineus*.

18, 19 y 20: Sistema genital de un individuo adulto en fase masculina con espermatóforo en su interior.

21 y 22: Interior del oviducto libre, lígula oblonga con espermatóforo en su interior.

23: Detalle del espermatóforo.

Escala: 1 mm

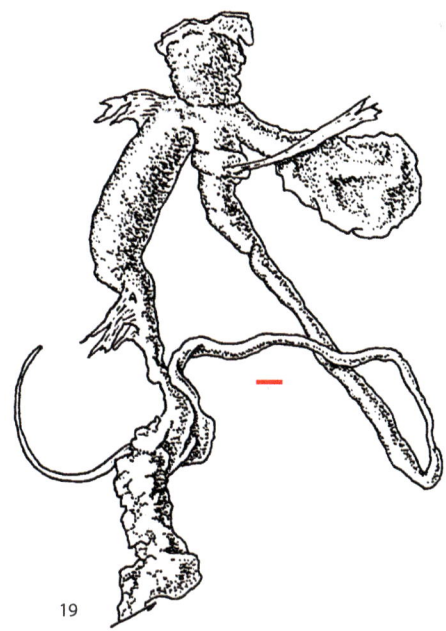

19

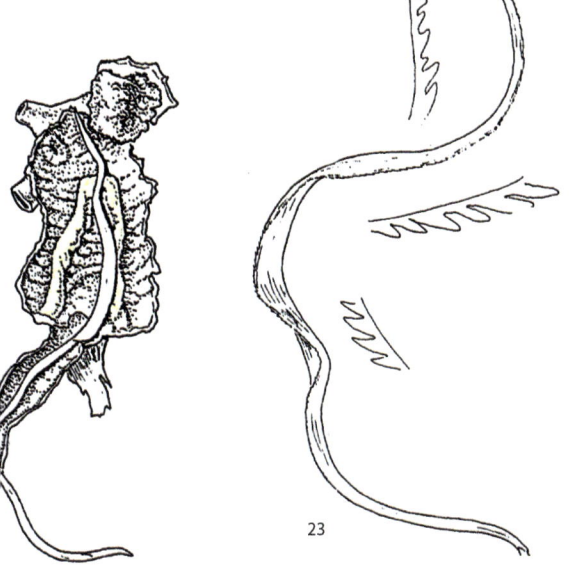

23

Lámina 6.2. *Arion fuligineus*
Luso-Buçaco, Portugal
Localidad tipo de *Arion nobrei*

Figuras

1, 2 y 3: Mata Nacional do Buçaco, Luso.

4 y 5: Parque Lago de Luso, Luso.

6 y 7: Individuos juveniles con bandas en el dorso.

8, 9, 11 y 12: Formas adultas de color uniforme.

10: Individuo juvenil al lado de individuo adulto.

8

12

Observaciones
En Luso - Buçaco (Mata do Buçaco) fue donde MORELET (1845) citó la variedad α de *Arion ater*. POLLONERA (1889) la comparó anatómicamente con los *Arion ater* de Suecia y, al opinar que eran distintas, creó una nueva especie a la que llamó *Arion nobrei* Pollonera, 1889. En esta monografía, apoyándonos en evidencias anatómicas y moleculares, consideramos a *Arion nobrei* un sinónimo de *Arion fuligineus*.

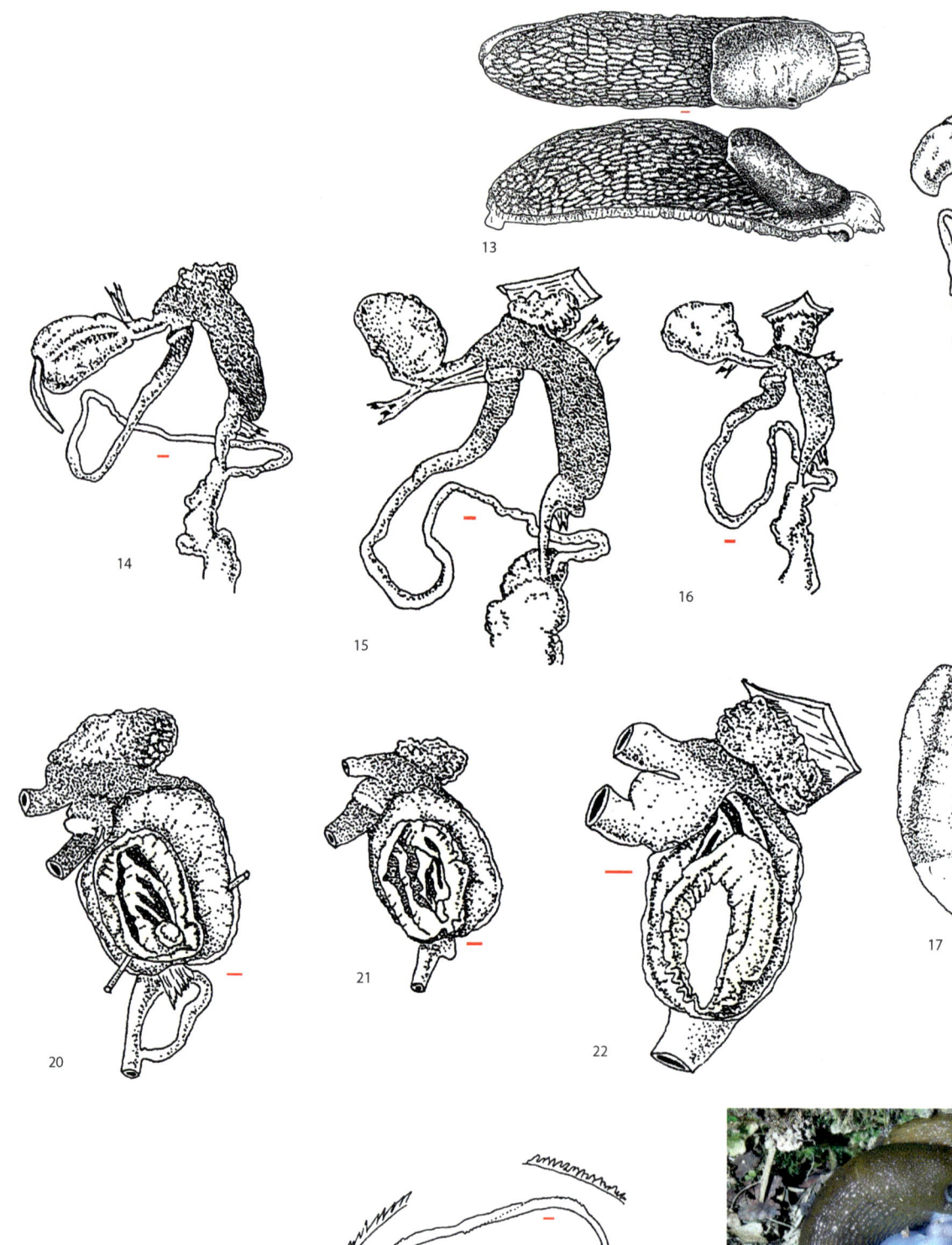

13

14

15

16

17

20

21

22

23

24

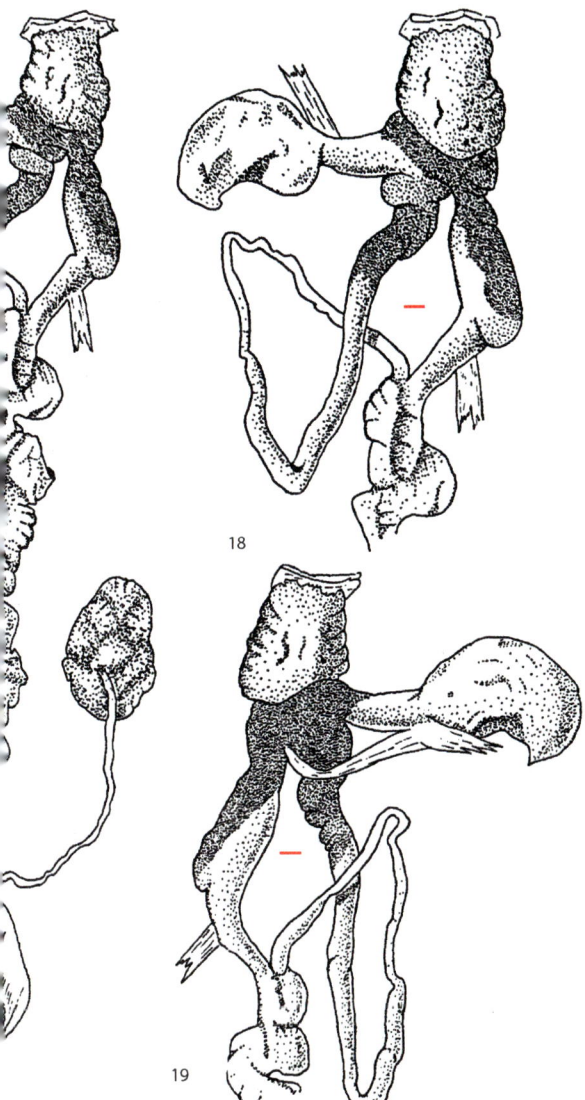

18

19

Lámina 6.2. (cont.) *Arion fuligineus*

Luso-Buçaco, Portugal

Localidad tipo de *Arion nobrei*

Figuras

13: Dibujo de un espécimen conservado en etanol, vista dorsal y lateral.

14 a 19: Sistema genital de adultos en fase femenina. La parte distal del genital está tintada de negro.

20, 21 y 22: Lígula en el interior del oviducto libre.

23: Espermatóforo con detalles de las expansiones aserradas del borde.

24 y 25: Dos cópulas distintas.

Escala: 1 mm

25

1

2

3

5

6

7

9

10

11

4

8

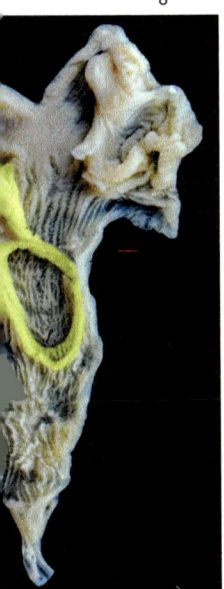

12

13

Lámina 6.3. *Arion fuligineus*

Curral de Leonte, Parque Nacional da Peneda-Gerês, Caldas do Gerês, Gerês, Portugal

Figuras

1 a 4: Parque Nacional da Peneda-Gerês, Mata da Albergaria.

5 a 8: *Arion fuligineus* del Gerês.

9 y 10: Sistema genital de adultos en fase femenina.

11, 12 y 13: Lígula oblonga piriforme.

Escala: 1 mm

Observaciones

La descripción que de *Arion fuligineus* hace MORELET (1845) no aclara mucho sobre su morfología. Esta especie la encontró en Ponte de Lima, en el Alto Miño, al norte del país, cerca de la Serra do Gerês. En esta monografía, apoyándonos en datos anatómicos y moleculares, consideramos que los nombres *Arion fuligineus* y *Arion lusitanicus* han sido atribuidos a la misma especie. Esta especie se caracteriza por ser de color pardo anaranjado, con dos bandas más oscuras sobre el dorso y con suela blanca, y en extensión pueden alcanzar los 90 mm de longitud. En los adultos el epifalo mide 25 mm y el canal deferente 20 mm. La lígula es oblonga piriforme con el borde ligeramente festoneado. Ha de usarse *Arion fuligineus* Morelet, 1845 como nombre válido de la especie, puesto que este tiene prioridad sobre el de Mabille (1868).

14

16

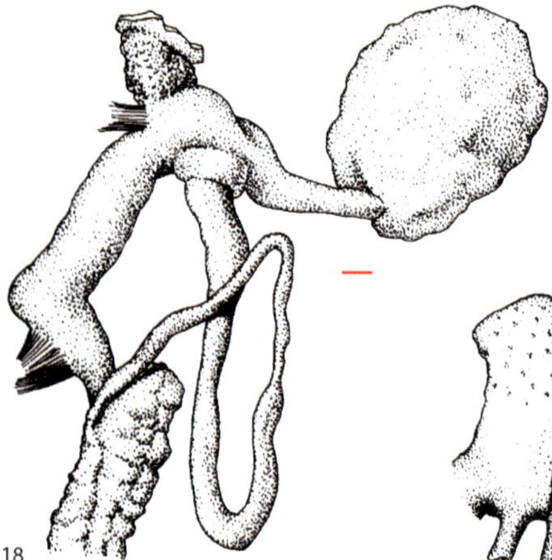

18

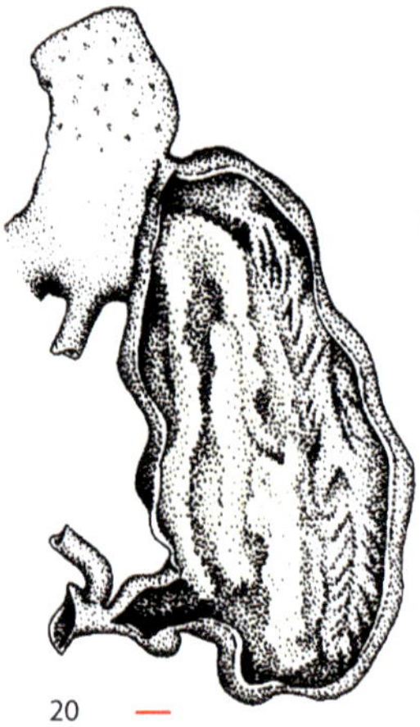

19

20

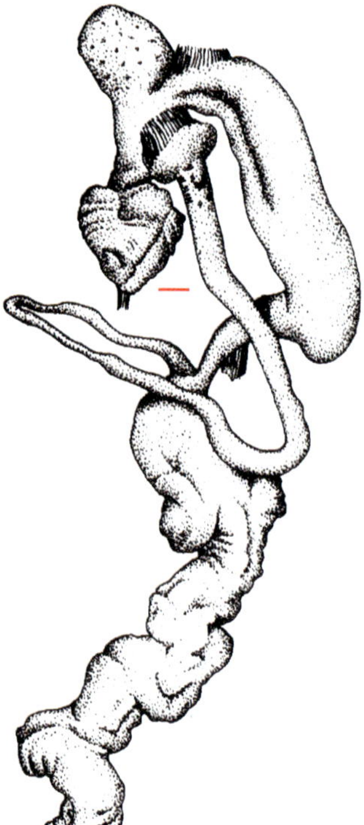

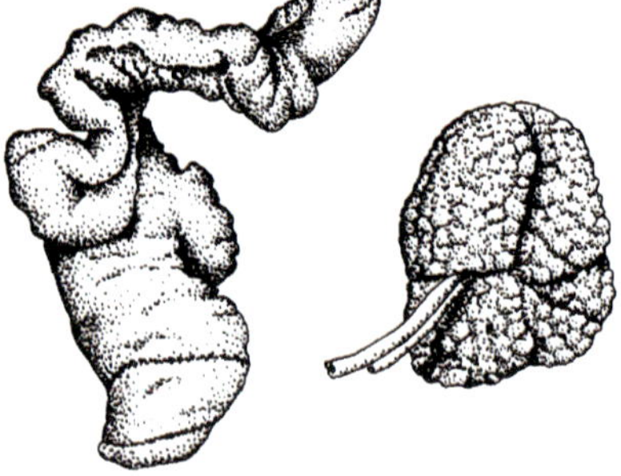

21

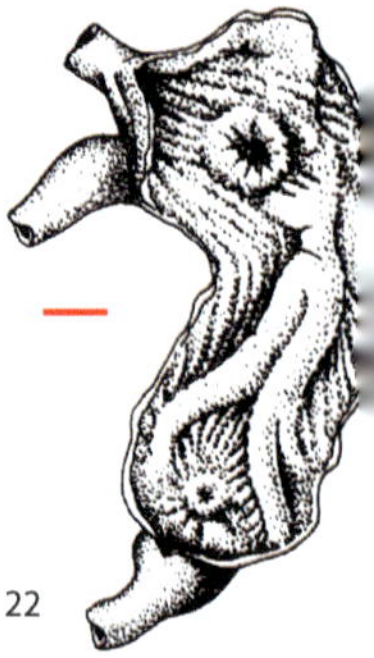

22

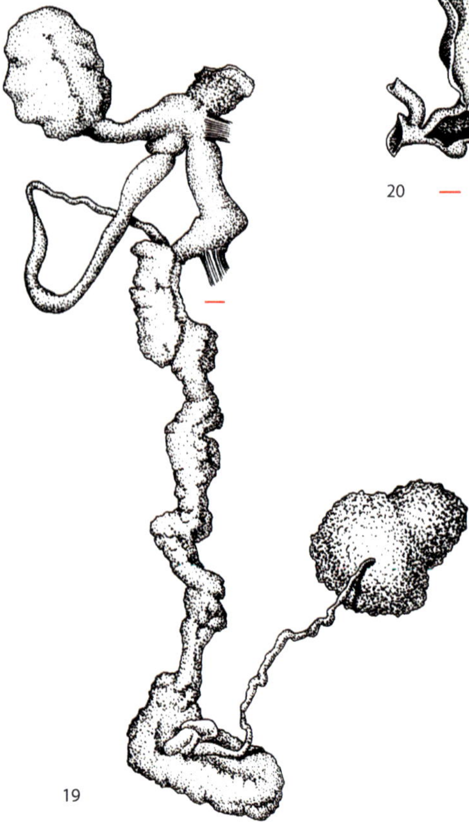

24

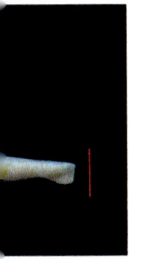

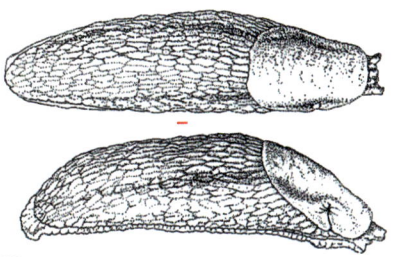

15

17

Lámina 6.3. (cont.) *Arion fuligineus*

Curral de Leonte, Parque Nacional da Peneda-Gerês, Caldas do Gerês, Gerês, Portugal

Figuras

14: Epífalo tapizado por papilas.

15: Dibujo de un espécimen conservado en etanol.

16 y 17: Dos cópulas distintas.

18, 19, 21, 24 y 25: Sistema genital de individuos en fase femenina.

20 y 22: Lígula oblonga piriforme.

23: Espermatóforo.

Escala: 1 mm

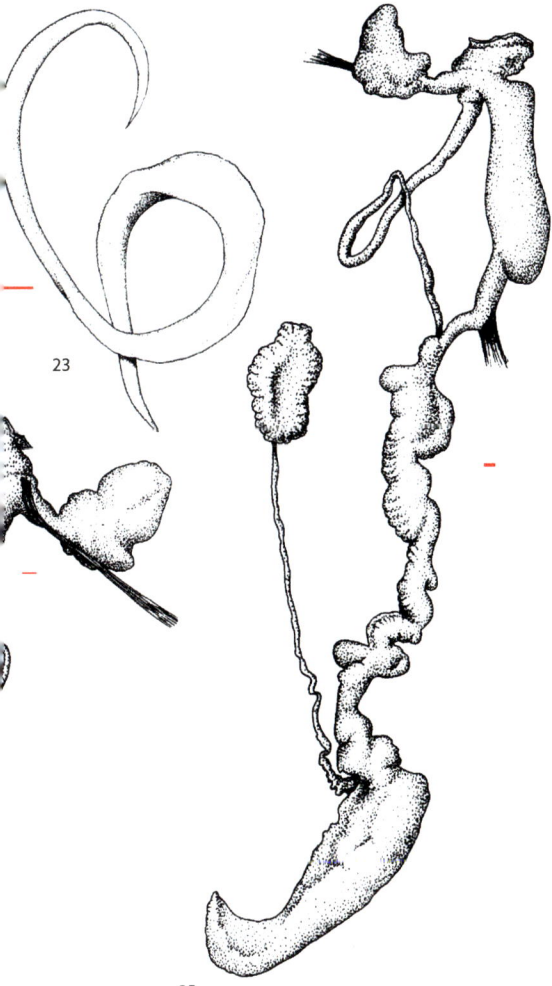

23

25

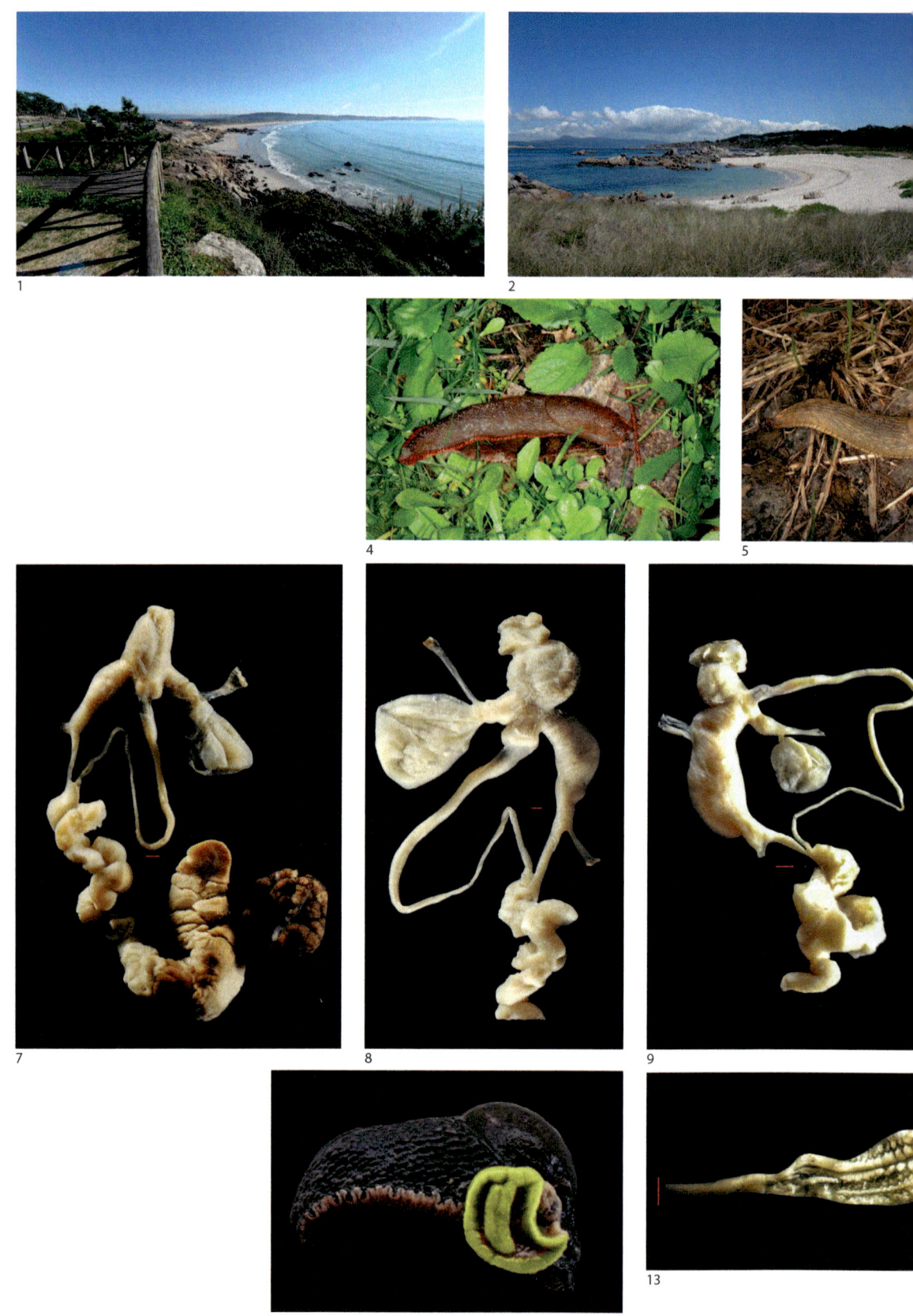

1

2

4

5

7

8

9

12

13

Lámina 6.4. *Arion fuligineus*
Monte de Siradella, O Grove, Pontevedra, España

Figuras

1, 2 y 3: Ladera sur del Monte de Siradella y río da Cova da Loba.

4 y 5: Especímenes adultos.

6: Espécimen juvenil con bandas oscuras en el dorso.

7, 8 y 9: Sistema genital de individuos adultos en fase femenina.

10 y 11: Lígula en el interior del oviducto distal.

12: Lígula evaginada.

13: Interior del epifalo.

14: Cópula de dos individuos.

Escala: 1 mm

6

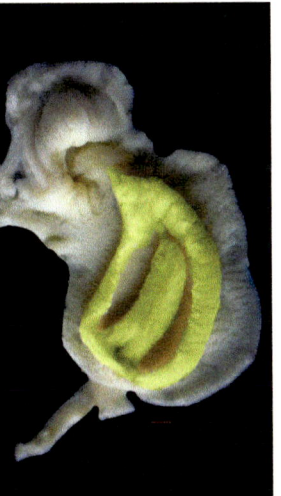
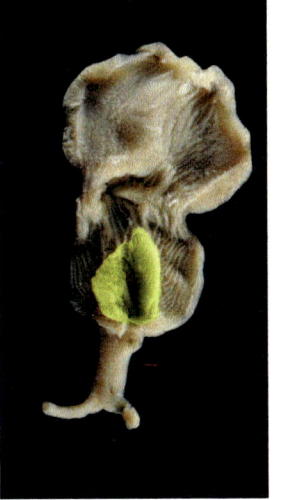

11

14

Observaciones

Los especímenes adultos de *Arion fuligineus* de O Grove medían más de 90 mm de longitud. El cuerpo es de color castaño grisáceo y sin bandas en los adultos. En los juveniles aparecen dos bandas en la cola y el escudo. El reborde de la suela es anaranjado y la suela es blanquecina. El mucus es amarillento. El epifalo del sistema genital de los adultos mide 21 mm y el canal deferente 17 mm. La lígula es piriforme, con un fuerte pliegue en el interior. En el pliegue se esboza un canal o surco, y el reborde de la lígula está festoneado. El epifalo tiene papilas poliédricas grandes en su interior.

1

2

4

5

6

7

8

9

10

11

Lámina 6.5. *Arion fuligineus*

Vidán, río Sarela, Santiago de Compostela, A Coruña, España

Figuras

1, 2 y 3: Orillas del río Sarela, Vidán, Santiago.

4 y 5: Individuos adultos.

6 a 9: Cópulas distintas entre individuos de distinto color.

10: Sistema genital de un individuo de una cópula.

11: Lígula en forma de pera con un surco en el medio.

12: Interior del epifalo.

Escala: 1 mm

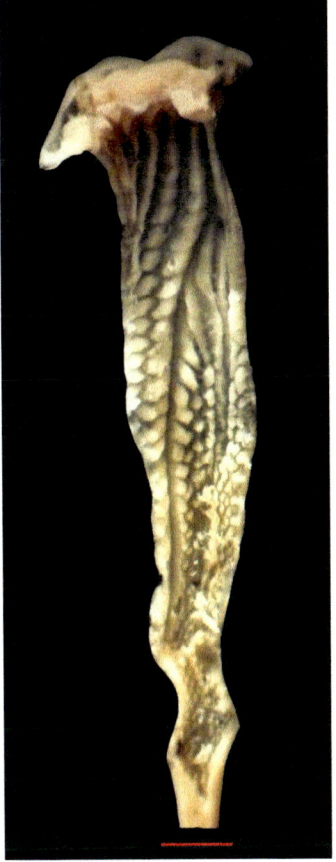

12

Observaciones

Los especímenes de *Arion fuligineus* de las orillas del río Sarela, en Vidán, miden 90 mm en extensión. Son de color castaño rojizo, con bandas poco marcadas. El reborde de la suela es anaranjado, la suela es blanca y el mucus incoloro.

El epifalo de los individuos fijados nada más copular mide 30 mm y el canal deferente 18 mm. En los individuos en fase pre-cópula el epifalo mide 21 mm y el canal deferente 18 mm. En los individuos en fase post-cópula, que han copulado hace poco, la lígula tiene forma oval piriforme, con un surco en el medio delimitado por dos pliegues notorios. El reborde de la lígula está festoneado. El interior del epifalo está tapizado con papilas poliédricas grandes.

En algunos receptáculos seminales se encontraron restos de espermatóforos con denticiones aserradas finas.

1

2

3

5

6

8

9

10

4

Lámina 6.6. *Arion fuligineus*

Os Cabaniños, Serra dos Ancares, Vilarello, Cervantes, Lugo, España

Figuras

1: Piornedo, Os Ancares.

2, 3 y 4: Soto de castaños de Os Cabaniños.

5, 6 y 7: Especímenes adultos.

8: Sistema genital de un individuo en fase masculina.

9: Lígula de un espécimen en fase masculina.

10: Interior del epifalo.

11 y 12: Individuos juveniles.

Escala: 1 mm

7

11

12

Observaciones

Los especímenes adultos de *Arion fuligineus* en la zona de Os Cabaniños de la Serra dos Ancares son de color amarillento anaranjado y miden más de 100 mm de longitud en marcha, sin bandas sobre el dorso. Los juveniles también son de color anaranjado con dos bandas oscuras en el dorso. Los muy juveniles son de color amarillo.

El epifalo de los individuos adultos en fase masculina mide 26 mm y el canal deferente 25 mm. La lígula es oblonga alargada, piriforme en los individuos en fase masculina temprana. El reborde de la lígula está festoneado con lóbulos profundos. El epifalo está tapizado con papilas romboédricas, más grandes en la parte distal y pequeñas en la parte proximal.

Figura 24. Fotografía de *Arion flagellus* en la Garganta del Cares, Parque Nacional de los Picos de Europa (Asturias | León).

Arion flagellus Collinge, 1893

Caracteres diagnósticos basados en la anatomía

i. Los adultos sexualmente maduros pueden sobrepasar los 100 mm de longitud, dependiendo de las zonas. En las sierras del norte, con clima continental, los especímenes alcanzan la madurez sexual con una talla menor, 60 mm.
ii. El color del cuerpo varía en función de las zonas. En las zonas costeras son más vistosos, de color verde amarillento con tintes marrones, y dos franjas oscuras en el dorso y el escudo. Los ejemplares de la Cordillera Cantábrica son de color uniforme, negros o grises, sin bandas.
iii. El color de la suela pedia varía en función de la zona geográfica y del desarrollo sexual, en los juveniles es blanca y en adultos puede tener bandas de color oscuro.
iv. El mucus del cuerpo depende de la zona geográfica, de la época del año y de la alimentación. Varía de incoloro a color blanco o amarillento.
v. Cuando se les molesta no se balancean, no tienen comportamiento *rocking*.

Observaciones: La anatomía interna de los especímenes de *Arion flagellus* con distribución cantábrica es muy parecida a la de *Arion fuligineus* con distribución atlántica. Las características indicadas para *Arion fuligineus* son válidas para *Arion flagellus*.

Descripción

Morfología externa y coloración

Animal grande, que en extensión puede sobrepasar los 90 mm de longitud, y en etanol al 70%, oscila de 50 a 70 mm. En vivo el color del cuerpo es gris negruzco, con un cierto tinte amarillo verdoso o castaño verdoso, en los costados son más claros. En general predomina el amarillo verdoso sobre el gris.

Algunos especímenes tienen dos bandas más oscuras en el dorso y el escudo, la banda de la derecha rodea al pneumostoma. El dorso y los costados son más claros que las bandas laterales. Los juveniles son de tonos más claros que los adultos, y pueden tener o no bandas. En etanol los juveniles y adultos se vuelven más oscuros, y las bandas tienden a desaparecer.

Los tubérculos de la piel están bien marcados, como los del *Arion fuligineus*. Cuando el animal se contrae, los tubérculos adoptan forma de quilla. El reborde de la suela es amarillo verdoso o naranja verdoso, con lineolas negras. Los tentáculos y el dorso de la cabeza son negros. La suela pedia es de color amarillo verdoso pálido o naranja verdoso, de color uniforme tanto en juveniles como adultos. El mucus del cuerpo es incoloro o blanquecino, al contacto con el etanol se vuelve blanco sucio. El mucus de la suela pedia es anaranjado. La limacela está formada por granos calcáreos más o menos apelmazados.

Sistema genital

Ovotestis. Voluminosa, con acini de color pardo.

Glándula de la albúmina. Con forma de almendra.

Epifalo y conducto deferente. Epifalo de doble longitud que el conducto deferente en los individuos adultos en fase masculina. En adultos con espermatóforo el epifalo puede medir entre 20 y 30 mm y el canal deferente entre 10 y 15 mm.

Oviducto. El oviducto libre tiene una fuerte dilatación distal, en cuyo interior se aloja la lígula. La parte proximal del oviducto libre distal puede tener una especie de acodamiento lateral.

Lígula. Es circular u oblonga, generalmente se encuentra en el tercio proximal del oviducto libre distal. En algunos especímenes pueden aparecer uno o dos pliegues que se prolongan hasta el atrio proximal, donde pueden producir una pequeña dilatación sobre la parte final del canal de la bolsa. El orificio del oviducto libre proximal se puede abrir dentro o fuera de la lígula.

Receptáculo seminal. Con forma esférica o piriforme y con el canal corto. Puede aparecer una papila al principio del canal del receptáculo y dirigida hacia el atrio proximal. El genital tiene pigmentación negra en la parte distal del epifalo, próxima al reborde anular. Esta pigmentación no está originada por la conservación en etanol, ya que los especímenes vivos también la tienen.

Espermatóforo. Cilíndrico, con los extremos aguzados, uno acaba en punta y el otro es romo, cuando están dentro del genital están plegados en forma de U. Externamente tiene una cresta formada por dentículos aserrados. La longitud del espermatóforo es de 20 mm.

Cópula. Se observaron y fotografiaron cópulas en septiembre de 1984. Se fotografió una cópula de *Arion flagellus* en Ferreira de Valadouro (Lugo). No se registró el tiempo completo, aunque duró más de 45 minutos. La cópula se observó por la noche, y la humedad relativa rondaba el 100%.

Distribución de *Arion flagellus* en la Península Ibérica

La distribución de *Arion flagellus* en la Península Ibérica (Figura 25) puede dividirse en tres subzonas:

1.- **Subzona occidental**: Es la correspondiente a la parte norte del Macizo Galaico, la zona de las Fragas do Eume y la Serra do Xistral, donde aparecen individuos de *Arion flagellus* no muy grandes y de colores vistosos con dos bandas en el dorso.
   Consideramos que puede ser una forma muy abundante y que posiblemente la mayor parte de las citas de *Arion fuligineus / Arion lusitanicus* de Galicia se refieran a esta especie. Las zonas en las que se encontró en Galicia se caracterizan por tener un suelo con pH ácido, la roca madre es granito, y abundan pinos, eucaliptos, y en menor grado castaños y abedules.
2.- **Subzona central**: Es la zona de la Cordillera Cantábrica. Aquí aparecen dos tipos de *Arion flagellus*, unos especímenes muy grandes, completamente negros, con el reborde de la suela de color negro, y otros especímenes de color gris, de tamaño más pequeño y con el reborde de la suela grisáceo. En ninguna de las formas existen bandas oscuras sobre el dorso.
3.- **Subzona oriental:** Se corresponde con las estribaciones occidentales de los Montes Vascos. Aquí vuelven a aparecer morfotipos del mismo tamaño y color que los especímenes de la zona occidental, incluyendo las bandas oscuras sobre el dorso.
   Esta especie es nativa de la Península Ibérica y probablemente también del Reino Unido e Irlanda. El comercio global ha favorecido su introducción en varios países como Sudáfrica o Austria, donde es considerada una especie invasora (ZEMANOVA, 2022).

Figura 25. Distribución de *Arion flagellus* en la Península Ibérica.

Notas históricas sobre *Arion flagellus* en la Península Ibérica

COLLINGE (1893) describe de Irlanda la especie *Arion flagellus*, de la que dice que es un «*slug light brownish white with dark brownish longitudinal bands in the median line and at the sides; some slugs are dark brown with white sides and black dashes; head bluish white; tentacles slightly darker to greyish blue; sole pale yellow*». El tamaño oscila entre 60 y 100 mm. La localidad tipo es «*Ireland: Cork County, Ashburton*». Sobre el hábitat de esta especie menciona lo siguiente: «*In a variety of moist sheltered habitats, both wild and disturbed, such as gardens, waste ground, sea cliffs, rocky moorland and deciduous woods*».

Por otro lado, MORELET (1845), MABILLE (1868), POLLONERA (1887; 1890a) y SIMROTH (1888; 1891) estudiaron los ariónidos de gran tamaño de Portugal.

En la Península Ibérica, se describió *Arion fulvipes* Torres Mínguez, 1925 basándose en la anatomía externa. Según TORRES MÍNGUEZ (1925) los ejemplares fueron comparados con otros ejemplares de *Arion rufus* (Linnaeus, 1758), *Arion lusitanicus* Mabille, 1868, *Arion sulcatus* Morelet, 1845, *Arion hibernus* Mabille, 1868 y *Arion cendreroi* Torres Mínguez, 1925. Las descripciones de las especies fueron hechas en latín, y el autor matiza o resalta en castellano los caracteres anatómicos más significativos.

DAVIES (1987) rehabilita el taxón nominal *Arion flagellus* Collinge, 1893, casi olvidado por confusión con *Arion lusitanicus*, redescribiéndolo a partir de ejemplares británicos.

Entre los años 1979 y 1984, CASTILLEJO (1992) recogió en Galicia una serie de ariónidos que asignó a la especie *Arion flagellus* Collinge, 1893, proporcionando datos sobre su morfología y bionomía, información que no siempre concuerda de manera exacta con la ofrecida por Davies. Como material de comparación estudió especímenes de *Arion flagellus* de Bramley Bank, Croydon, Inglaterra; ejemplares atribuidos a *Arion lusitanicus* recogidos en South Croydon, Surrey, Inglaterra; y ejemplares de *Arion subfuscus* de Coulsdon Woods, Surrey, Inglaterra. Según CASTILLEJO (1992), el *Arion flagellus* de Galicia puede exceder, en vivo, de 90 mm de longitud (conservado en etanol, 50-70 mm). En los individuos vivos el dorso es gris oscuro, con matices amarillos y verdosos o castaños y verdosos. Los flancos son más claros, predominando el amarillo verdoso sobre el gris. En algunos individuos se presentan bandas oscuras en el dorso y el escudo. La orla del pie es amarilla verdosa o anaranjada verdosa, con lineolas negras. La suela es amarilla verdosa o anaranjada verdosa, uniforme y pálida. El mucus corporal es blanco o incoloro, mientras que el mucus de la suela es anaranjado. El epifalo es dos veces más largo que el canal deferente (Ep = 20-30 mm; Cd = 10-15 mm). Posee una lígula circular u oval, pequeña y situada en el tercio proximal del oviducto libre distal. La cópula es estática. El espermatóforo tiene 20 mm de longitud.

CASTILLEJO y RODRIGUEZ (1993a) hacen la revisión del género *Arion* en Portugal basándose en la anatomía de los topotipos, y señalan que en Portugal solo encontraron *Arion ater, Arion nobrei, Arion lusitanicus, Arion fuligineus* y *Arion intermedius*. Por tanto, no reconocen la presencia de *Arion flagellus* ni de *Arion fulvipes*.

CASTILLEJO, RODRÍGUEZ-CASTRO e IGLESIAS-PIÑEIRO (2019) hacen un estudio comparativo de los ariónidos descritos por TORRES MÍNGUEZ (1925) en Cantabria (España). Respecto a *Arion fulvipes*, Torres Mínguez señala (en latín) que el individuo conservado en etanol es «*un animal negro, de talla mediana (5 cm), con la suela pedia de color pálido uniforme. La cabeza, tentáculos, mufla y cuello son blanquecinos. El dorso es negro, rugoso. Los tubérculos están separados y son carenados. La suela pedia de color amarillo uniforme está dividida en tres zonas. El reborde de la suela es rojizo, con las lineolas transversales de color marrón rojizo*». En la discusión profundiza en algunos detalles y compara *Arion fulvipes* con *Arion cendreroi*, así dice: «el Arion fulvipes *y el* Arion cendreroi *son dos* Arion *que tienen la particularidad de tener las zonas de su pie de color pálido uniforme que junto al* Arion hibernus *Mabille y al* Arion brevierei *Pollonera (1887) son las cuatro especies de pie unicolor conocidas en el grupo* majorium. *A pesar de esta coincidencia son perfectamente distintos. El* Arion fulvipes *es negro con las arrugas dorsales aquilladas, a simple vista muy uniformes y alineadas y apretadas entre sí, y el* Arion cendreroi *es pardo y las arrugas groseras (poco definidas). El pie es de un color leonado uniforme y a pesar de la contracción por el etanol está finamente arrugado al través y su borde también cuando el* Arion cendreroi *lo es muy groseramente. Su apertura respiratoria es bastante más anterior en este cuando en aquel es casi mediana. La coraza (escudo) anteriormente es más truncada y su borde delgado cortante y en esta parte la granulación finísima».*

Sinonimias

Arion flagellus Collinge, W.E. 1893. *Annals and Magazine of Natural History* (6) 12 (70): 252-254, Pl. IX [= 9]. London.

Arion flagellus Davies, S.M. 1987. *Journal of Conchology* 32: 339-354.

Arion flagellus Castillejo, J. 1992. *The Veliger* 35 (2): 146-156 35.

Arion fulvipes Torres Mínguez, A. 1925. *Butlletí de la Institució Catalana d'Història Natural* 25: 102-106.

Arion fulvipes Castillejo, J., Rodríguez-Castro, J. & Iglesias, J. 2019. *Spira* 7 : 49-69.

Comentario sobre las sinonimias:

La morfología de los ejemplares cantábros de *Arion flagellus* examinados en esta monografía se asemeja bastante a la de los *Arion flagellus* de Inglaterra. Las proporciones de las distintas partes del sistema genital se mantienen, y las dimensiones y aspecto del espermatóforo son idénticas. La mayor diferencia la encontramos en la cópula. DAVIES (1987) señala que en la cópula del *Arion flagellus* inglés la mayor parte del genital evaginado se encuentra por debajo de los animales, y que este no puede verse hasta que no empiezan a separarse. En los *Arion flagellus* peninsulares, sin embargo, el sistema genital evaginado durante la cópula está entre y sobre el dorso de los dos individuos, las lígulas abrazan el cuerpo del otro individuo, disposición esta que se parece a la Figura 3b de DAVIES (1987) del *Arion lusitanicus* inglés.

La anatomía externa e interna del *Arion flagellus* de la Cordillera Cantábrica y las montañas de Galicia es muy parecida a la del *Arion fuligineus* de la Serra do Gerês (Portugal) citado por MORELET (1845).

Material utilizado para el estudio anatómico y molecular

1. Parque Natural Fragas do Eume, Pontedeume, A Coruña: 10-09-2015, 28-11-2017
2. Cadramón, Serra do Xistral, Ferreira do Valadouro, Lugo: 18-02-2011, 21-04-2013
3. Garganta del Cares, Picos de Europa, Puente Poncebos (Asturias), Caín de Valdeón (León): 25-09-2014, 13-11-2015, 12-06-2016
4. Canal de la Costanilla | Bárcena Mayor, Parque Natural Saja-Besaya, Cantabria: 16-02-2011, 27-09-2014, 13-07-2017
5. Balneario de La Hermida, La Hermida, Potes, Cantabria: 27-09-2014, 10-06-2016
6. Monte Mijedo, Argoños, Santoña, Cantabria: 06-09-2015, 18-02-2021
7. Santuario de la Bien Aparecida, Ampuero, Cantabria: 03-01-2015, 05-09-2015
8. Bramley Bank, Croydon, Inglaterra: 20-09-1986

En la siguiente tabla se detallan las localidades en las que se recolectaron ejemplares de *Arion flagellus* para el estudio molecular llevado a cabo en esta monografía. Para cada localidad se indican los especímenes que fueron secuenciados, utilizando para ello el código asignado en la colección del Departamento de Zoología de la USC. En la última columna se indica el código del haplotipo único para el fragmento *barcode* del gen *cox1* que aparece en el detalle del árbol filogenético de esta especie. Nótese que un mismo haplotipo puede encontrarse en localidades diferentes. En otras palabras, ejemplares tanto de la misma localidad como de localidades diferentes pueden tener una secuencia del fragmento *barcode* idéntica y, en esos casos, en el árbol filogenético solo se muestra el código de uno de estos ejemplares, denominado «haplotipo *cox1*-5' de referencia». Si el haplotipo de referencia pertenece a una localidad diferente a la de los especímenes secuenciados a los que se hace referencia, se indica en cursiva.

Localidad	Especímenes secuenciados	Haplotipo *cox1-5'* de referencia
Parque Natural das Fragas do Eume, Pontedeume, A Coruña	USCM6057	USCM6057
	USCM6049	USCM6049
	USCM6054 USCM6058	USCM6054
	USCM6050	USCM6050
	USCM6052	USCM6052
	USCM6051 USCM6055	USCM6051
	USCM6119	USCM6119
	USCM6056	USCM6056
	USCM6118	USCM6118
	USCM6117	USCM6117
	USCM6053	USCM6053
Cadramón, Serra do Xistral, Ferreira do Valadouro, Lugo	USCM13727	USCM13727
	USCM13728	USCM13728
Puente Poncebos (Asturias) y Caín de Valdeón (León), Garganta del Cares, Picos de Europa	USCM7201	USCM7201
	USCM7202	USCM7202
Riello, Omaña, León	USCM5610 USCM5612 USCM5615 USCM5616	USCM5610
	USCM5611 USCM5618	USCM5611
	USCM5613	USCM5613
Santuario de Covadonga, Asturias	USCM13603	USCM13603
Lago de la Ercina, Covadonga, Parque Nacional de los Picos de Europa, Asturias	USCM13688	USCM13688

Localidad	Especímenes secuenciados	Haplotipo *cox1*-5' de referencia
Canal de la Costanilla | Bárcena Mayor, Parque Natural Saja-Besaya, Cantabria	USCM6339	USCM6339
	USCM6341 USCM6346 USCM6347	USCM6341
	USCM6235 USCM13684	USCM6235
	USCM6344 USCM13683	USCM6344
	USCM6350	USCM6350
	USCM6352 USCM6353 USCM6354 USCM6356 USCM6358 USCM6359 USCM6361 USCM6362 USCM6365 USCM6367	USCM6352
	USCM6360	USCM6360
	USCM6355 USCM6364	USCM6355
	USCM6363	USCM6363
Balneario de La Hermida, La Hermida, Potes, Cantabria	USCM7235	USCM7235
	USCM7236	USCM7236
Monte Mijedo, Argoños, Santoña, Cantabria	USCM7227 USCM7228	USCM7227
Santuario de la Bien Aparecida, Ampuero, Cantabria	USCM7231	USCM7231
	USCM7232	USCM7232
Fuente Dé, Camaleño, Parque Nacional de los Picos de Europa, Cantabria	USCM7238	USCM7238
	USCM7240	USCM7240
	USCM7239	*USCM7235*
Bramley Bank Natural Reserve, Croydon, Surrey, Inglaterra	USCM13725 USCM13726	*USCM6057*

Resultados del análisis filogenético de *Arion flagellus*

Los resultados del análisis filogenético basado en el fragmento *barcode* del gen *cox1* muestran que los individuos identificados como *Arion flagellus* en base a la anatomía se agrupan en un clado monofilético, dentro del complejo de *Arion fuligineus*. Sin embargo, el soporte estadístico para este clado es bajo (probabilidad posterior = 0.45, Figura 26). Dentro del clado de *Arion flagellus* se distinguen dos subclados, A y B, ambos con buen soporte estadístico (probabilidad posterior = 1, Figura 26). El clado A engloba a los especímenes de *Arion flagellus* recolectados en el Xistral, así como a la mayoría de los especímenes procedentes del Parque Natural das Fragas do Eume. En el clado B se incluyen el resto de los especímenes analizados en esta monografía, incluyendo al individuo procedente del Reino Unido, así como las secuencias asignadas a esta especie procedentes de GenBank. Curiosamente, uno de los especímenes recolectados en As Fragas do Eume se encuentra también anidado en el clado B (USCM6057, Figura 26). Estos resultados sugieren que dentro de *Arion flagellus* existe un linaje genético diferenciado, cuestión que debe ser abordada en el futuro mediante estudios anatómicos y en base a un mayor número de marcadores genéticos.

El análisis multilocus sitúa a *Arion flagellus* en un clado con el resto de las especies del complejo de *Arion fuligineus*, como rama hermana del clado que incluye a *Arion fuligineus* y *Arion hispanicus* (Figura 54).

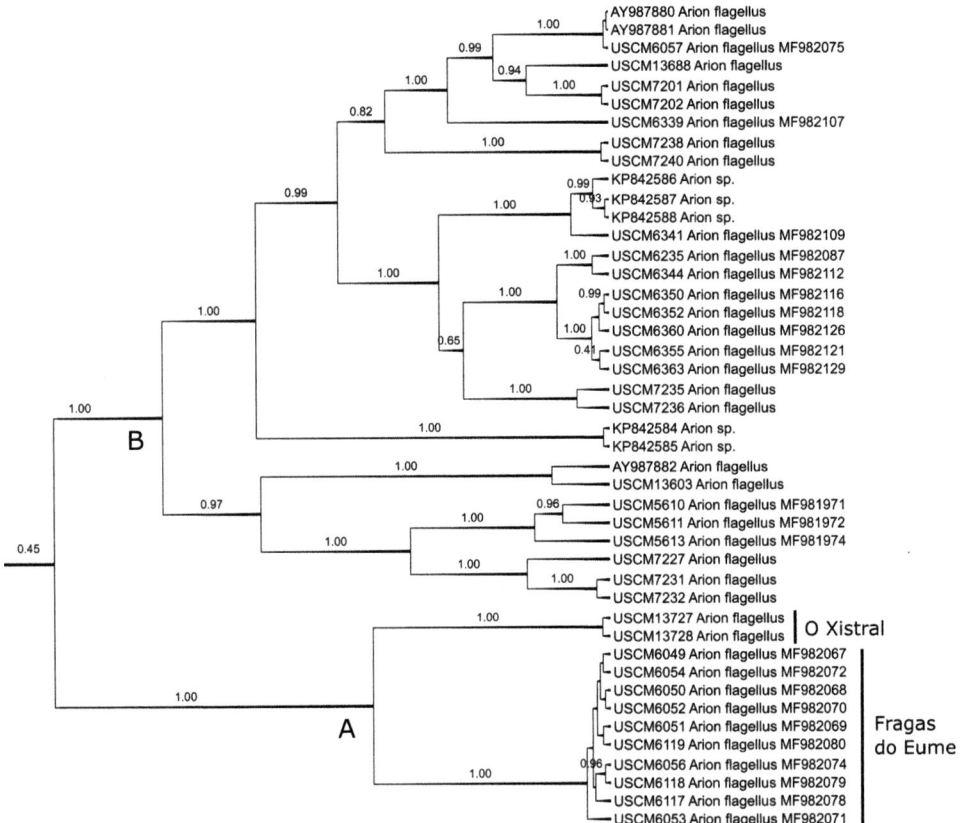

Figura 26. Detalle del árbol filogenético basado en el fragmento *barcode* del gen mitocondrial *cox1*-5' que muestra las relaciones entre los especímenes de *Arion flagellus* secuenciados en esta monografía (ver nota final, pág. 389).

1

2

4

5

7

8

9

Lámina 7.1. *Arion flagellus*
Cadramón, Ferreira do Valadouro, Serra do Xistral, Lugo, España

Figuras

1, 2 y 3: Cadramón, Serra do Xistral, Ferreira do Valadouro, Lugo.

4, 5 y 6: Especímenes adultos de color naranja y gris.

7: Sistema genital de individuo en fase masculina.

8: Lígula piriforme con el borde festoneado.

9: Interior del epifalo.

10: Individuo juvenil con dos bandas oscuras en el dorso.

11: Cópula de *Arion flagellus* en Ferreira do Valadouro.

Escala: 1 mm

10

11

Observaciones

La morfología externa e interna de los especímenes de la Serra do Xistral no difiere de la del *Arion flagellus* de las Fragas do Eume. En ambos casos, los especímenes son de color anaranjado o grisáceo, con dos bandas sobre el dorso. Los adultos sobrepasan en ambos casos los 90 mm de longitud. La longitud del epifalo y del canal deferente son parecidas. La lígula es oblonga piriforme con el reborde festoneado. El epifalo sigue teniendo las papilas poliédricas en su interior. Tampoco difieren en el comportamiento durante la cópula. De acuerdo con el análisis molecular, estos especímenes se agrupan, junto con la mayor parte de los especímenes recolectados en las Fragas do Eume, en un clado monofilético separado del resto de los *Arion flagellus* analizados, lo que sugiere la existencia de linajes genéticos dentro de esta especie.

1

2

4

6

7

9

10

Lámina 7.2. *Arion flagellus*

Garganta del Cares, Picos de Europa, Puente Poncebos (Asturias) | Caín de Valdeón (León), España

Figuras

1 a 5: Garganta del Cares. Ruta del Cares.

6 a 10: Individuos adultos de color gris.

11: Individuo juvenil con dos bandas oscuras sobre el dorso.

Observaciones

En vivo, los ejemplares adultos de *Arion flagellus* de la Garganta del Cares, en los Picos de Europa, son de color gris oscuro, pero nunca son de color negro azabache. Sobre el dorso se insinúan dos bandas más oscuras. La suela pedia es blanquecina y el reborde de la suela es gris. Los juveniles son de color gris amarillento. Al aumentar el tamaño de las imágenes se aprecia el color amarillo en todos los tubérculos.

El sistema genital de los adultos en fase femenina, que han copulado recientemente, tiene un oviducto libre grande y en su interior se aloja la lígula, que tiene forma distinta en función de si el animal está en fase pre- o post-cópula. En la fase pre-cópula es oblonga cerrada. En los individuos en fase post-cópula, la parte distal se abre en las proximidades del orificio del receptáculo seminal, y toma forma de U. El canal del receptáculo seminal es corto y robusto. El epifalo mide entre 25 y 32 mm dependiendo de la fase pre- o post-cópula, y el canal deferente mide 14 mm. Finalizada la cópula, el espermatóforo tiene un extremo abocado al oviducto libre, que está abrazado por la lígula y el otro extremo, el último en transferirse, se aloja en el receptáculo seminal. El espermatóforo tiene una carena de dientecillos aserrados. El epifalo está tapizado con papilas poliédricas.

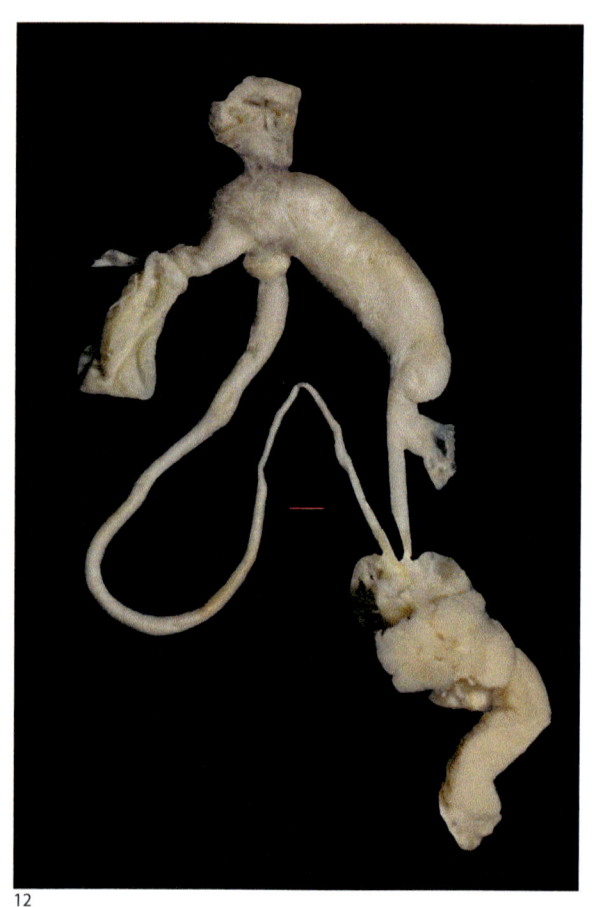

12

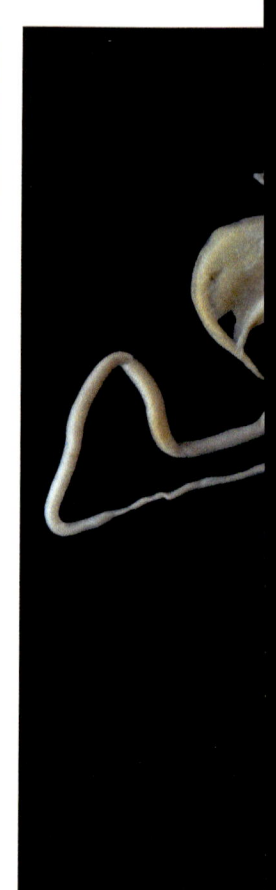

13

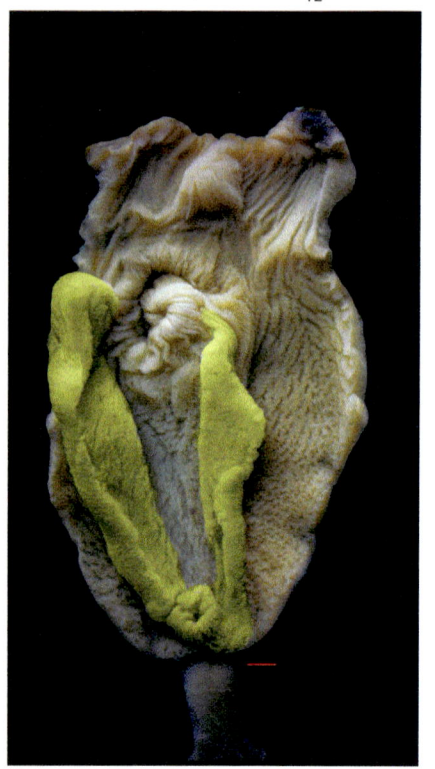

15

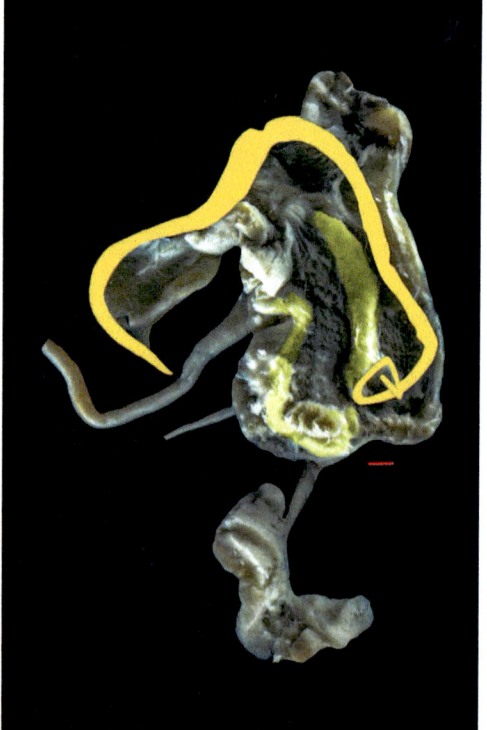

16

17

18

20

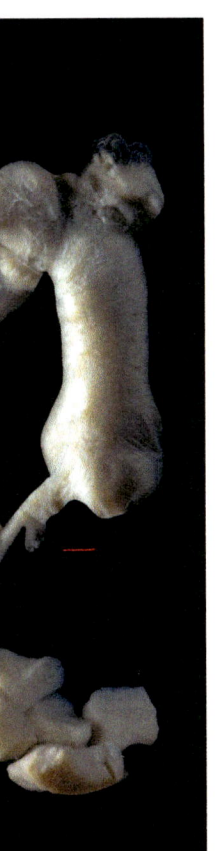

14

Lámina 7.2 (cont.) *Arion flagellus*

Garganta del Cares, Picos de Europa, Puente Poncebos (Asturias) | Caín de Valdeón (León), España

Figuras

12 y 13: Sistema genital de individuos adultos en fase femenina.

14, 15 y 19: Lígula oblonga abierta en la parte distal.

16: Espermatóforo en el interior del sistema genital, posición en la que queda después de la cópula.

17: Trozo del espermatóforo con carena aserrada.

18: Interior del epifalo.

20: Lígula evaginada con el espermatóforo saliendo del canal del receptáculo seminal.

Escala: 1 mm

19

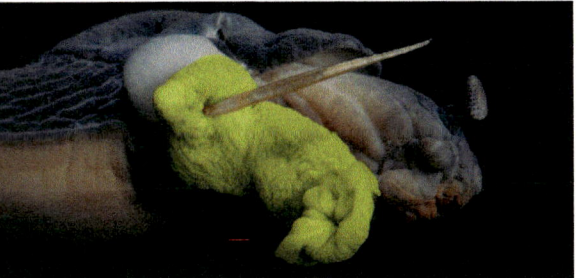

1

2

4

5

7

8

9

11

12

13

Lámina 7.3. *Arion flagellus*

Canal de la Costanilla | Bárcena Mayor, Parque Natural Saja-Besaya, Cantabria, España

Figuras

1 a 6: Parque Natural Saja-Besaya, cerca de Bárcena Mayor.

7 a 10: Especímenes adultos de color negro y gris oscuro, reborde de la suela negro.

11: Individuos juveniles contraídos de color gris claro y oscuro.

12 y 13: Tamaños comparativos de *Arion ater* (con reborde de la suela rojo) y *Arion flagellus* (con reborde de la suela negro).

14: Individuos conservados en etanol: *Arion flagellus* (color negro) y *Arion ater* (color castaño rojizo).

10

14

Observaciones

Los especímenes de *Arion flagellus* del Parque Natural Saja-Besaya, en la zona de Bárcena Mayor, fueron recogidos en las márgenes del río Saja. Estos ariónidos destacan por su tamaño y color. En vivo sobrepasan los 100 mm de longitud. El dorso es de color negro, el reborde de la suela es negro y la suela tiene la zona central blanquecina, flanqueada por dos franjas negras. Cuando se les molesta no se balancean, como sí lo hace el *Arion ater* de la zona. Los tubérculos de la piel son grandes y aquillados, más grandes que los de *Arion ater*. No se observan bandas longitudinales sobre el dorso y el escudo ni en los juveniles ni en los adultos.

La lígula de los especímenes juveniles es oblonga piriforme, cerrada, sin pliegues en su interior. En los adultos en fase de cópula la lígula es elíptica, abierta en la parte distal; en el centro se desarrollan dos fuertes pliegues que definen un canal que en la parte final desemboca por medio de un orificio en el oviducto libre proximal. El reborde de la lígula está festoneado, con lobulaciones profundas que recuerdan a las estructuras petaloides de *Arion vulgaris* en los Pirineos.

El epifalo de los ejemplares en fase de cópula mide 32 mm y el canal deferente 28 mm. Se encontraron dos espermatóforos que medían 51 y 61 mm. Estaban colocados y alojados entre el receptáculo seminal, el atrio distal y el oviducto libre distal. La fase final de la cópula se caracteriza porque los individuos realizan un giro en sentido de las agujas del reloj. El interior del epifalo está tapizado por prominencias poliédricas de distinto tamaño, excepto en el tercio último del epifalo, donde se desarrollan pliegues longitudinales.

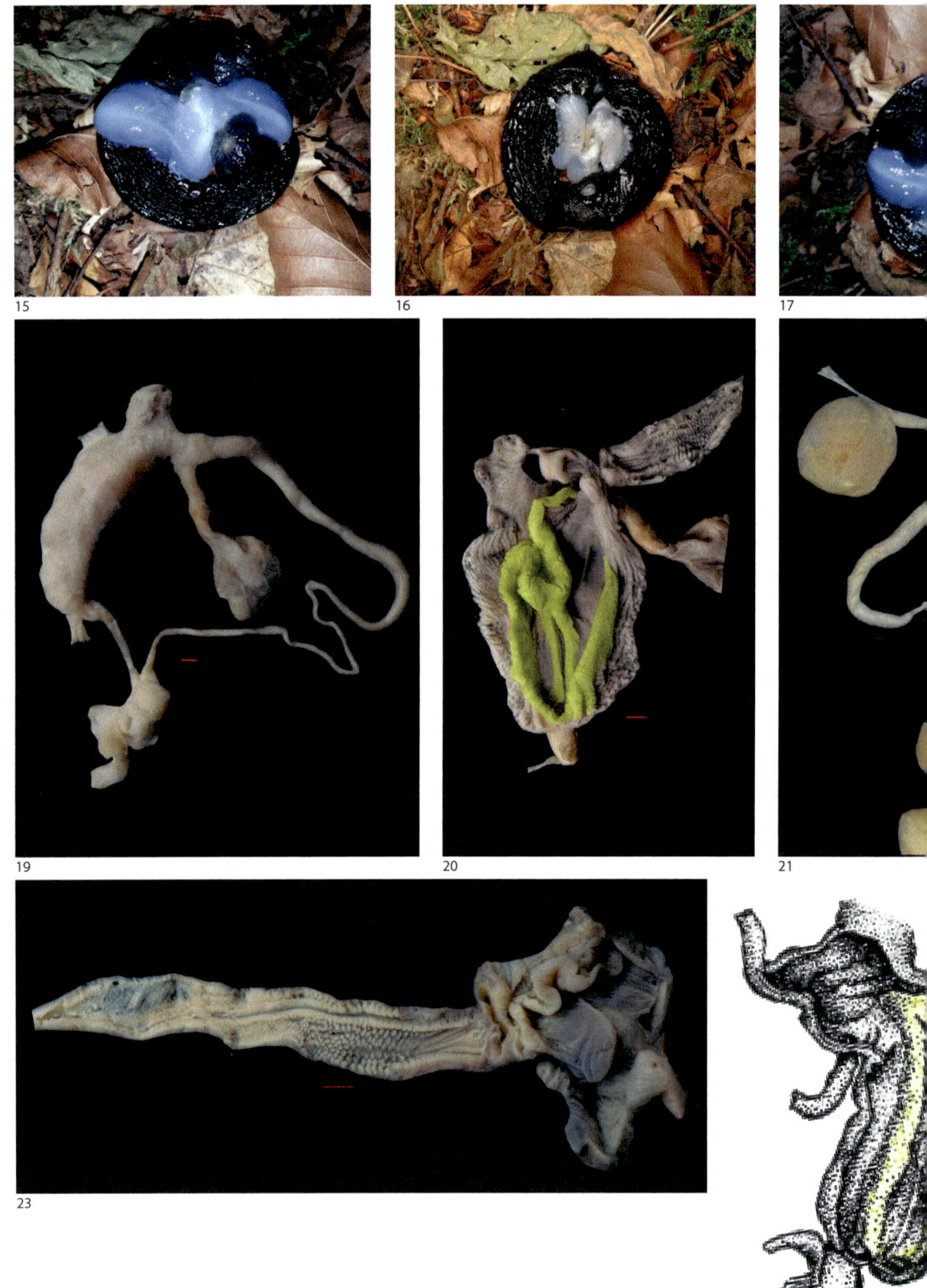

15

16

17

19

20

21

23

24

18

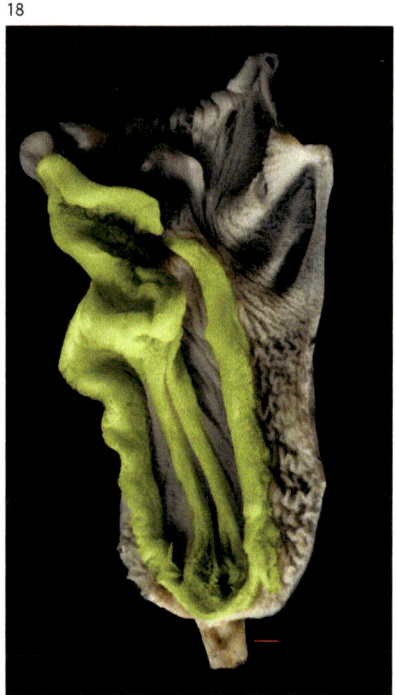

22

Lámina 7.3. (cont.) *Arion flagellus*

Canal de la Costanilla | Bárcena Mayor, Parque Natural Saja-Besaya, Cantabria, España

Figuras

15 a 18: Diferentes fases de la cópula. En la Figura 16 se aprecia un trozo de los dos espermatóforos, de color ambarino.

19 y 20: Sistema genital y lígula del mismo individuo adulto en fase masculina.

21, 22 y 23: Sistema genital, lígula y epifalo del mismo individuo adulto en fase masculina.

24: Lígula oblonga de un espécimen juvenil.

25: Espermatóforo, 55 mm.

Escala: 1 mm

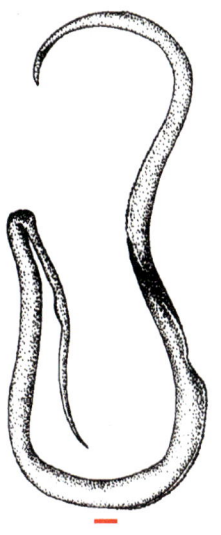

25

1

2

4

5

6

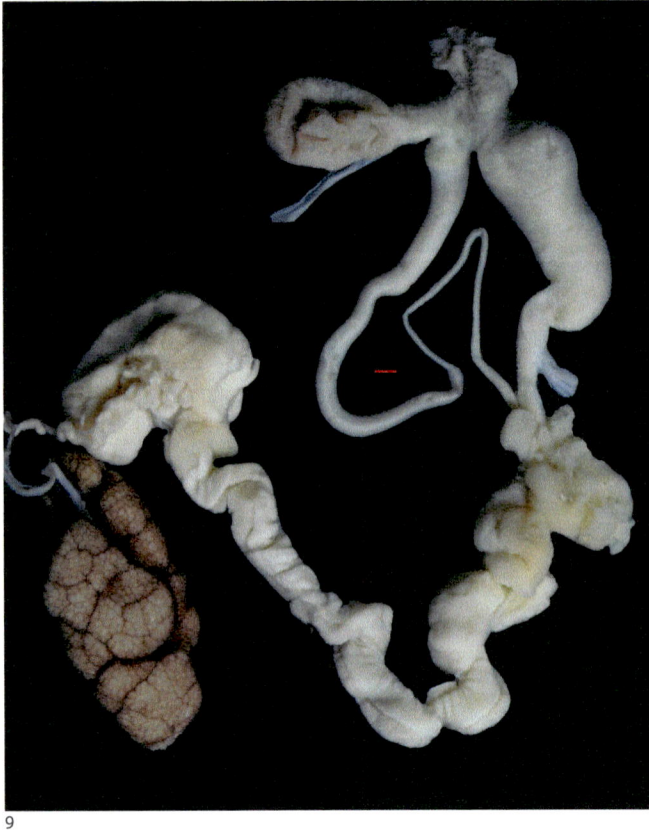

9

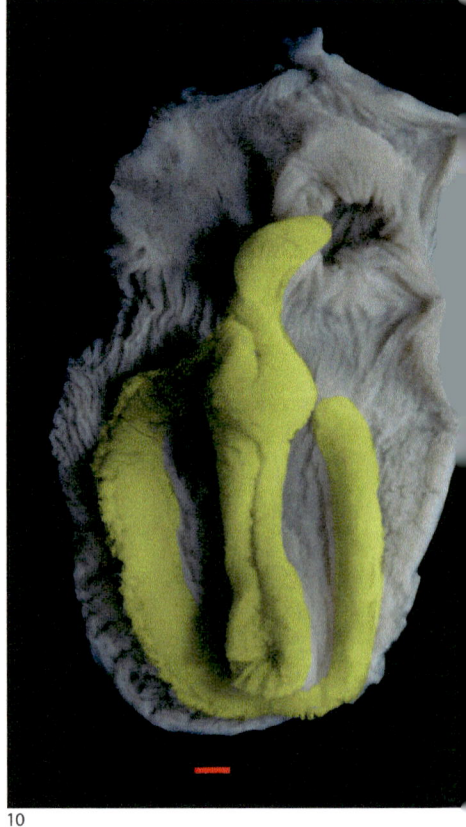

10

7

8

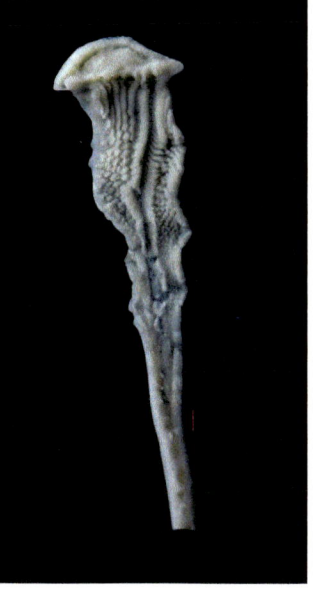

Lámina 7.4. *Arion flagellus*
Balneario de La Hermida, La Hermida, Potes, Cantabria, España

Figuras

1, 2 y 3: La Hermida, márgenes del río Deva.

4, 5 y 6: Individuos adultos sin bandas.

7: Individuo juvenil con dos bandas en el dorso. Estos ejemplares juveniles tienen el mismo aspecto que *Arion urbiae* de Winter, 1986, que en esta monografía sinonimizamos a *Arion gilvus*.

8: Individuos conservados en etanol. Se observa la variación de color.

9: Sistema genital de un individuo adulto en fase masculina.

10: Lígula en el interior del oviducto distal.

11: Interior del epifalo.

Escala: 1 mm

Observaciones

La morfología externa de los ejemplares de *Arion flagellus* recogidos en el Desfiladero de La Hermida es idéntica a la de los encontrados en la Garganta del Cares. Ambas zonas están enclavadas en Los Picos de Europa, a 31 km de distancia en línea recta, y en ambas el suelo es calizo.

El cuerpo de estas formas es de color gris, si bien hemos encontrado ejemplares de color gris oscuro y gris oscuro, casi negro. Los adultos no tienen bandas en el dorso. Los juveniles son más claros que los adultos y tienen sobre el dorso dos bandas más oscuras.

El epifalo de los individuos adultos en fase masculina que han copulado mide 35 mm y el canal deferente 30 mm. Se encontraron espermatóforos dentro del genital, uno de ellos estaba parcialmente enrollado en el receptáculo seminal y el otro extremo estaba en el oviducto libre abrazado por la lígula.

La lígula en los individuos adultos en fase masculina es oblonga abierta, con un fuerte pliegue longitudinal doble en el centro que define un surco profundo que se resuelve en el orificio del oviducto proximal. El reborde de la lígula está festoneado, con estructuras epidérmicas con forma de pétalo, muy visibles en los especímenes que han copulado recientemente. En los individuos en fase pre-cópula, el festoneado del borde es como una faldilla con ondulaciones. El epifalo está tapizado interiormente con papilas poliédricas de distinto tamaño, grandes cerca del atrio y pequeñas cerca del canal deferente. En la parte distal, próximos a la desembocadura en el atrio, se desarrollan pliegues longitudinales.

Lámina 7.5. *Arion flagellus*

Santuario de la Bien Aparecida, Ampuero, Cantabria, España

Figuras

1, 2 y 3: Alrededores del Santuario de la Bien Aparecida.

4 a 7: Especímenes adultos, en el dorso de algunos se insinúan dos bandas claras.

8: *Arion rufus* negro, en el centro, flanqueado por dos especímenes de *Arion flagellus* de color castaño.

9 y 10: Cópula de dos individuos, uno tiene la suela negra y el otro blanca.

11: Variación cromática de *Arion flagellus* en La Bien Aparecida. Individuos conservados en etanol.

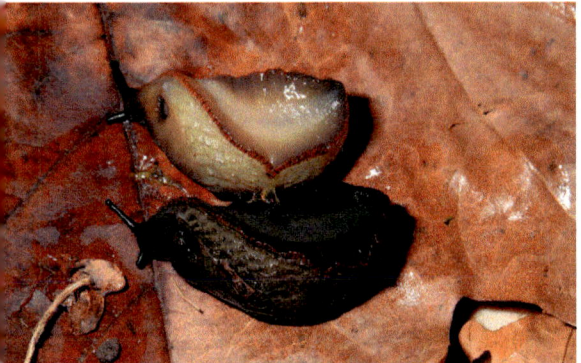

Observaciones

La anatomía de los especímenes de *Arion flagellus* de La Bien Aparecida (Ampuero) y del Monte Mijedo (Argoños) es la misma. El sistema genital tiene la misma estructura, la lígula es oval piriforme con dos pliegues en el centro que definen un surco central que se resuelve en el orificio del oviducto. El borde de la lígula está festoneado, en algunos puntos la faldilla del festoneado es ancha y al plegarse se rompe y origina estructuras bilobuladas petaloides. El epifalo mide 30 mm y el canal deferente 21 mm. Las diferencias que podemos encontrar entre los especímenes de *Arion flagellus* de Monte Mijedo y La Bien Aparecida se encuentran en el color del cuerpo y la estructura de la lígula. Los análisis filogenéticos emparentan a las dos formas y las sitúan en el mismo clado.

12

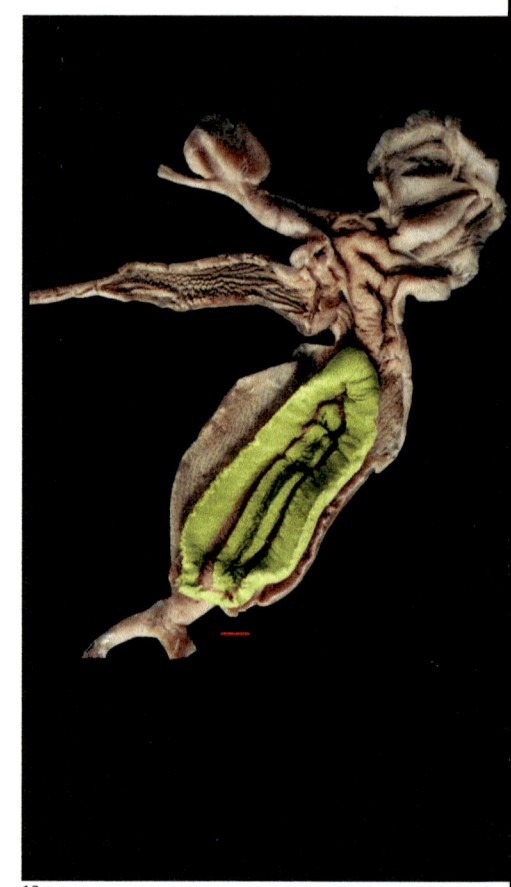

13

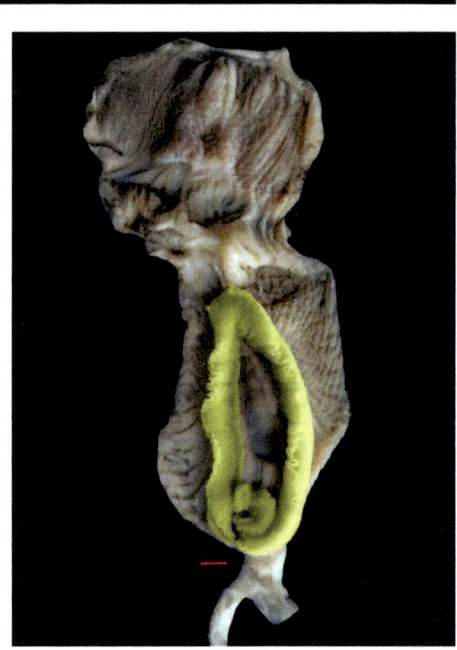

15

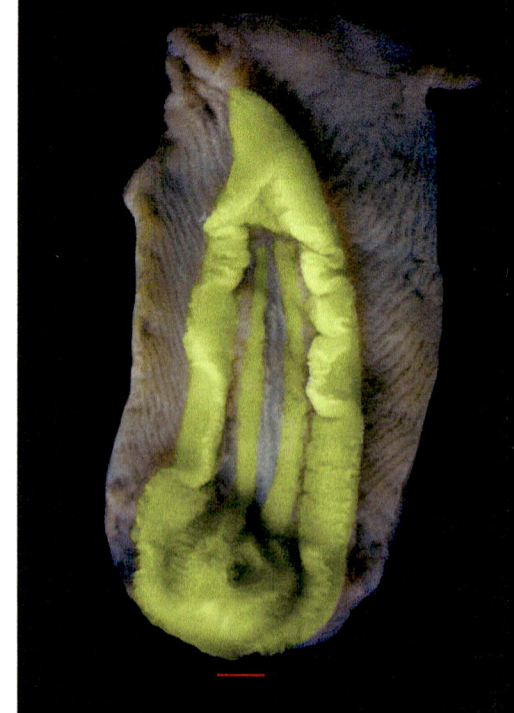

16

Lámina 7.5. (cont.) *Arion flagellus*

Santuario de la Bien Aparecida, Ampuero, Cantabria, España

Figuras

12 y 13: Genital y lígula del mismo individuo.

14, 15 y 17: Genital, lígula y epifalo del mismo individuo.

16 y 18: Lígula y epifalo de otro individuo.

Escala: 1 mm

Figura 27. Fotografía de *Arion hispanicus* de la Serra da Estrela (Portugal).

Arion hispanicus Simroth, 1886

Caracteres diagnósticos basados en la anatomía

i.   Ariónido de tamaño medio (65 mm de longitud).
ii. Colores apagados castaños o grises.
iii. Las bandas sobre el costado son visibles en los juveniles.
iv. El epifalo y el canal deferente son cortos, cada uno mide 5 mm.
v.   Es significativa la pigmentación negra sobre algunas partes del sistema genital y la presencia de una dilatación externa justo donde se abre el canal del receptáculo seminal al desembocar en el atrio.

Descripción

Morfología externa

Los ejemplares de *Arion hispanicus* alcanzan en vivo los 70 mm de longitud, mientras que en etanol al 70% su longitud varía entre 27 mm y 30 mm. El dorso es de color pardo-grisáceo oscuro, con dos bandas longitudinales más oscuras que continúan por el escudo, pero muy difuminadas. Los márgenes del escudo presentan una tonalidad más oscura. El pneumostoma está rodeado por un círculo negruzco. El orificio genital se sitúa ligeramente por delante del pneumostoma. La cabeza y los tentáculos son de color grisáceo. La suela pedia es tripartita y blanquecina.

Sistema genital

Atrio genital. Atrio distal circular, de naturaleza glandular y pigmentado de negro. Atrio proximal de menor tamaño y con una dilatación justo donde se abre el canal del receptáculo seminal. Esta dilatación se corresponde internamente con una estructura en forma de mano o abanico, de color blanco.

Oviducto. Oviducto libre proximal de menor tamaño que el distal, cilíndrico, de grosor homogéneo y fuertemente pigmentado de negro, al igual que la parte oviductal del espermoviducto. El oviducto puede aparecer sin pigmentar en algunas poblaciones. Los ejemplares de la Serra da Estrela tienen el atrio proximal, el oviducto libre, el inicio del epifalo y la parte oviductal del espermoviducto fuertemente pigmentados de negro. Oviducto distal sin pigmentar, en cuyo interior se aloja una lígula que ocupa toda su longitud. La lígula está formada por dos largos pliegues que se unen proximal y distalmente y toma el aspecto de una elipse o una pera. Receptáculo seminal pequeño, con el canal corto. En el interior de la parte final del canal del receptáculo seminal existe una papila.

Epifalo. Es cilíndrico, dilatado anularmente en el punto de inserción con el atrio. Es de pequeño tamaño y aparece pigmentado de negro en las proximidades de la dilatación anular, que no aparece pigmentada. Canal deferente adelgazado, de igual longitud que el epifalo y no pigmentado. El paso del epifalo al canal deferente es brusco, es decir, está perfectamente marcado. El epifalo y el canal deferente tienen igual longitud, y miden cada uno 4 mm.

Glándula de la albúmina. Es de gran tamaño y representa casi la mitad de la longitud de todo el genital. La ovotestis es de color pardo oscuro, formada por aglomeraciones de acini. El canal hermafrodita es largo y tiene un grosor similar al del canal deferente.

Musculatura. Músculo retractor del sistema genital bifurcado. Una rama se inserta en la parte final del oviducto distal y la otra rama en el canal del receptáculo seminal, en la base del receptáculo.

Distribución de *Arion hispanicus* en la Península Ibérica

Arion hispanicus se localiza en las sierras occidentales del Sistema Central: Serra da Estrela, Sierra de Gata, Sierra de la Peña de Francia y Sierra de Guadalupe (Figura 28). En el extremo oeste de su distribución ha sido encontrado en localidades en las que coexiste con *Arion fuligineus*.

Figura 28. Distribución de *Arion hispanicus* en la Península Ibérica.

Notas históricas sobre *Arion hispanicus* en la Península Ibérica

SIMROTH (1886) describió la especie *Arion hispanicus* a partir de un solo arió-nido de la Serra da Estrela (Portugal). Este individuo en etanol medía 2.9 cm, externamente se parecía a *Arion empiricorum* Férussac 1819, y tenía el cuerpo completamente negro, incluida la suela pedia. Al hablar de la anatomía interna, Simroth indica que en la parte inicial del canal del receptáculo seminal aparece una pequeña papila dirigida hacia abajo. Parece ser que observó una cópula ya que dice que los genitales inferiores, cuando son expulsados para la cópula, tienen un ennegrecimiento intenso. SIMROTH (1886) dibuja el genital y seña-la la lígula, e indica que al principio del canal de la bolsa copuladora hay una pequeña papila dirigida hacia abajo. Además, el oviducto, el atrio (que no tiene pared glandular) y la parte final del epifalo están fuertemente ennegrecidos. Simroth también señala que cuando evaginan el genital en la cópula la parte inferior tiene un ennegrecimiento intenso. Si se compara el dibujo del genital de *Arion hispanicus* de Simroth con los de *Arion nobrei* o *Arion lusitanicus* de Pollonera, se puede ver que hay cierta semejanza en la estructura y en las proporciones de las distintas partes. Además, los genitales de las tres especies están pigmentados de negro.

POLLONERA (1889; 1890a) consideró esta especie como buena y se limitó a recoger la descripción que daba Simroth, pero añadiendo que *Arion hispanicus* tenía el oviducto libre distal muy alargado y uniforme; y el epifalo cónico, alargado, atenuado (delgado) superiormente, bastante distinto del canal deferente. Años más tarde, SIMROTH (1891) añadía nuevos datos anatómicos sobre *Arion hispanicus* e indicaba que el oviducto, el atrio (sin glándula) y la parte final del epifalo estaban fuertemente ennegrecidos, y sugería que esta especie debía considerarse como una variedad de *Arion lusitanicus* Mabille, 1868. Para TAYLOR (1907) y NOBRE (1941) *Arion hispanicus* era la variedad *aterrima* de *Arion ater* (Linnaeus, 1758). HESSE (1926) y REGTEREN ALTENA (1956) la consideraban una buena especie.

RODRÍGUEZ (1990) en su trabajo sobre las babosas de Portugal, redescribe *Arion (Mesarion) hispanicus* Simroth, 1886 e indica que en etanol mide 30 mm, y el dorso es de color pardo-grisáceo oscuro, con dos bandas longitudinales más oscuras que continúan por el escudo. CASTILLEJO y RODRÍGUEZ (1993a) indican que según la bibliografía *Arion hispanicus* Simroth, 1886 es una especie muy curiosa. En la descripción original se señala que el animal mide 29 mm y que es de color negro, con la suela pedia negra. Por otro lado, se observa, por las proporciones y escalas, que el genital que dibuja Simroth es demasiado grande para «*caber en un cuerpo*» tan pequeño.

Sinonimias

Arion hispanicus Simroth, H. 1886. *Jahrbücher der Deutschen Malakozoologischen Gesellschaft* 13: 16-34, Taf. 1. Frankfurt am Main.
Arion (Mesarion) hispanicus Rodríguez, T. 1990. *Babosas de Portugal.* Tesis Doctoral. Universidade de Santiago de Compostela. 408 pp.

Material utilizado para el estudio anatómico y molecular

1. Manteigas, Guarda, Serra da Estrela, Portugal: 30-04-2009, 14-04-2013, 15-12-2015
2. Castañar de Ibor | Deleitosa | Sierra de las Villuercas | Sierra de Guadalupe, Cáceres: 17-11-2015
3. Garganta la Olla, Jaraíz de La Vera, Cáceres: 28-11-2015

En relación con el material estudiado, hay que aclarar que SIMROTH (1886) señala que el cuerpo y la suela de *Arion hispanicus* son de color negro. Los ejemplares que nosotros estudiamos de la localidad tipo no son totalmente negros, aunque sí son muy oscuros, y la suela pedia no es negra, sino blanquecina. Dada la gran variabilidad en la morfología externa de otras especies del género, y dado que la descripción original de Simroth se basó en material conservado en etanol, opinamos que esta variación de color no tiene valor taxonómico, y por tanto no es suficiente para poder diferenciar nuestros ejemplares de los descritos como típicos. Por otro lado, SIMROTH (1886) comenta que los genitales inferiores aparecen intensamente ennegrecidos cuando son evaginados para la cópula, y que esto no puede ser debido a la influencia atmosférica. Pero cuando realiza la descripción de la especie no menciona la existencia de pigmentación alguna en las partes del sistema genital. Nosotros no hemos observado ninguna cópula de esta especie, pero durante el proceso de anestesiado y fijación algunos ejemplares evaginaron la parte distal del sistema genital y este aparece pigmentado de negro. Parece difícil que un individuo con el genital no pigmentado internamente, lo presente pigmentado cuando lo evagina, por lo que es posible que Simroth olvidase mencionar la existencia de tal pigmentación, o que el ejemplar figurado perteneciese a una población con el genital no pigmentado.

En la siguiente tabla se detallan las localidades en las que se recolectaron ejemplares de *Arion hispanicus* para el estudio molecular llevado a cabo en esta monografía. Para cada localidad se indican los especímenes que fueron secuenciados, utilizando para ello el código asignado en la colección del Departamento de Zoología de la USC. En la última columna se indica el código del haplotipo único para el fragmento *barcode* del gen *cox1* que aparece en el detalle del árbol filogenético de esta especie.

Localidad	Especímenes secuenciados	Haplotipo *cox1*-5' de referencia
Manteigas, Guarda, Serra da Estrela, Portugal	USCM6316 USCM6319	USCM6316
	USCM6317 USCM6318 USCM6321 USCM6322	USCM6317
Castañar de Ibor | Deleitosa | Sierra de las Villuercas | Sierra de Guadalupe, Cáceres	USCM5264 USCM5267 USCM5269 USCM5272 USCM5273	USCM5264
	USCM5265 USCM5270 USCM5271	USCM5265
	USCM5268	USCM5268
Garganta la Olla, La Vera, Cáceres	USCM5377	USCM5377

Resultados del análisis filogenético de *Arion hispanicus*

En concordancia con los resultados del estudio anatómico, los resultados del análisis filogenético basado en el fragmento *barcode* del gen *cox1* sitúan a todos los especímenes identificados como *Arion hispanicus* formando un clado monofilético con buen soporte estadístico dentro del complejo *fuligineus* (probabilidad posterior = 1, Figura 29) y diferenciado del resto de especies dentro de ese complejo (Figura 53). Cabe destacar que en la localidad de Garganta la Olla (Cáceres) *Arion hispanicus* ocurre en simpatría con *Arion fuligineus*. La identidad de ambas especies ha sido confirmada mediante estudio anatómico de los especímenes analizados de la citada localidad.

El análisis multilocus sitúa a *Arion hispanicus* como especie hermana de *Arion fuligineus*, dentro de un clado con el resto de las especies del complejo de *Arion fuligineus* (Figura 54).

Figura 29. Detalle del árbol filogenético basado en el fragmento *barcode* del gen mitocondrial *cox1*-5' que muestra las relaciones entre los especímenes de *Arion hispanicus* secuenciados en esta monografía (ver nota final, pág. 389).

1

2

4

5

7

8

9

13

14

11

12

15

16

Lámina 8.1. *Arion hispanicus*
Manteigas, Guarda, Serra da Estrela, Portugal

Figuras

1 a 6: Valle Glaciar del Zêzere, Parque Natural da Serra da Estrela.

7 a 11: *Arion hispanicus*, individuo adulto de color grisáceo.

12: Individuo juvenil de *Arion hispanicus*.

13 y 17: *Geomalacus squammantinus* (Morelet, 1845).

14 y 16: *Arion hispanicus*.

15: *Geomalacus maculosus* Allman, 1843.

18: *Arion hispanicus* conservado en etanol.

10

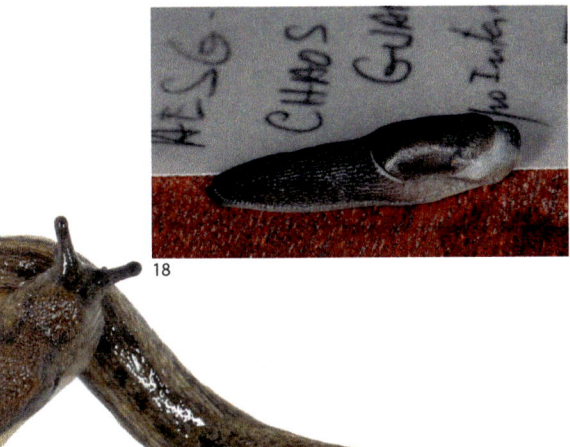

18

17

Observaciones

Como ya hemos mencionado, la Serra da Estrela (Portugal) se corresponde con las estribaciones occidentales del Sistema Central Peninsular, y es una zona de gran riqueza malacológica en la que se han citado varios ariónidos: *Geomalacus maculosus, Geomalacus squammantinus, Arion ater, Arion fuligineus* (como *Arion nobrei*), *Arion hispanicus* y *Arion intermedius*.

Los especímenes de *Arion hispanicus* de la Serra da Estrela que hemos examinado en este trabajo son ariónidos de tamaño medio (65 mm de longitud) y de colores apagados (castaño o gris). Las bandas sobre el costado son visibles en los juveniles. El epifalo y el canal deferente son cortos, cada uno mide 5 mm. Es significativa la pigmentación negra sobre algunas partes del sistema genital y la presencia de una dilatación externa justo donde se abre el canal del receptáculo seminal al desembocar en el atrio. En Portugal la especie se ha citado en zonas montañosas que limitan con los sistemas montañosos de la submeseta norte de la Península Ibérica.

Es llamativo el patrón de color de las formas juveniles de *Arion hispanicus* y *Geomalacus squammantinus* en la Serra da Estrela; ambos especímenes son de color castaño amarillento, pero existen diferencias morfológicas en los juveniles:

1. *Geomalacus squammantinus* es más estilizado y tiene cuatro bandas sobe el dorso y el escudo (Figuras 13 y 17).

2. *Arion hispanicus* es más rechoncho, de sección más ancha y con dos líneas sobre dorso y escudo (Figuras 14 y 16).

3. *Geomalacus maculosus* presenta manchas blanquecinas sobre el dorso en bandas o líneas (Figura 15).

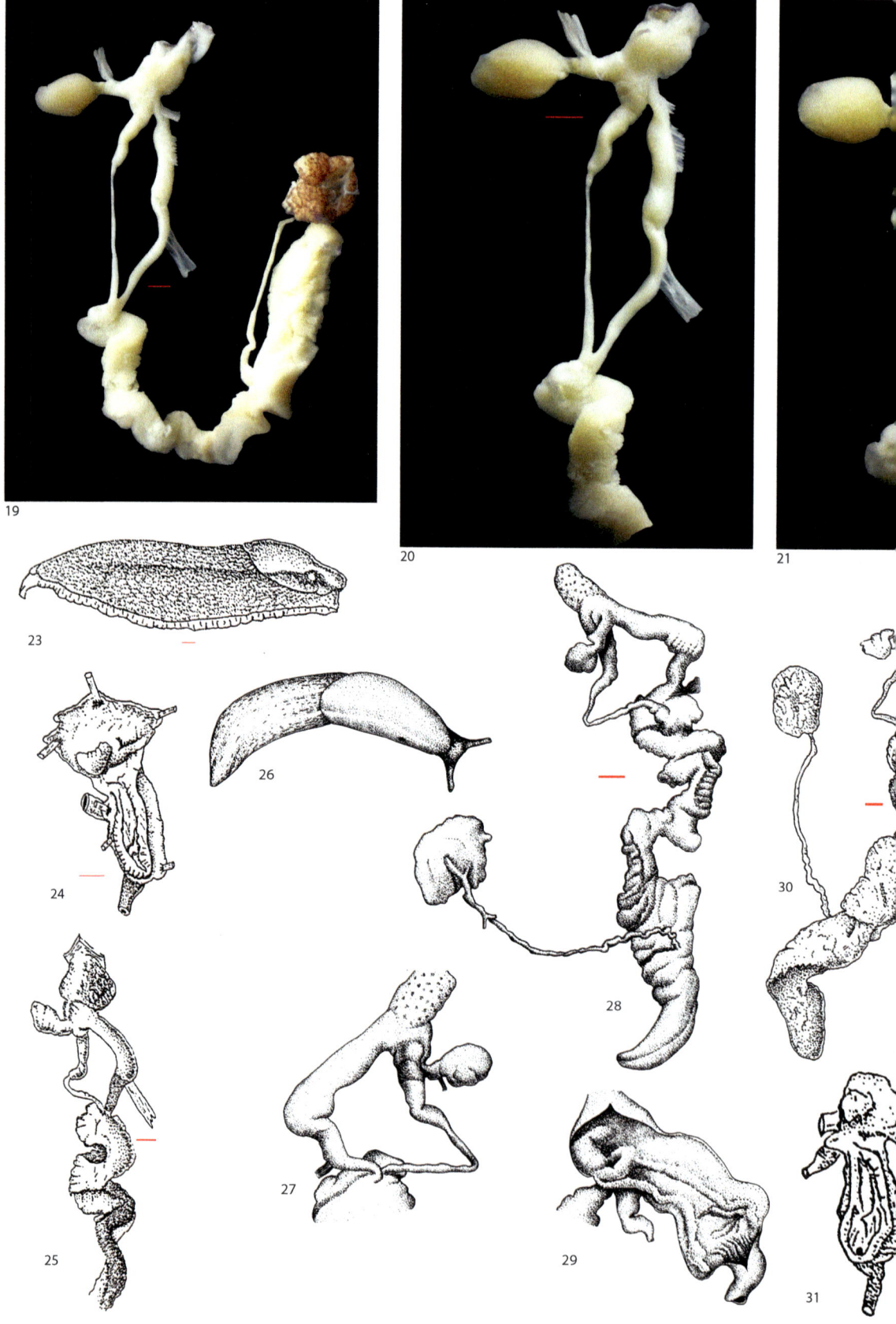

19

20

21

23

24

26

25

27

28

29

30

31

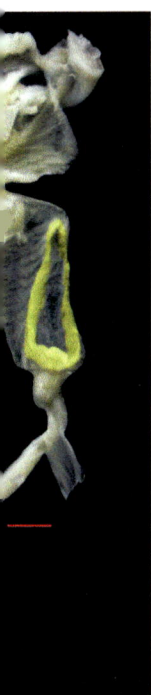

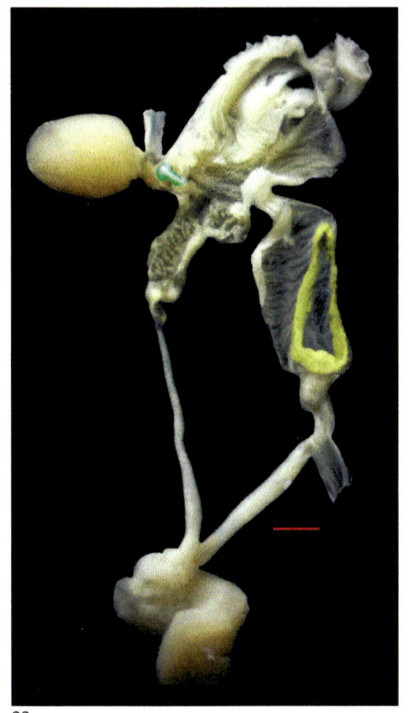

22

Lámina 8.1. (cont.) *Arion hispanicus*

Manteigas, Guarda, Serra da Estrela, Portugal

Figuras

19 y 20: Individuo de *Arion hispanicus* en fase femenina.

21 y 22: Interior del oviducto libre, epifalo y atrio del individuo de la figura anterior. Lígula oblonga piriforme.

23 y 26: Dibujo de la morfología externa.

25, 27, 28, 30, 32 y 34: Sistema genital de individuos adultos.

24, 29, 31, 33 y 35: Lígula en el interior el oviducto distal con forma de pera y señalando la papila del receptáculo seminal.

Escala: 1 mm

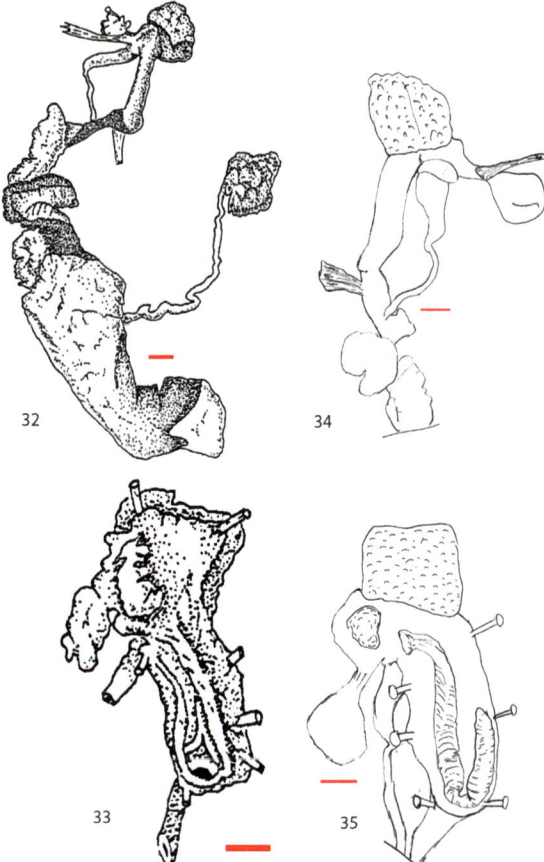

32

34

33

35

Figura 30. Fotografía de
Arion gilvus en Viniegra
de Abajo (La Rioja).

Arion gilvus Torres Mínguez, 1925

Caracteres diagnósticos basados en la anatomía

i. Dorso de color marrón con tonos amarillentos o rojizos.
ii. Tres conductos copuladores dispuestos en un solo plano, con el epifalo en el medio, siendo este más largo que el conducto deferente.
iii. El epifalo y el canal deferente tienen la misma longitud, 10 mm cada uno.
iv. La lígula es elíptica oblonga en juveniles, ocupa todo el oviducto libre distal y se introduce en el atrio con un pliegue muy tenue. En los adultos en fase de cópula la lígula tiene forma de U.
v. Internamente el piso y el techo del oviducto libre están tapizados por pequeños pliegues que se asemejan a un panal de abejas.

Observaciones: *Arion gilvus* y *Arion fuligineus* son especies crípticas con distribución alopátrica. Los datos moleculares y de distribución apoyan considerarlas especies diferentes, pero ambas especies son muy difíciles de distinguir en base a la morfología externa.

Descripción

Morfología externa y coloración

De acuerdo con la mayoría de los datos proporcionados por TORRES MÍNGUEZ (1925), pertenecen a esta especie individuos que alcanzan 65 mm de longitud en extensión. En los especímenes adultos conservados en etanol, el cuerpo mide de 24 a 43 mm de longitud, y los jóvenes conservados en etanol presentan una longitud media de 22 mm. El dorso es de color acastañado pardo amarillento, con matices variables según los ejemplares, y con líneas finas negras en la parte central, en concentración también variable, que dan la impresión de una banda superior negra. En cada costado del cuerpo aparece una banda longitudinal oscura, arqueándose la derecha por encima del orificio respiratorio. Por encima de cada banda de los costados discurre una línea clara, exenta de manchas negras. Los flancos son amarillentos en los ejemplares de la Serra de Pàndols (Tarragona) y parduzcos en los del Carrascal de la Font Roja (Alicante). La orla del pie es amarilla. La suela pedia es blanca. El mucus corporal es amarillo pálido.

Sistema genital

El aspecto de la ovotestis, el conducto hermafrodita, la glándula de la albúmina y el espermoviducto varía en función del estado de madurez sexual, al igual que en las otras especies del complejo. Por ello poseen escasa utilidad para el diagnóstico de la especie, salvo para indicar la fase en la que se encuentran los individuos (masculina, femenina o senil).

Las inserciones del oviducto libre, el canal del receptáculo seminal y el epifalo en el atrio están situadas en el mismo plano. El epifalo desemboca entre el oviducto y el canal del receptáculo seminal. El oviducto libre contiene en su porción distal una lígula formada por dos pliegues que, en general, convergen en el extremo atrial, pero en algunos casos son paralelos, con forma de U.

Epifalo y conducto deferente. El epifalo mide 12 mm y es siempre más largo que el conducto deferente, que mide 10 mm. El epifalo presenta en el extremo por el que desemboca en el atrio un engrosamiento en forma de anillo e, inmediatamente por detrás de esta estructura, aparece pigmentado de negro.

Receptáculo seminal. Amplio y ovoide, con un canal relativamente corto.

Distribución de *Arion gilvus* en la Península Ibérica

En las Mesetas Ibéricas se han descrito seis especies de *Arion* que en esta monografía son sinonimizadas a *Arion gilvus*: *Arion urbiae*, *Arion anguloi*, *Arion wiktori*, *Arion paularensis* y *Arion baeticus*. Todas estas especies se describieron en la Meseta, en los sistemas montañosos que bordean la Meseta, en las zonas que limitan con la Meseta (Montes de León, Cordillera Cantábrica, Montes Vascos, Sistema Ibérico y Sierra Morena), y también en las montañas interiores de la Meseta (Sistema Central y Montes de Toledo). Además, existe una cita de *Arion baeticus* en el Puerto del Madroño, Sierra Palmitera (Málaga), en el Sistema Bético, que son las montañas exteriores a la Meseta. Parece que la depresión del Ebro frena la dispersión de esta especie hacia el noreste y hacia el resto del continente europeo.

En nuestra opinión, las formas mesetarias del complejo de *Arion fuligineus* (*Arion urbiae*, *Arion wiktori*, *Arion paularensis*, *Arion gilvus* y *Arion baeticus*) tienen muchas semejanzas anatómicas y moleculares, por lo que tentativamente las consideramos conespecíficas, y les asignamos el nombre que tiene prioridad: *Arion gilvus* Torres Mínguez, 1925. La distribución de esta especie se muestra en la Figura 31.

La distribución de las poblaciones que consideramos conespecíficas, pero que presentan cierta estructura filogeográfica, sería:

- Poblaciones de *Arion gilvus* s. str. en el Sistema Ibérico (Osma, Álava), la Sierra de Pàndols (Tarragona) y en el Carrascal de la Font Roja (Alcoy, Alicante).
- Poblaciones previamente consideradas *Arion paularensis* en el Sistema Central y el Sistema Ibérico.
- Poblaciones previamente consideradas *Arion wiktori* en el Sistema Ibérico.
- Poblaciones previamente consideradas *Arion urbiae* en el sur de la Cordillera Cantábrica y la cabecera del Sistema Ibérico.
- Poblaciones previamente consideradas *Arion anguloi* en el Sistema Ibérico.
- Poblaciones previamente consideradas *Arion baeticus* en el Sistema Ibérico y en la vertiente sur del Sistema Bético.

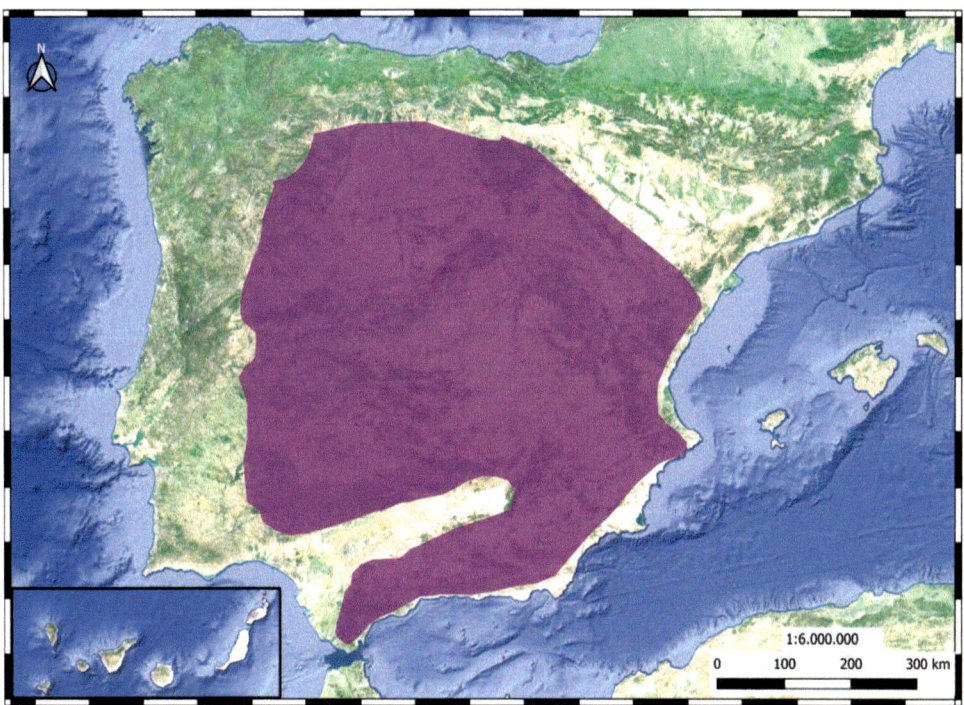

Figura 31. Distribución de *Arion gilvus* en la Península Ibérica.

Notas históricas sobre *Arion gilvus* y las especies sinonimizadas en la Península Ibérica

En la Península Ibérica se han descrito varios ariónidos que en este trabajo consideramos sinonimias de *Arion gilvus*: *Arion baeticus*, *Arion paularensis*, *Arion wiktori* y *Arion urbiae*. A continuación, se presentan las notas históricas para cada una de ellas.

Arion gilvus Torres Mínguez, 1925

La designación *Arion gilvus* fue aplicada por el malacólogo catalán Torres Mínguez a unos *Arion* de tamaño medio y rasgos generales de la genitalia próximos a los de *Arion subfuscus* y recogidos en «Mandol», provincia de Tarragona (TORRES MÍNGUEZ, 1925).

CASTILLEJO y RODRÍGUEZ (1991) proponen como posibles topotipos de *Arion gilvus* una serie de ejemplares que recogieron en la Sierra de Pàndols, cerca del pueblo tarraconense de Gandesa. El aspecto externo y el sistema genital de estos ejemplares son semejantes a los descritos por Torres Mínguez. Estos autores afirman que los órganos copuladores de esos especímenes asignados a *Arion gilvus* son claramente distintos de los de *Arion hortensis* y *Arion circumscriptus*, y se asemejan a los de *Arion subfuscus*, pero no en la lígula ni en las medidas de los conductos copuladores.

Arion urbiae de Winter, 1986

DE WINTER (1986) describe una nueva especie, *Arion (Mesarion) urbiae* de Winter, 1986, a partir de ariónidos recogidos en las provincias de Gipuzkoa, Navarra y Burgos. Indica que el epifalo y el oviducto libre distal pueden estar pigmentados de negro. Compara esta nueva especie con *Arion hispanicus* y señala que según SIMROTH (1886: 21) «Arion hispanicus *Simroth, 1886 de la Serra da Estrela, Portugal, tiene, como en* Arion urbiae, *un músculo retractor del genital insertado en la base del epifalo, pero se diferencia por ser más pequeño (15 mm), y por tener dos bandas laterales oscuras, y por la falta de pigmentación en el espermoviducto (SIMROTH, 1894: 296, T. II, figs. 4-5)».*

MARTÍN y GÓMEZ (1988) describen una nueva especie, *Arion anguloi*, a partir de ariónidos recogidos en el País Vasco, Navarra y el norte de la provincia de Burgos y zonas limítrofes. Según sus autores, *Arion anguloi* se diferencia de *Arion urbiae* por: (1) su color oliváceo, (2) su mucus amarillento, (3) sus papilas epifálicas más grandes y prominentes, (4) su lígula más grande y llamativa y (5) por su hábitat.

RODRÍGUEZ (1990) insinúa que *Arion urbiae* es idéntica a *Arion hispanicus* Simroth, 1886 ya que existen una serie de caracteres tanto externos como anatómicos que las aproximan. Así, *Arion hispanicus* y *Arion urbiae* presentan un dorso de color muy oscuro (negro), con bandas en los costados y escudo. En ambas especies el epifalo es más grueso (claviforme) que el canal deferente, y ambos órganos presentan longitudes semejantes. Además, la desembocadura del canal del receptáculo seminal en el atrio de *Arion hispanicus* se aprecia en *Arion urbiae*. Las pequeñas diferencias anatómicas pueden estar motivadas por el hábitat donde fueron recolectadas y que *Arion hispanicus* sea una especie de ambientes más secos que *Arion urbiae*.

BACKELJAU et al. (1994) llevan a cabo un estudio del sistema genital y de las alozimas de *Arion urbiae* y *Arion anguloi* y concluyen que «*Nuestro análisis indica que las diferencias morfológicas y anatómicas entre* Arion urbiae *y* Arion anguloi *sí son reales, pero no justifican una distinción específica. Por lo tanto, concluimos tentativamente que* Arion urbiae *y* Arion anguloi *se refieren a una única especie polimórfica, que según la regla de prioridad debe denominarse* Arion urbiae *de Winter, 1986*».

Arion baeticus Garrido, Castillejo e Iglesias, 1994

GARRIDO, CASTILLEJO e IGLESIAS (1994) describen la especie *Arion baeticus* a partir de ejemplares recogidos en la Sierra de Aracena (Huelva) y la Sierra Palmitera (Málaga). Es una babosa cuyos adultos alcanzan en vivo los 60 mm de longitud, y conservados en etanol alcanzan 30 mm. Los adultos son de color marrón rojizo amarillento, con dos bandas oscuras sobre dorso y escudo, delimitadas por dos bandas interiores de color más claro. Los juveniles son de color gris negruzco, con bandas oscuras y claras sobre el dorso. La suela pedia es blanca y el mucus incoloro.

El epifalo y el canal deferente del sistema genital miden 9 y 6 mm respectivamente. La parte distal del epifalo, antes de desembocar en el atrio, está pigmentada de negro. La lígula es oblonga, con los bordes del extremo distal juntos. Dependiendo de por donde se haga la incisión en el oviducto libre distal para observar la lígula, puede dar la impresión de que la lígula está formada por dos pliegues.

Arion wiktori Parejo y Martín, 1990

PAREJO y MARTÍN (1990) describen una nueva especie de ariónido a partir de individuos recogidos en el valle del río Najerilla, en la zona de Viniegra de Abajo y Ventrosa (La Rioja). Estos autores describen a *Arion wiktori* como una babosa de color marrón a verde grisáceo con bandas laterales de color marrón más oscuro, cuyo sistema genital se caracteriza por tener pliegues en el interior del oviducto libre distal.

Arion paularensis Wiktor y Parejo, 1989

WIKTOR y PAREJO (1989) describen *Arion paularensis* en la Sierra de Guadarrama, entre Cotos y El Paular (Madrid). Es una babosa que mide 27 mm conservada en etanol. El cuerpo es de color marrón anaranjado, con dos bandas oscuras sobre el dorso. La lígula está formada por dos pliegues. Presenta una papila en la desembocadura del epifalo en el atrio. El conducto del receptáculo seminal es corto. En la discusión la comparan con *Arion fagophilus* y *Arion subfuscus*, usando criterios de escaso valor taxonómico, como son el color del cuerpo y los tamaños relativos de los conductos genitales.

Sinonimias

Arion gilvus Torres Mínguez, A. 1925. *Butlletí de la Institució Catalana d'Història Natural* (2 (5)) 8: 228-243.

Arion (Mesarion) urbiae de Winter, A. J. 1986. *Zoologische Mededelingen* 60 (10): 135-158.

Arion anguloi Martín, R. & Gómez, B.J. 1988. *Archiv für Molluskenkunde*, 118 (4/6): 167-174.

Arion wiktori Parejo, C. & Martín, R. 1990. *Malakologische Abhandlungen* 15 (3): 25-35.

Arion paularensis Wiktor, A. & Parejo, C. 1989. *Malakologische Abhandlungen* 14 (4): 27-33.

Arion baeticus Garrido, C., Castillejo, J. & Iglesias, J. 1994. *Malakologische Abhandlungen* 17 (2): 37-45.

Comentario sobre las sinonimias:

En esta monografía hemos llevado a cabo análisis anatómicos y moleculares, en función de los cuales tenemos fundamentos para considerar que *Arion wiktori*, *Arion urbiae*, *Arion anguloi*, *Arion paularensis* y *Arion baeticus* son conespecíficas de *Arion gilvus*. Para tener más información acerca de las evidencias anatómicas que se han usado para considerar estas sinonimias es necesario consultar las láminas que se adjuntan y tener en cuenta los comentarios referidos a los topotipos de *Arion baeticus, Arion paularensis, Arion wiktori, Arion urbiae* y *Arion gilvus*.

Material utilizado para el estudio anatómico y molecular

1. Alsasua, Sierra de Urbasa, Navarra | Belorado, Burgos | Santuario de Arantzazu, Gipuzkoa: 05-09-1989, 11-05-2011, 24-03-2012, 06-6-2016
2. Viniegra de Abajo, La Rioja: 24-03-2012, 26-05-2016
3. Valsaín, Sierra de Guadarrama, Segovia | Sierra del Moncayo, Zaragoza: 01-11-91, 18-10-92, 01-03-2012
4. Sierra de Pàndols, Gandesa, Tarragona: 15-11-1989
5. Parque Natural del Carrascal de la Font Roja, Alcoy, Alicante: 11-05-1991, 07-03-2012
6. Cerro de Hierro, Sierra Norte de Sevilla, Sevilla: 04-05-1991
7. El Quejigo, Sierra de Aracena, Huelva: 13-03-2009

En la siguiente tabla se detallan las localidades en las que se recolectaron ejemplares de *Arion gilvus* para el estudio molecular llevado a cabo en esta monografía. Para cada localidad se indican los especímenes que fueron secuenciados, utilizando para ello el código asignado en la colección del Departamento de Zoología de la USC. En la última columna se indica el código del haplotipo único para el fragmento *barcode* del gen *cox1* que aparece en el detalle del árbol filogenético de esta especie.

Localidad	Especímenes secuenciados	Haplotipo *cox1*-5' de referencia
Cerro de Hierro, Sierra Norte de Sevilla, Sevilla	USCM5175 USCM5176	USCM5175
La Mata de Monteagudo, Valle del Tuéjar, León	USCM5710 USCM5719 USCM5720 USCM5721 USCM5723 USCM5724 USCM5725 USCM5728	USCM5710

Resultados del análisis filogenético de *Arion gilvus*

Los resultados del análisis análisis filogenético basado en el fragmento *barcode* del gen *cox1* sitúan a los especímenes de *Arion gilvus* secuenciados en esta monografía en un clado monofilético dentro del complejo de *Arion fuligineus,* con buen soporte estadístico (probabilidad posterior = 0.83, Figura 32) y genéticamente diferenciado del resto de las especies de dicho complejo (Figura 53). Dentro de este clado se engloban, además de los haplotipos de los especímenes recolectados por nosotros, varias secuencias de GenBank pertenecientes a especímenes identificados como *Arion gilvus, Arion anguloi, Arion urbiae, Arion baeticus, Arion paularensis* y *Arion wiktori,* lo cual apoyaría las sinonimias propuestas en esta monografía en base al estudio anatómico.

Dento de *Arion gilvus* se distinguen dos clados: por un lado, los especímenes recolectados por nosotros en Sevilla y León se engloban en un clado que incluye también secuencias de GenBank identificadas como *Arion baeticus, Arion paularensis* y *Arion wiktori.* Un segundo clado engloba las secuencias de GenBank identificadas como *Arion anguloi, Arion urbiae* y *Arion gilvus.* Esta diferenciación puede interpretarse como estructura filogeográfica, pero cabe también la posibilidad de que nos encontremos ante un caso de diversidad críptica. Desafortunadamente, carecemos de información molecular de los especímenes recolectados en las poblaciones correspondientes a la parte norte y oriental del área de distribución de la especie, por lo que sería necesario en el futuro estudiar en profundidad la variabilidad genética dentro de *Arion gilvus,* incluyendo el estudio anatómico de especímenes adultos, ya que la mayoría de los especímenes examinados en esta monografía eran juveniles.

El análisis multilocus sitúa a *Arion gilvus* en un clado con el resto de las especies del complejo de *Arion fuligineus,* como rama hermana del clado que incluye a las otras tres especies, *Arion flagellus, Arion fuligineus* y *Arion hispanicus* (Figura 54).

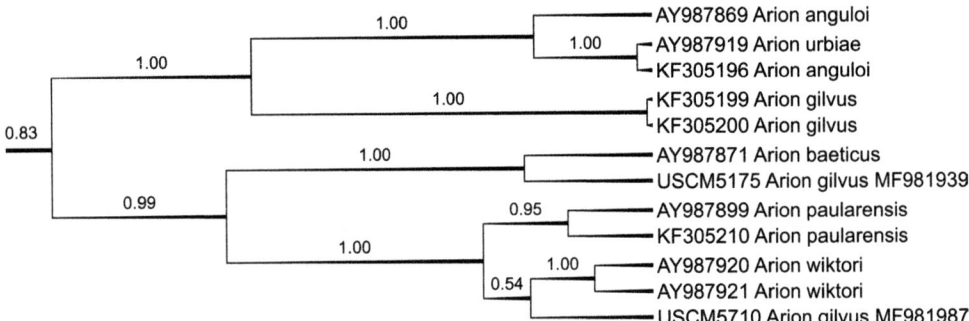

Figura 32. Detalle del árbol filogenético basado en el fragmento *barcode* del gen mitocondrial *cox1* que muestra las relaciones entre los especímenes de *Arion gilvus* secuenciados en esta monografía (ver nota final, pág. 389).

1

2

3

5

6

8

9

10

4

7

11

12

Lámina 9.1. *Arion gilvus*

Cerro de Hierro, San Nicolás del Puerto, Sierra Norte de Sevilla, Sevilla, España

Poblaciones previamente consideradas *Arion baeticus*

Figuras

1 a 4: Cerro de Hierro, Sierra Norte de Sevilla, Sevilla.

5, 6 y 11: Ejemplares adultos de *Arion gilvus*, Sierra Norte de Sevilla.

7: Cópula de *Arion gilvus*, Sierra Norte de Sevilla.

8 y 9: Sistema genital de especímenes del Cerro de Hierro.

10: Lígula en forma de pera, oblonga con los bordes distales próximos.

12: Espécimen del Cerro de Hierro conservado en etanol.

Escala: 1 mm

13

14

15

17

18

19

22

23

24

25

16

20

21

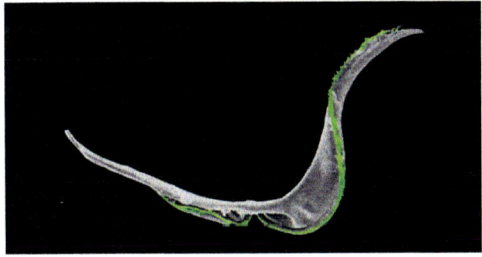

26

27

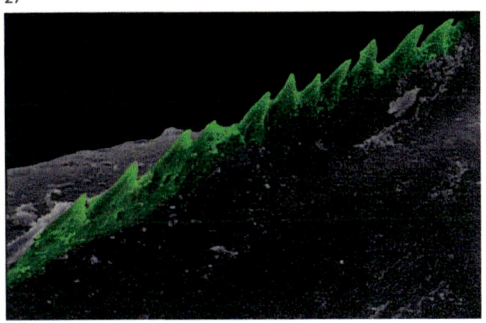

28

Lámina 9.1. (cont.) *Arion gilvus*

El Quejigo, Sierra de Aracena, Huelva, España
Poblaciones previamente consideradas *Arion baeticus*

Figuras

13 a 16: El Quejigo, Sierra de Aracena, Huelva.

17 a 21: Especímenes de la Sierra de Aracena.

22: Dibujo de la morfología de un espécimen de El Quejigo, Sierra de Aracena.

23: Dibujo del espermatóforo.

24: Lígula en el interior del oviducto.

25: Sistema genital.

26, 27 y 28: Microfotografías al microscopio electrónico de barrido del espermatóforo de la Figura 23 y detalles de los dientes de la carena.

Escala: 1 mm

Observaciones

GARRIDO, CASTILLEJO e IGLESIAS (1994) describen la especie *Arion baeticus* a partir de ejemplares recogidos en la Sierra de Aracena (Huelva) y la Sierra Palmitera (Málaga). Es una babosa cuyos adultos alcanzan los 60 mm de longitud en vivo, y que conservados en etanol tienen 30 mm. Los adultos son de color marrón rojizo amarillento, con dos bandas oscuras sobre dorso y escudo, que están delimitadas por dos bandas interiores de color más claro. Los juveniles son de color gris negruzco con bandas oscuras y claras sobre el dorso. La suela pedia es blanca, y el mucus es incoloro.

El epifalo y el canal deferente del sistema genital miden 9 y 6 mm respectivamente. La parte distal del epifalo, antes de desembocar en el atrio, está pigmentada de negro. La lígula es oblonga, con los bordes de los extremos distales juntos; dependiendo de por donde se haga la incisión en el oviducto libre distal para observar la lígula, nos puede dar la impresión de que la lígula está formada por dos pliegues.

1 2 3

5 6 7

9 10 11

13 14 15

17

4

8

12

16

18

Lámina 9.2. *Arion gilvus*

Alsasua, Sierra de Urbasa, Navarra | Belorado, Burgos | Santuario de Arantzazu, Gipuzkoa, España
Poblaciones previamente consideradas *Arion urbiae*

Figuras

1 a 4: Sierra de Urbasa, Alsasua al fondo.

5 y 6: *Arion gilvus* de color gris con dos bandas claras sobre el dorso y el escudo.

7 a 12: Ejemplares de color gris negruzco.

13, 14 y 15: Ejemplares de color anaranjado rojizo.

16, 17 y 18: Ejemplares de color verdoso.

Observaciones

Los topotipos que corresponderían a *Arion urbiae* y *Arion anguloi* se recogieron en las localidades tipo de Oñate, Alsasua y Belorado. Los ejemplares antes atribuidos a *Arion urbiae/anguloi* que hemos encontrado en estas localidades son de color gris oscuro, con o sin bandas blanquecinas sobre el dorso. También aparecen ejemplares de color anaranjado verdoso. Nos hemos dado cuenta de que el color verdoso o anaranjado se lo da el mucus que tienen sobre el dorso y el escudo. Si mecánicamente eliminamos el mucus del cuerpo, en el fondo aparece una pared del cuerpo de color gris negruzco, y de hecho hay especímenes que tienen el dorso mitad anaranjado y mitad grisáceo, lo que se aprecia en las fotografías que se aportan. Curiosamente, los especímenes recogidos en otoño son de color anaranjado verdoso y los ejemplares recogidos en primavera son de color grisáceo negruzco. Los ejemplares que tienen el dorso bicolor son juveniles y se recogieron en el mes de marzo de 2012. Cerca del Santuario de Arantzazu, en los alrededores de las Cuevas de Arrikrutz, a 4 km de la Ermita de Urbasa, encontramos ejemplares de *Arion gilvus* que coinciden con la descripción de *Arion urbiae* dada por DE WINTER (1986). En estos ejemplares se notan perfectamente las bandas de color blanco sucio sobre el dorso y el manto.

En nuestra opinión, la anatomía de *Arion urbiae* y *Arion anguloi* es idéntica, y todos ellos son sinonimias de *Arion gilvus*, especie con distribución mesetaria englobada dentro del complejo de *Arion fuligineus*.

19

21

22

23

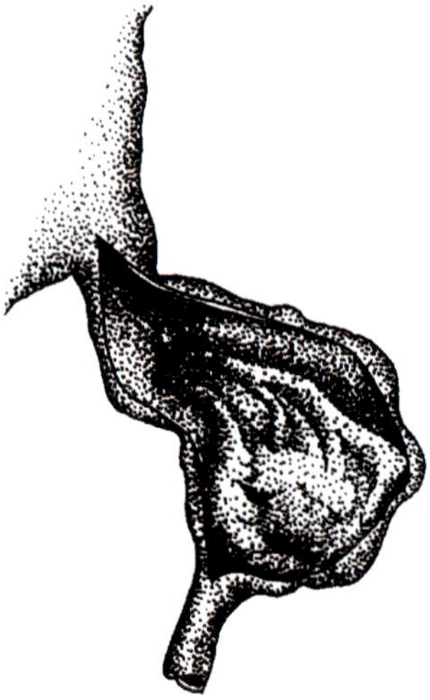

25

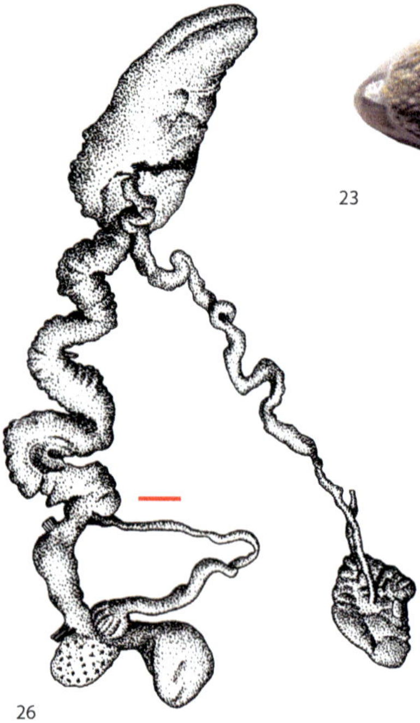

26

27

Lámina 9.2. (cont.) *Arion gilvus*

Alsasua, Sierra de Urbasa, Navarra | Belorado, Burgos | Santuario de Arantzazu, Gipuzkoa, España
Poblaciones previamente consideradas *Arion urbiae*

Figuras

19 y 20: Campiña y Castillo de Belorado, Burgos.

21, 22 y 23: *Arion gilvus* de Belorado.

24: Dibujo de *Arion gilvus* de la Sierra de Urbasa.

25: Lígula piriforme. Sierra de Urbasa.

26: Sistema genital. Sierra de Urbasa.

27 y 28: *Arion gilvus* de Urbasa conservado en etanol.

Escala: 1 mm

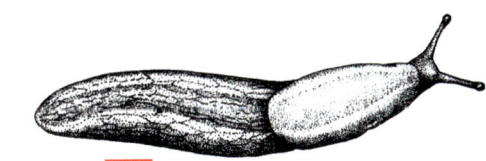

24

28

29

30

32

33

34

35

Lámina 9.2. (cont.) *Arion gilvus*

Alsasua, Sierra de Urbasa, Navarra | Belorado, Burgos | Santuario de Arantzazu, Gipuzkoa, España
Poblaciones previamente consideradas *Arion urbiae*

Figuras

29: Santuario de Arantzazu, Gipuzkoa.

30 y 31: Cuevas de Arrikrutz, Oñate.

32 a 35: Topotipos de *Arion urbiae* (aquí sinonimizado con *Arion gilvus*), Oñate.

1

2

4

5

6

8

9

13

10

11

12

14

7

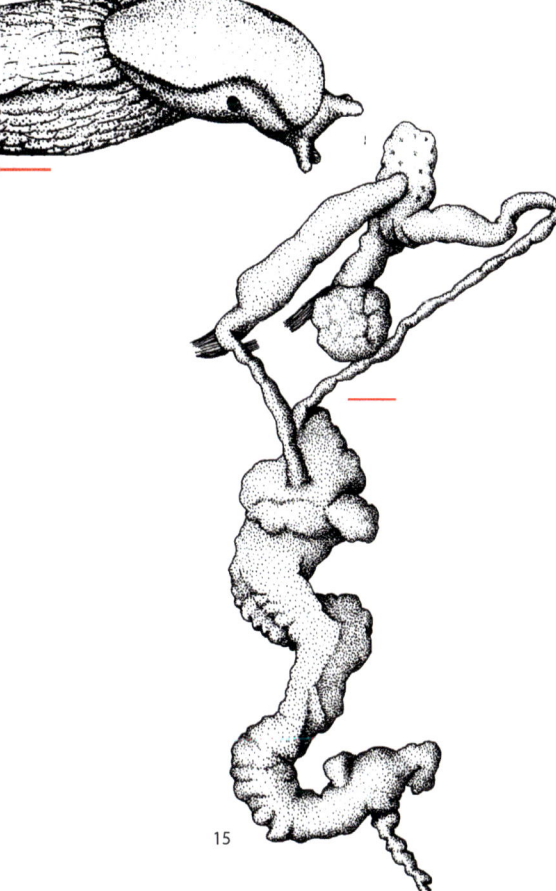

15

Lámina 9.3. *Arion gilvus*

Valsaín, Sierra de Guadarrama, Segovia | Sierra del Moncayo, Zaragoza, España
Poblaciones previamente consideradas *Arion paularensis*

Figuras

1, 2 y 3: Pinar de Valsaín, Real Sitio de San Ildefonso, Segovia.

4 a 7: *Arion gilvus* sobre distintos sustratos.

8 a 12: *Arion gilvus* del Moncayo. Morfología externa, sistema genital, lígula, desembocadura del receptáculo seminal y espermatóforo.

13, 14 y 15: *Arion gilvus* de Valsaín. Morfología externa, lígula y sistema genital.

Escala: 1 mm

Observaciones

Los ejemplares de *Arion paularensis* que recogimos en la Sierra de Guadarrama y en la Sierra del Moncayo son ariónidos de tamaño pequeño-medio (aproximadamente 30 mm de longitud en vivo). Los tubérculos de la piel son muy finos. Poseen un dorso marrón negruzco, con dos bandas laterales oscuras. La suela pedia es blanca. El oviducto libre desemboca lateralmente en el atrio, a cierta distancia de las inserciones del canal del receptáculo seminal y del epifalo. En el oviducto libre distal se aloja la lígula, que está formada por dos pliegues longitudinales que pueden aparecer unidos por ambos extremos o por ninguno. La lígula se prolonga en el atrio por medio de pliegues secundarios que hacen contacto con una estructura semiesférica protuberante situada en la abertura del epifalo. El oviducto libre se une al atrio lateralmente, a una cierta distancia de las inserciones del epifalo y del canal del receptáculo seminal, en posición anterior respecto a estos, lo que contrasta con el resto de las especies conocidas de *Arion*.

Estos ejemplares, previamente atribuidos a *Arion paularensis*, encajan dentro de la variabilidad de *Arion gilvus*, la especie de distribución mesetaria del complejo de *Arion fuligineus*.

1

2

3

5

6

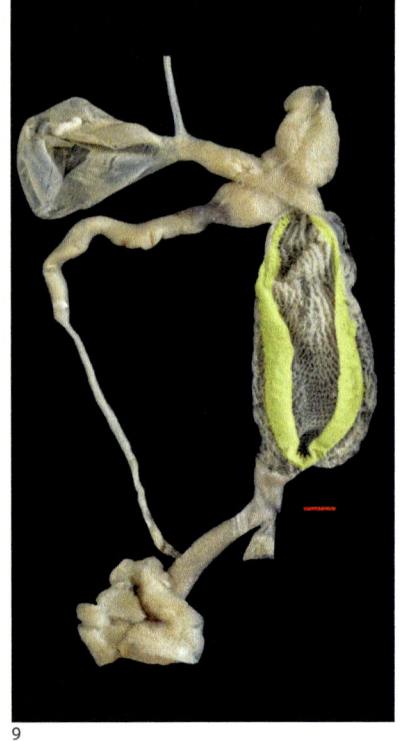

7

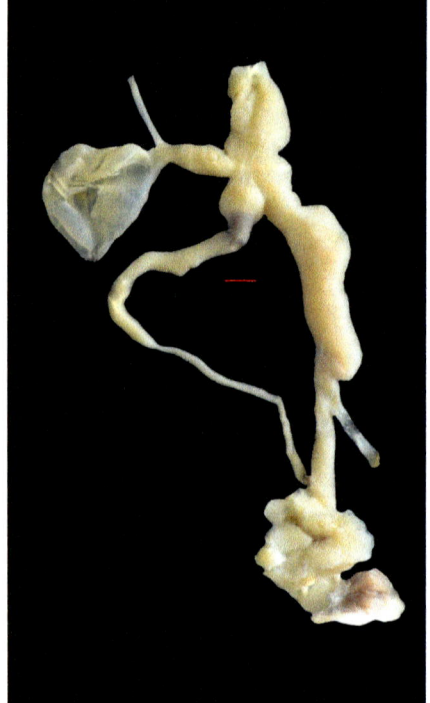

9

10

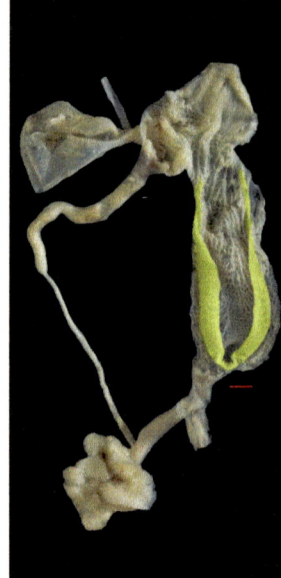

11

4

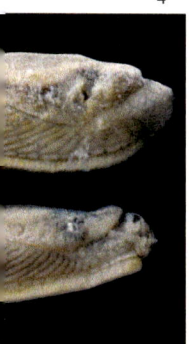

8

Lámina 9.4. *Arion gilvus*
Parque Natural del Carrascal de la Font Roja, Alcoy, Alicante, España

Figuras

1 y 2: Carteles anunciadores del Parque Natural del Carrascal de la Font Roja de 1991 y 2012.

3 y 4: Vistas del Parque Natural.

5: Ejemplares vivos, fecha de captura 11-05-1991.

6: Especímenes conservados en etanol, fecha de captura 11-05-1991.

7, 8 y 12: Individuos recogidos en marzo de 2012 en la misma localidad.

9 y 11: Lígula y atrio abierto, mostrando los pliegues internos.

10: Sistema genital de un individuo en fase masculina.

13: Individuo juvenil con bandas oscuras en el dorso.

Escala: 1 mm

Observaciones

La morfología externa de los especímenes de *Arion gilvus* de la Sierra de Pàndols (Tarragona) y del Parque Natural de la Font Roja (Alicante) es muy parecida, por no decir idéntica. Los adultos vivos en extensión pueden sobrepasar los 65 mm de longitud. Los adultos son de color castaño, rojizo, amarillento, color que depende de la época de captura y de la alimentación. Los juveniles son de colores más oscuros, predominando el color gris, aunque el color castaño amarillento de fondo sigue persistiendo. Las dos bandas oscuras sobre el dorso existen tanto en los adultos como en los juveniles. La suela pedia es blanquecina-amarillenta.

El epifalo y el canal deferente tienen la misma longitud, 10 mm cada uno. La lígula es elíptica oblonga, ocupa todo el oviducto libre distal y se introduce en el atrio con un pliegue muy tenue. En función de la destreza a la hora de hacer la disección del oviducto libre para observar la lígula, puede dar la sensación de que está formada por dos pliegues paralelos, o que tenga forma de U o de V. El piso y el techo del oviducto libre están tapizados internamente por pequeños pliegues con una distribución que se asemeja a un panal de abejas.

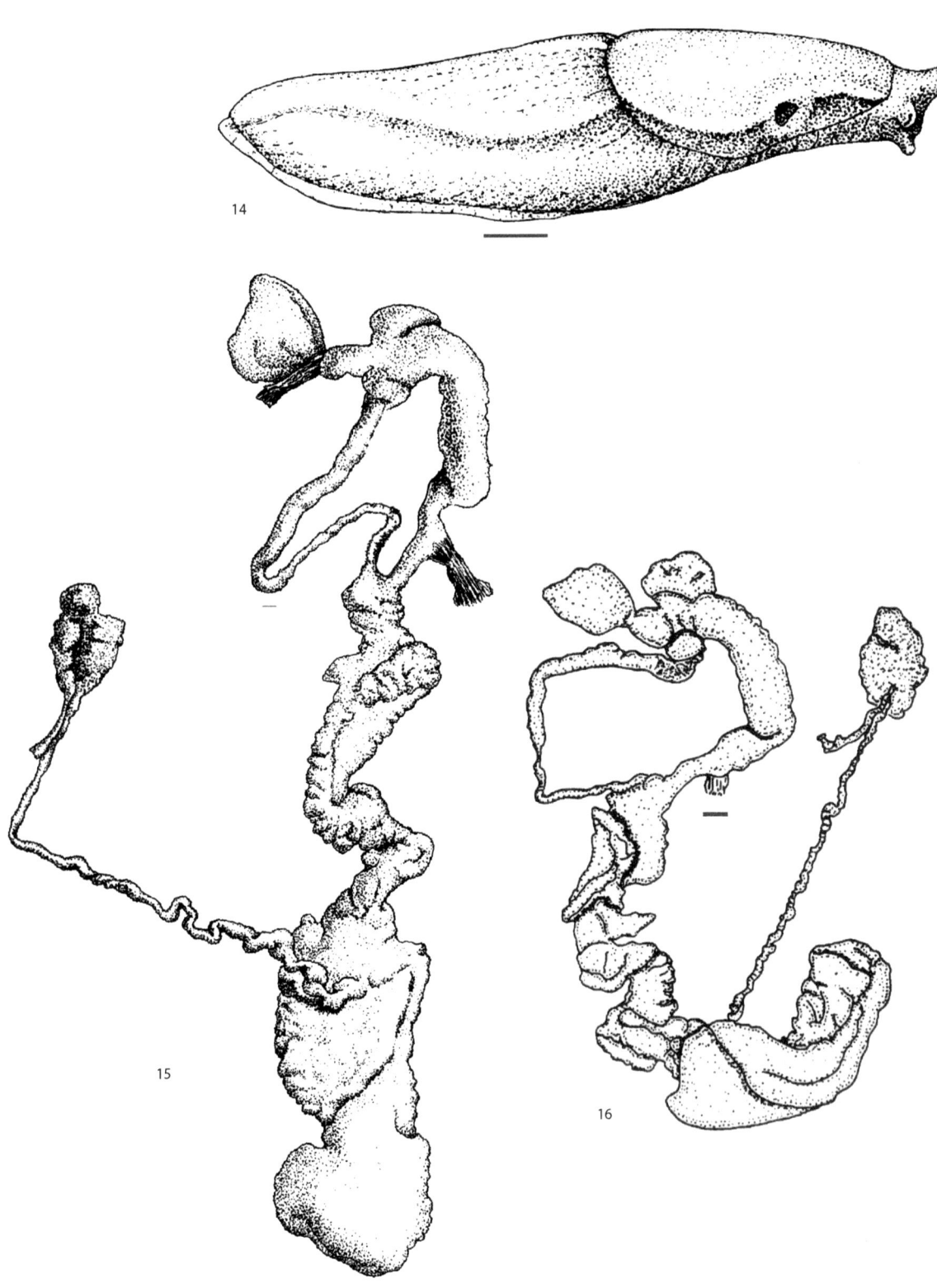

14

15

16

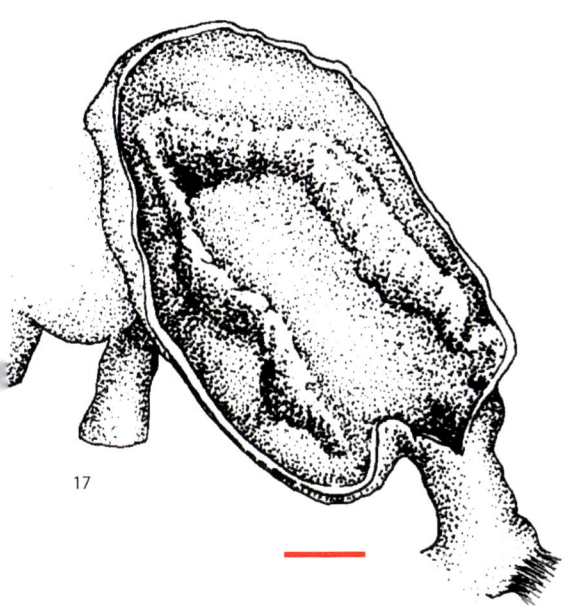

17

Lámina 9.4. (cont.) *Arion gilvus*

Parque Natural del Carrascal de la Font Roja, Alcoy, Alicante, España

Figuras

14: Dibujo de la morfología externa de un individuo capturado en 1991.

15 y 16: Sistema genital de individuos capturados en 1991.

17 y 18: Lígula de los mismos individuos, con la parte inferior de la lígula rasgada.

Escala: 1 mm

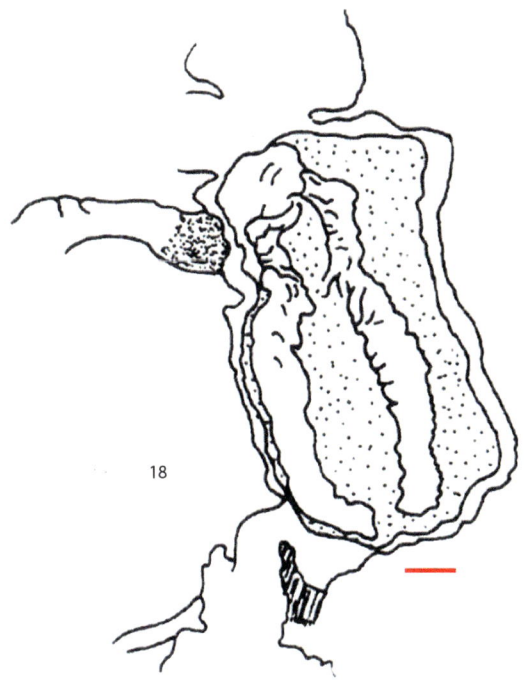

18

Complejo de *Arion subfuscus*

Generalidades

El complejo de *Arion subfuscus* está formado por cuatro especies, tres de las cuales tienen una distribución restringida a la parte oriental de la Península Ibérica. La cuarta especie, *Arion subfuscus* s. str., no se encuentra en la Península Ibérica, si bien ha sido incluida en esta monografía como referencia para el resto de las especies del complejo y porque hemos examinado ejemplares del sur de Francia. Pese a que las cuatro especies tienen características morfológicas y anatómicas muy similares, en esta monografía aceptamos la validez de todas ellas en base, principalmente, a las divergencias genéticas observadas en el ADN mitocondrial .

Las especies del complejo de *Arion subfuscus* se caracterizan por ser babosas de tamaño medio (50-70 mm de longitud) con color del cuerpo variable. El dorso es generalmente marrón oscuro, con bandas aún más oscuras en los costados y el escudo, y la suela pedia es blancuzca o grisácea.

Poseen un oviducto libre engrosado, el cual contiene una larga lígula. La forma de la lígula depende del estado de desarrollo sexual de los individuos, de la misma forma que en el resto de las especies de ariónidos. En los adultos en fase masculina, en el momento de la cópula, la lígula tiene forma de U, con el extremo abierto dirigido hacia el atrio, mientras que en los juveniles y en la fase pre-cópula los dos extremos libres de la U están muy próximos, casi soldados, dando a la lígula un aspecto elíptico o piriforme. El reborde de la lígula está festoneado, pero no se desarrollan estructuras petaloides. Las paredes internas del oviducto libre distal, las partes que están por encima y a ambos lados de la lígula, lo que podríamos llamar el techo y los laterales, están tapizadas por diminutos pliegues longitudinales y transversales que le confieren un aspecto de «bordado de nido de abeja».

En los individuos en fase femenina que hemos examinado en esta monografía, el epifalo y el canal deferente tienen una longitud similar. La longitud del epifalo oscila entre 10 y 17 mm, y la del canal deferente entre 10 y 23 mm. La longitud del epifalo está relacionada con el tiempo que ha transcurrido desde la cópula ya que, después de la cópula, esta estructura reduce su tamaño, regresando a su estado normal.

A pesar de la elevada similitud en la morfología externa y de la existencia de elementos comunes en la estructura de la anatomía interna de las distintas especies, ciertas características de los sistemas genitales, los espermatóforos y la cópula permiten segregar algunas especies dentro del complejo. No obstante, se podría considerar que estamos ante un caso de diversidad críptica, ya que observamos una fuerte divergencia genética mientras que las diferencias morfológicas son sutiles.

La siguiente sinopsis proporciona las características fundamentales del complejo de *Arion subfuscus*, así como aquellas que permiten diferenciar las especies que en él se engloban.

Clave para la identificación de especies del complejo de *Arion subfuscus*

Ariónidos de tamaño medio (50-70 mm de longitud en vivo), con el dorso superior de color variable (gris, rojizo o marrón oscuro), surcado por dos bandas laterales oscuras. El oviducto libre, engrosado, contiene una lígula en forma de U en los adultos, y elíptica o piriforme en los juveniles, pero esta nunca está formada por dos pliegues paralelos.

A.- El canal del receptáculo seminal, el epifalo y el oviducto libre no se disponen en un mismo plano, el canal del receptáculo seminal se une al atrio dorsalmente y el epifalo ventralmente. La lígula tiene forma de U. El epifalo puede llegar a medir 17 mm y el canal deferente 23 mm: *Arion subfuscus* (Draparnaud, 1805).

B.- Lígula en forma de elipse en juveniles y de U en adultos. El epifalo, el conducto del receptáculo seminal y el oviducto libre se unen al atrio proximal en un único plano, quedando el conducto del receptáculo seminal en el medio. El epifalo mide 11 mm y el conducto deferente 16 mm: *Arion molinae* Garrido, Castillejo & Iglesias, 1995.

C.- Lígula elíptica en juveniles y en forma de U en adultos. El epifalo, el conducto del receptáculo seminal y el oviducto libre se unen al atrio proximal en un único plano, quedando el epifalo en el medio. El epifalo (12 mm) es ligeramente más largo que el conducto deferente (9 mm): *Arion iratii* Garrido, Castillejo & Iglesias, 1995 (= *Arion lizarrustii* Garrido, Castillejo & Iglesias, 1995, syn. nov.).

D.- Lígula piriforme en juveniles y en forma de U en adultos. El epifalo desemboca entre el receptáculo seminal y el oviducto libre. El epifalo y el canal deferente tienen igual longitud, 10 mm: *Arion ponsi* Quintana Cardona, 2007

Figura 33. Fotografía de las especies del complejo de *Arion subfuscus*. Arriba izquierda: *Arion subfuscus* s. str. (Montagne Noir, Francia); arriba derecha: *Arion molinae* (La Molina, Girona); abajo izquierda: *Arion iratii* (Selva de Irati, Navarra) y abajo derecha: *Arion ponsi* (Barranc d'Algendar, Menorca).

Distribución de las especies del complejo de *Arion subfuscus* en la Península Ibérica

Las especies que englobamos dentro del complejo de *Arion subfuscus* de la Península Ibérica son: *Arion subfuscus, Arion iratii, Arion molinae* y *Arion ponsi*. Estas especies se encuentran en los Pirineos y en la Cordillcra Costero-Catalana, incluida Menorca. Cabe destacar que *Arion subfuscus* no ha sido encontrado en la Península Ibérica y que por ello en el mapa de distribución se muestran únicamente las coordenadas de las localidades en las que fueron recogidos los ejemplares examinados en esta monografía (Figura 34). Por lo tanto, este mapa no debe considerarse como una representación completa del rango de distribución de *Arion subfuscus*, ya que esta especie se encuentra a lo largo de una superficie mucho mayor del continente europeo, donde se detecta una fuerte divergencia genética entre poblaciones (ver PINCEEL et al., 2005a).

La distribución de las especies ibéricas hacia el sur de la Península Ibérica parece frenada por la depresión del Ebro. En la cara norte de los Pirineos, en Francia, hemos encontrado especímenes del complejo en Lourdes, dentro del Parc National des Pyrénées; en la Rivière Souterraine de Labouiche, O Baulou, Francia; en Andorra, y más hacia el norte de Francia, en La Montagne Noir, cerca de Les Martys; en el Parc Naturel Régional des Volcans d'Auvergne y en el Parc Naturel Régional Livradois-Forez, concretamente en las zonas de Brioude y Murat, Francia. Respecto a *Arion ponsi* cabe destacar que se trata de un componente autóctono de la malacofauna balear (QUINTANA CARDONA, 2007).

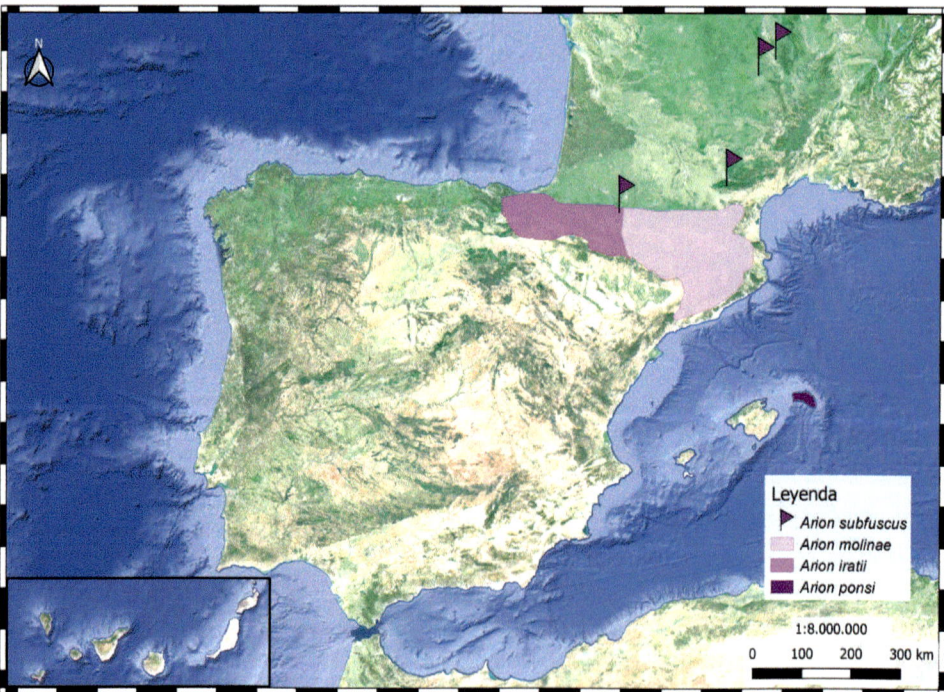

Figura 34. Distribución de las cuatro especies del complejo de *Arion subfuscus* estudiadas en esta monografía. Para la especie *Arion subfuscus* s. str. se muestran las localidades en las que hemos recolectado los ejemplares examinados en esta monografía y, por tanto, no se debe considerar como el rango de distribución de dicha especie, la cual se extiende por territorio europeo no representado en este mapa.

Perspectiva histórica

Bajo la designación *Arion subfuscus* (Draparnaud, 1805) se han venido agrupando tradicionalmente poblaciones de *Arion* ampliamente distribuidas por gran parte de Europa. La descripción de esta especie se debe a DRAPARNAUD (1805), que la hizo sobre ejemplares recogidos en Sorézois y Montagne Noire (Macizo Central del sureste de Francia). Este material tipo no se conserva en la actualidad.

Algunos autores consideran que *Arion subfuscus* (Draparnaud, 1805) es un sinónimo parcial de *Arion fuscus* (Müller, 1774) ya que tienen una morfología muy similar y rangos de distribución superpuestos en el noroeste de Europa. *Arion fuscus* está muy extendida por toda Europa central, septentrional y oriental, mientras que *Arion subfuscus* estaría restringida a Europa occidental. Sin embargo, los dos taxones son diferenciables en base a su sistema genital y existe correspondencia de estas diferencias anatómicas a nivel genético (PINCEEL et al., 2004).

Dentro de la especie nominal, *Arion subfuscus,* se ha demostrado la existencia de una fuerte divergencia genética, probablemente asociada al fuerte aislamiento geográfico y la supervivencia de la especie en refugios glaciares (PINCEEL et al., 2004; PINCEEL et al., 2005a). PINCEEL et al. (2004) atribuye esta estructura genética a diversidad críptica, al no encontrar caracteres morfológicos que apoyen la separación de los distintos linajes genéticos. La presencia de especies y/o linajes crípticos ha sido demostrada en otras especies europeas del complejo de *Arion subfuscus*. Así, dentro de la especie *Arion fuscus* han sido identificados dos grandes clados, uno de amplia distribución en Europa y otro clado balcánico; entre los cuales no existe flujo genético (PINCEEL et al., 2005b); y la especie *Arion transsylvanus* fue descrita en base al estudio del sistema genital y el análisis de variación molecular en alozimas y ADN mitocondrial (JORDAENS et al., 2009).

En la Península Ibérica se han citado y/o descrito cinco especies dentro de este complejo: *Arion subfuscus, Arion molinae, Arion iratii, Arion lizarrustii* y *Arion ponsi.* En esta monografía, tanto en base al estudio molecular como anatómico, se considera que todas ellas son válidas excepto *Arion lizarrustii,* que se sinonimiza a *Arion iratii.* Sin embargo, no hemos encontrado *Arion subfuscus* en la Península Ibérica.

Figura 35. Fotografía de *Arion subfuscus* en Murat (Cantal, Francia).

Arion subfuscus (Draparnaud, 1805)

Caracteres diagnósticos basados en la anatomía

i.   Ariónido de tamaño medio (50-70 mm de longitud en vivo), con el dorso superior de color variable (gris, rojizo o marrón oscuro), surcado por dos bandas laterales oscuras.

ii. Oviducto libre engrosado, que contiene una lígula en forma de U en los adultos, y elíptica piriforme en los juveniles, pero nunca está formada por dos pliegues paralelos.

iii. El canal del receptáculo seminal, el epifalo y el oviducto libre no se disponen en un mismo plano, el canal del receptáculo seminal se une al atrio dorsalmente y el epifalo lo hace ventralmente. El epifalo mide en los adultos alrededor de 14.5 mm de longitud, y el canal deferente alrededor de 13 mm.

iv. El espermatóforo tiene 17 mm de longitud, con un extremo grueso y romo y otro filiforme.

v.   Durante la cópula, estática, los atrios y órganos copuladores unidos constituyen una gran masa esférica que colma el espacio entre los dos individuos.

Observaciones: Debido a la existencia de especies crípticas en este complejo, es esencial tener en cuenta la procedencia de los ejemplares y los rangos de distribución de las distintas especies. *Arion subfuscus* s. str. solo ha sido recolectado en el sureste de Francia, de acuerdo con los ejemplares examinados en esta monografía.

Descripción

Morfología externa y coloración

Los individuos vivos pueden alcanzar 75 mm de longitud y en etanol al 70% miden, en promedio, 40 mm. El dorso es de color rojizo, marrón oscuro y gris. Los tubérculos de la piel son relativamente gruesos. A lo largo del dorso y del escudo aparecen dos bandas laterales oscuras, la derecha rodea el pneumostoma. Por encima de cada banda lateral existe una línea clara. Entre las dos líneas claras del dorso existe una zona con tonos más oscuros que los de los costados. La suela pedia es blancuzca o de color crema.

Sistema genital

Disposición de los órganos. Los tres órganos copuladores (canal del receptáculo seminal, epifalo y oviducto libre) no se disponen en un mismo plano; el canal del receptáculo seminal se une al atrio dorsalmente y el epifalo lo hace ventralmente. Dentro del oviducto libre distal se aloja la lígula, que está formada por pliegues en forma de U. El epifalo puede llegar a medir 17 mm y el canal deferente 23 mm.

Epifalo y canal deferente. El epifalo y el canal deferente tienen una longitud similar. El epifalo mide en los adultos alrededor de 14.5 mm de longitud, y el canal deferente alrededor de 13 mm. La longitud del epifalo está determinada por el tiempo que ha transcurrido desde la cópula, ya que el epifalo después de la cópula reduce su tamaño.

Lígula. La forma de la lígula depende del estado de desarrollo sexual. En los adultos en fase masculina, en el momento de la cópula, la lígula tiene forma de U. El reborde de la lígula está festoneado, pero no se desarrollan estructuras petaloides.

Oviducto libre distal. Las paredes internas del oviducto libre distal, las partes que están por encima y a ambos lados de la lígula, lo que podríamos llamar el techo y los laterales, están tapizadas por diminutos pliegues longitudinales y transversales que le confieren un aspecto de «bordado de nido de abeja».

Espermatóforo. La longitud del espermatóforo es de 17 mm, tiene un extremo romo y ancho y una cola filiforme. Después de la fase de intercambio, en el individuo receptor, el extremo filiforme del espermatóforo se sitúa dentro del oviducto libre, mientras que el extremo romo se aloja en el receptáculo seminal. A lo largo del espermatóforo aparece una cresta de dentículos, que son especialmente notorios cerca del ápice filiforme.

Localización de las muestras de *Arion subfuscus* estudiadas en esta monografía

Ningún ejemplar de los recogidos en los muestreos en la Península Ibérica pertenece a la especie *Arion subfuscus*. Por tanto, el límite meridional de la distribución de esta especie estaría situado en el sureste de Francia. No obstante, lo hemos incluimos en nuestro estudio porque estos ejemplares han servido de referencia para la determinación de la diversidad críptica observada en este complejo de especies. El mapa de la Figura 36 muestra únicamente las localidades de las que proceden los individuos examinados en esta monografía y, por tanto, no refleja la distribución real de la especie.

Figura 36. Localidades en las que se recolectaron ejemplares de *Arion subfuscus* s. str. para su estudio en esta monografía.

Notas históricas sobre *Arion subfuscus* en la Península Ibérica

La descripción de esta especie se debe a DRAPARNAUD (1805), realizada sobre ejemplares recogidos en Sorézois y Montagne Noire (Macizo Central del sureste de Francia). Este material tipo no se conserva en la actualidad. DRAPARNAUD (1805) indica que es un «*animal alargado y moderadamente grueso. Escudo un poco jorobado anteriormente. Cuello bastante corto, al igual que los tentáculos inferiores. Tentáculos superiores, gruesos en su base y adelgazados hacia la parte superior, que es globosa; son negruzcos, al igual que la parte superior de la cabeza, que está atravesada por cuatro franjas longitudinales. El manto o escudo es granulado y el dorso está salpicado de arrugas anastomosadas. La parte inferior del animal es blanquecina y amarillenta en el medio. El borde del pie es gris y está marcado con pequeñas líneas transversales negras. El color de este animal varía. El manto y la parte superior del cuerpo son siempre de un color marrón bastante oscuro, y hay una banda negra a cada lado en ambos lados. Pero la variedad α tiene un color rojizo, que es mucho más notorio hacia la mitad del manto, y especialmente a cada lado del cuerpo debajo de las dos bandas negras; mientras que, en la variedad b, tiene un tinte ceniciento o grisáceo, sobre el que resalta a cada lado una red negruzca formada por los tubérculos anastomosados. En esta misma variedad b, la parte inferior del animal es amarillenta en el medio. Esta hermosa babosa se encuentra en valles, lugares frescos y algo sombreados. Muy común en Sorézois y la Montaña Negra. El* Limax fuscus *Müller, 1774 ¿podría ser simplemente una variedad muy joven?».*

En la literatura sobre la especie se ha distinguido frecuentemente una forma grande, de bandas laterales poco marcadas y de matices claros, con mucus incoloro, *Arion subfuscus brunneus*, y una forma más pequeña, de bandas oscuras bien marcadas y mucus amarillo, *Arion subfuscus fuscus*. No obstante, WIKTOR (1973) encuentra estas dos formas conviviendo estrechamente en algunas localidades de Polonia, junto con individuos de caracteres intermedios entre ellas, por lo que concluye que las dos formas deben pertenecer a la misma especie.

Aunque por el aspecto externo son muy semejantes, los individuos procedentes de localidades diferentes asignados a la especie nominal *Arion subfuscus* presentan una notable variación en los caracteres del sistema genital. Esta diversidad se expresa claramente en las diferentes disposiciones en que los conductos copuladores (oviducto libre, canal del receptáculo seminal y epifalo) se insertan en el atrio genital, y en las variadas relaciones existentes entre las longitudes del epifalo y el canal deferente.

GARRIDO, CASTILLEJO e IGLESIAS (1995) redescriben *Arion subfuscus* (Draparnaud, 1805) a partir de topotipos de esta especie recogidos en septiembre de 1994 en la Montagne Noir, en la localidad de Les Martys del Macizo Central Francés. De esta especie señalan que es un «*Ariónido de tamaño medio (50-70 mm de longitud en vivo), con el dorso superior de color variable (gris, rojizo o marrón oscuro), con dos bandas laterales oscuras. El oviducto libre, engrosado, contiene una lígula en forma de V o de pliegues paralelos. El epifalo desemboca ventralmente en el atrio genital respecto al canal del receptáculo seminal. El epifalo mide en los adultos alrededor de 14.5 mm de longitud, y el canal deferente alrededor de 13 mm. Espermatóforo de aproximadamente 17 mm de longitud, con un extremo grueso y romo y otro filiforme. Durante la cópula, estática, los atrios y órganos copuladores unidos constituyen una gran masa esférica que colma el espacio entre los dos congéneres*».

Sinonimias

Arion subfuscus Draparnaud, J.-P.-R. 1805. *Histoire naturelle des mollus-ques terrestres et fluviatiles de la France.* Ouvrage posthume. Avec XIII planches. - pp. [1-9], j-viij [= 1-8], 1-134, [Pl. 1-13]. Paris, Montpellier. (Plassan, Renaud).

Material utilizado para el estudio anatómico y molecular

1. Les Martys, Forêt Communale des Martys, Aude, Francia: 11-09-1994, 28-10-2015
2. Brioude | Joursac | Murat, Francia: 27-10-2015

En la siguiente tabla se detallan las localidades en las que se recolectaron ejemplares de *Arion subfuscus* para el estudio molecular llevado a cabo en esta monografía. Para cada localidad se indican los especímenes que fueron secuenciados, utilizando para ello el código asignado en la colección del Departamento de Zoología de la USC. En la última columna se indica el código del haplotipo único para el fragmento *barcode* del gen *cox1* que aparece en el detalle del árbol filogenético de esta especie.

Localidad	Especímenes secuenciados	Haplotipo *cox1-5′* de referencia
Les Martys, Forêt Communale des Martys, Francia	USCM13718	USCM13718
Brioude, Francia	USCM7243	USCM7243
	USCM7244	USCM7244
Beaucens, Préchac, Lourdes, Francia	USCM7261 USCM7262	USCM7261
Chapelle de Vauclair, Vauclair, Molompize, Francia	USCM7249	USCM7249
	USCM7250	USCM7250

Resultados del análisis filogenético de *Arion subfuscus*

Los resultados del análisis filogenético basado en el fragmento *barcode* del gen *cox1* agrupan a los especímenes identificados morfológicamente como *Arion subfuscus* s. str. en un clado monofilético dentro del complejo de *Arion subfuscus*. Este clado está diferenciado, con buen soporte estadístico (probabilidad posterior = 0.9, Figura 37), del resto de las especies incluidas en este complejo (Figura 53).

Cabe destacar que el clado de *Arion subfuscus* s. str. incluye numerosas secuencias de GenBank, ya que el número de ejemplares del que disponíamos era escaso y queríamos resolver la relación entre los ejemplares del complejo de *Arion subfuscus* recogidos en esta monografía y los ejemplares atribuidos a la especie nominal en el centro de Europa, en especial en lo relativo a su asignación a los diferentes linajes identificados dentro de la especie (PINCEEL et al., 2005a). Así, en el clado de *Arion subfuscus* s. str. aparecen secuencias de GenBank de ejemplares procedentes de Francia, Bélgica, Alemania y Reino Unido. Se observa que a pesar de la alta distancia genética entre los clados internos, algunos no se corresponden con una clara estructura espacial, al aparecer secuencias de ejemplares del Reino Unido (ej. AY987906) próximas a secuencias de ejemplares de Francia o Bélgica (ej. AY987904 y AY987905). Cabe destacar que en ningún otro de los clados del complejo de *Arion subfuscus* se incluyen ejemplares del centro de Europa, apareciendo estas secuencias solo dentro del clado *Arion subfuscus* s. str.

De acuerdo con la filogenia obtenida, los especímenes de *Arion subfuscus* s. str. secuenciados por nosotros pertenecerían a tres de los linajes de *Arion subfuscus* identificados por PINCEEL et al. (2005a). En Les Martys, la localidad tipo de la especie, se encuentra el linaje S4 (haplotipo USCM13718), mientras que en Lourdes se encuentra el linaje S1 (haplotipo USCM7261) y en las localidades del centro de Francia, el linaje S2 (haplotipos USCM7243, USCM7244, USCM7249 y USCM7250). Cabe destacar que el linaje S1 solamente se había citado en Francia en la localidad de Ingrandes, cerca de Poitiers (PINCEEL et al., 2005a).

Es necesario aclarar que la relación filogenética de *Arion subfuscus* con el resto de las especies del complejo no ha podido ser establecida con fiabilidad con los datos de los que disponemos. El soporte para el complejo de *Arion subfuscus* es bajo en el caso de la filogenia basada en el fragmento *barcode* (PP = 0.51, Figura 53), y la posición del clado de *Arion subfuscus* en el árbol multilocus tiene poco soporte, no estando siquiera agrupado con las otras especies del complejo de *Arion subfuscus*, sino que aparece como grupo hermano del clado que incluye las especies de los complejos de *Arion ater-rufus* y *Arion vulgaris* (Figura 54).

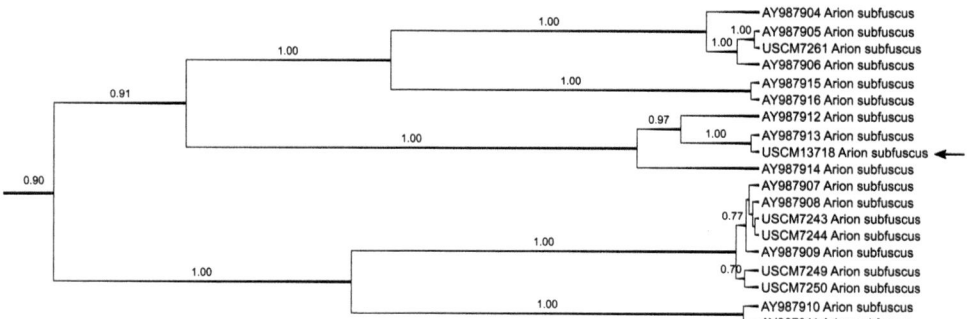

Figura 37. Detalle del árbol filogenético basado en el fragmento *barcode* del gen mitocondrial *cox1* que muestra las relaciones entre los especímenes de *Arion subfuscus* s. str. secuenciados en esta monografía (ver nota final, pág. 389).

1

2

4

5

7

8

10

11

Lámina 10.1. *Arion subfuscus*

Les Martys, Forêt Communale des Martys, Francia
Localidad tipo de la especie

Figuras

1: Forêt Communale des Martys, foto del 10-09-1994. Investigadores de la USC.

2: Vehículo Laboratorio Móvil de la USC empleado en los muestreos.

3: Forêt Communale des Martys, foto del 29-10-2015.

4 y 5: Área de descanso de Les Martys. Foto tomada en 2015.

6: Bosque de Les Martys. Foto tomada en 2015.

7, 8 y 9: Topotipos de *Arion subfuscus*. Les Martys.

10 y 11: Cópula de *Arion subfuscus* en Les Martys. Foto tomada en 1994.

12: Cópula fotografiada en 2015 en Les Martys.

Observaciones

La zona de la Montagne Noir Audoise, en Les Martys, Francia, se muestreó en el otoño de 1994 y de 2015. Se recogieron topotipos y se fotografiaron y filmaron cópulas *in situ*.

La morfología externa de los especímenes capturados concuerda con la descrita por DRAPARNAUD (1805) para *Arion subfuscus* de la Montagne Noir (Francia). Los ejemplares observados eran de color castaño claro u oscuro, los había de color gris con tonos marrones y siempre aparecían dos bandas oscuras sobre el dorso y el escudo.

En el sistema genital de los especímenes adultos, el epifalo mide 15 mm y el canal deferente 21 mm. El espermatóforo mide 17 mm. La lígula en los especímenes en fase post-cópula tiene forma de U, con la parte abierta dirigida hacia el atrio proximal, hacia la apertura del canal del receptáculo seminal, y la desembocadura del epifalo. En los especímenes juveniles, los extremos distales de la lígula aparecen muy próximos, casi soldados, tomando la lígula forma de pera, pero a medida que se aproxima la fase de cópula los pliegues distales de la lígula se separan y esta toma la forma de U. Las paredes del interior del oviducto libre distal están tapizadas con pequeños pliegues longitudinales y transversales que asemejan al "bordado de nido de abeja". El espermatóforo tiene una carena dentada longitudinal. El interior del epifalo está adornado con papilas poligonales de distinto tamaño.

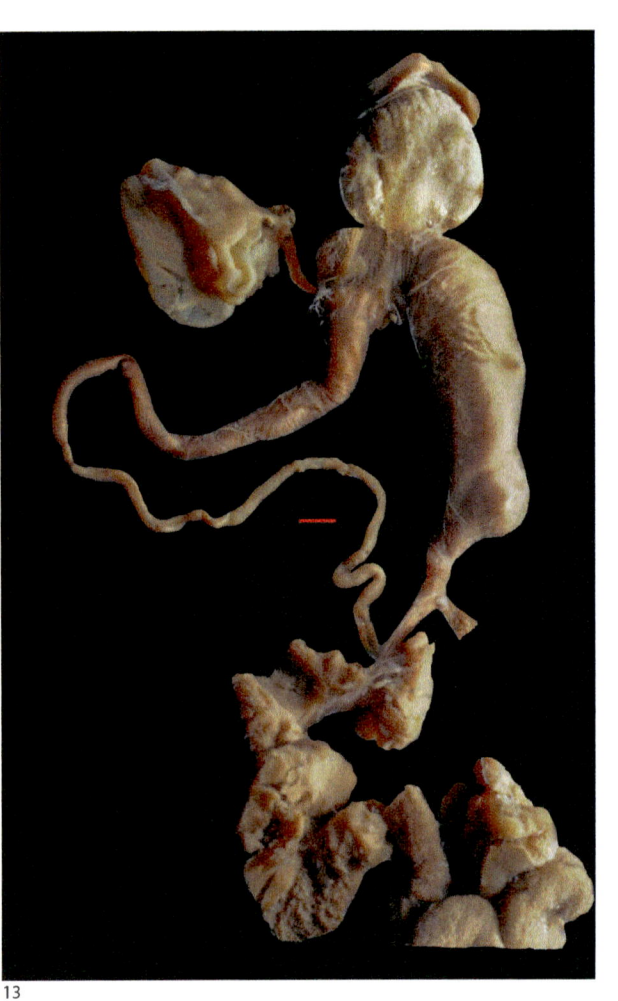

13

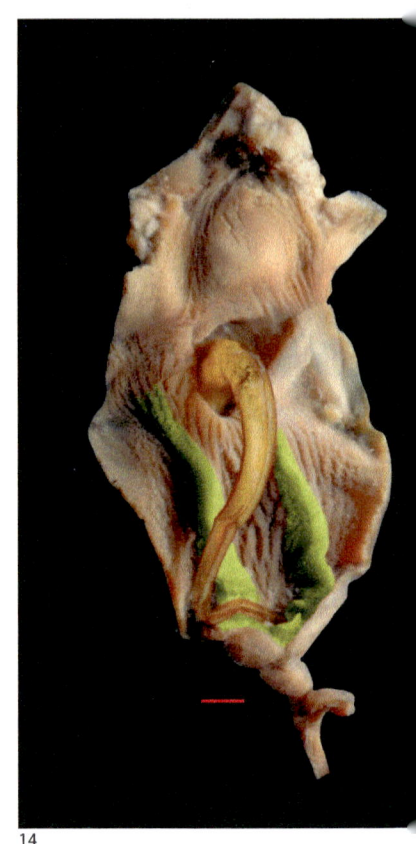

14

16

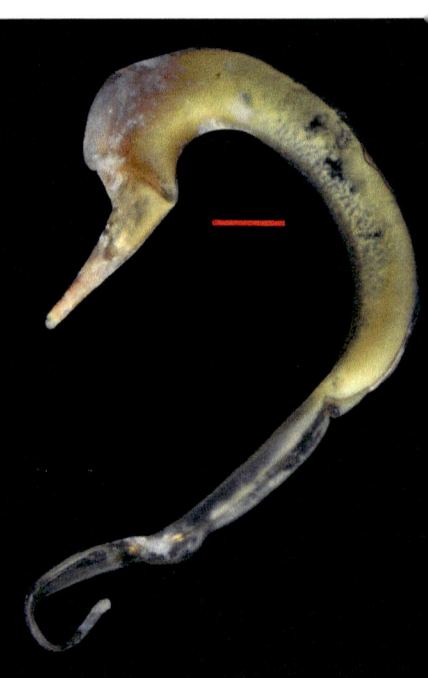

17

Lámina 10.1. (cont.) *Arion subfuscus*

Les Martys, Forêt Communale des Martys, Francia
Localidad tipo de la especie

Figuras

13: Sistema genital de un topotipo de les Martys.

14 y 15: Lígula en forma de U. En la Figura 14 se observa el espermatóforo en el interior de la lígula.

16: Interior del epifalo.

17 y 18: Espermatóforos aislados.

19: Detalle de los dientes de la carena del espermatóforo.

Escala: 1mm

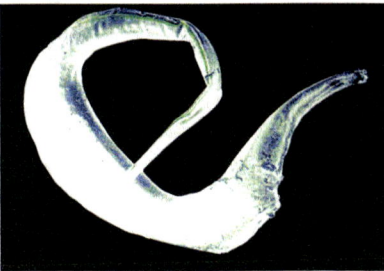

18

19

Lámina 10.2. *Arion subfuscus*
Brioude | Joursac | Murat, Francia

Figuras

1, 2 y 3: Salers, departamento de Cantal, en la región de Auvernia-Ródano-Alpes.

4, 5 y 6: *Arion subfuscus* de Brioude, departamento de Alto Loira.

7, 8 y 9: Cópula de *Arion subfuscus* en Joursac, departamento de Cantal.

Observaciones

La morfología externa de los *Arion subfuscus* de la zona de Brioude, Joursac y Murat es idéntica a la de los *Arion subfuscus* de la Montagne Noir. En los especímenes en fase de cópula de Brioude y Murat, el epifalo y el canal deferente miden 13 mm cada uno y la lígula es oblonga con un pliegue que se prolonga hasta el interior del atrio. La lígula tiene un ligero festón uniforme ondulado, sin estructuras petaloides.

En el receptáculo seminal de uno de los individuos que intervino en la cópula aparecieron dos espermatóforos vacíos, sin carena dentada; solamente se observó una lámina a lo largo de todo el espermatóforo.

El epifalo está tapizado con protuberancias poliédricas de tamaño distinto dependiendo de la zona. En el interior del oviducto distal, tanto en el techo como en las paredes laterales y piso, aparecen una serie de pequeños pliegues longitudinales y transversales, cuya intersección origina unas formas geométricas que recuerdan a un "bordado de nido de abeja".

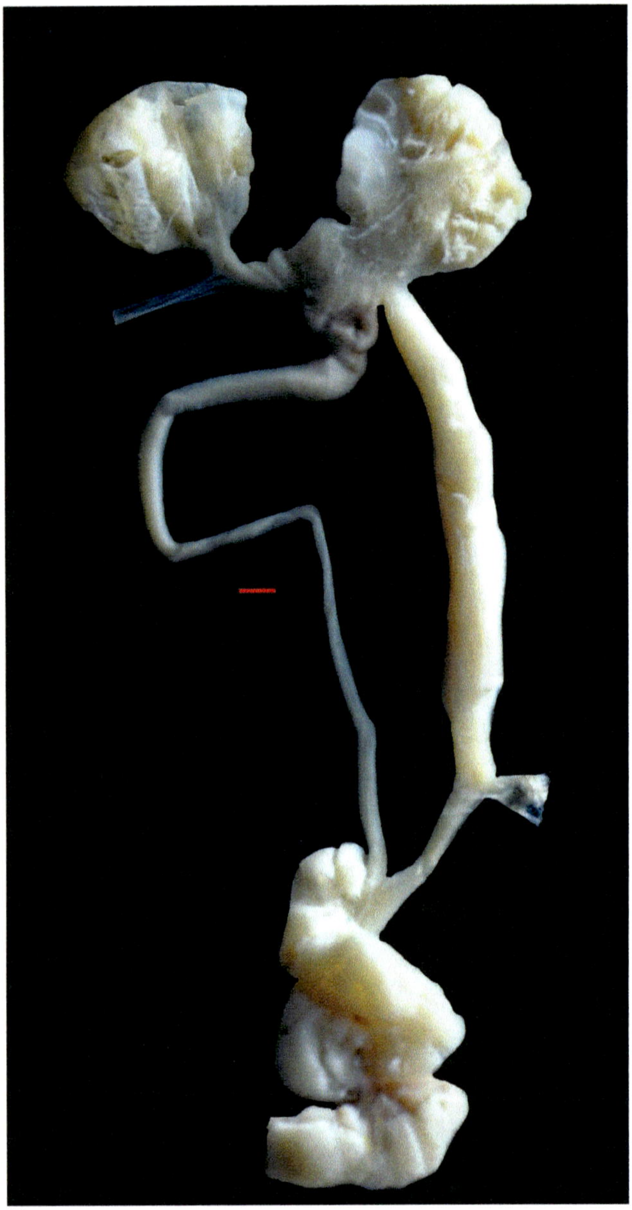

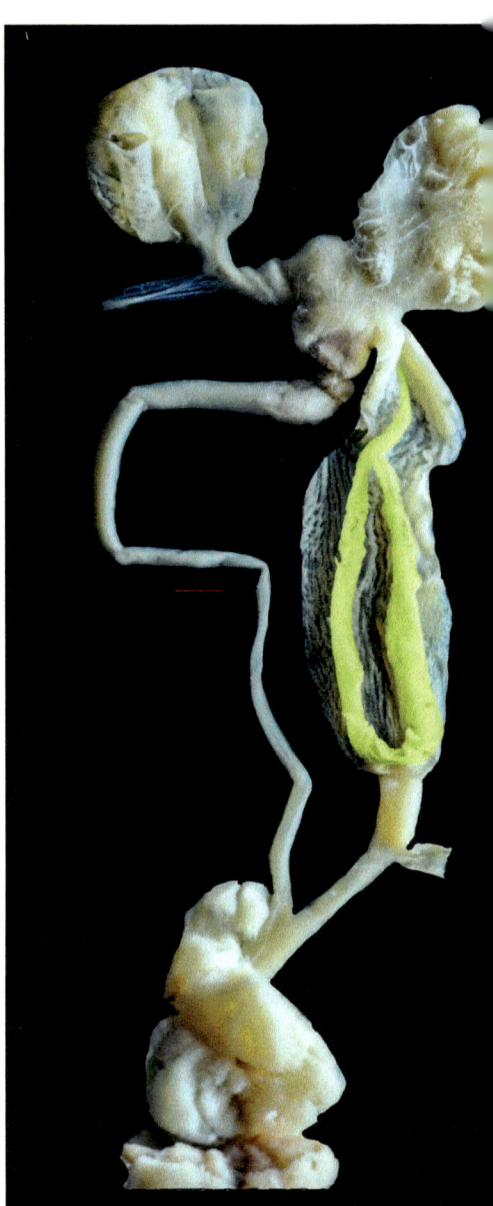

10

11

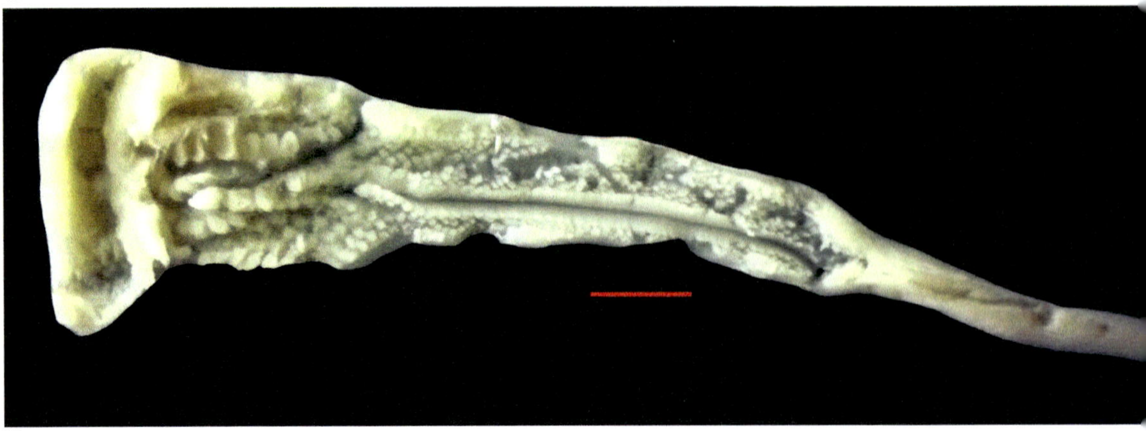

13

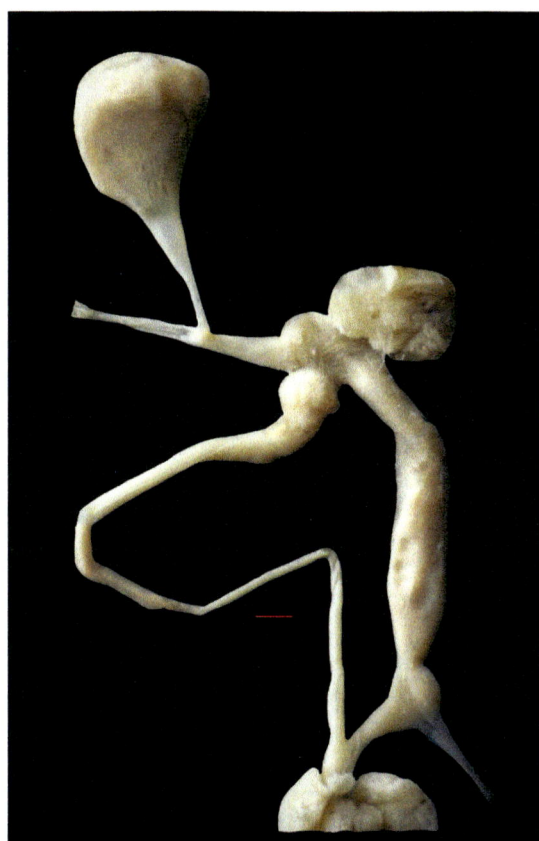

Lámina 10.2. (cont.) *Arion subfuscus*
Brioude | Joursac | Murat, Francia

Figuras

10 y 11: Sistema genital y lígula de un individuo de la cópula (Figuras 7 a 9).

12 y 14: Sistema genital y lígula del otro individuo de la cópula (Figuras 7 a 9).

13: Interior del epifalo.

Escala: 1 mm

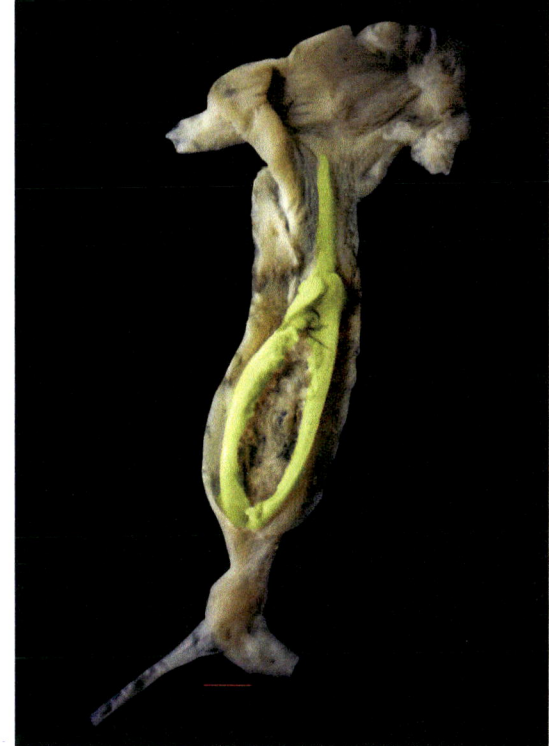

Figura 38. Fotografía de *Arion molinae* en La Molina (Girona).

Arion molinae Garrido, Castillejo e Iglesias, 1995

Caracteres diagnósticos basados en la anatomía

i. En vivo miden 80 mm y presentan un dorso superior de color marrón oscuro cubierto de líneas negras. Por cada costado discurre una banda negra. Las bandas penetran en el escudo, arqueándose la derecha por encima del orificio respiratorio.
ii. Los tres conductos copuladores están dispuestos en un mismo plano, con el receptáculo seminal en el medio.
iii. El epifalo mide 11 mm y es más corto que el canal deferente, que mide 16 mm.

Observaciones: Debido a la existencia de especies crípticas en este complejo, es esencial tener en cuenta la procedencia de los ejemplares y los rangos de distribución de las especies. De acuerdo con los ejemplares estudiados en esta monografía, la distribución de *Arion molinae* estaría restringida al noreste de España y el sureste de Francia: Pirineos Centrales, Andorra y Cordillera Costera Catalana (Figura 39).

Descripción

Morfología externa y coloración

Los ejemplares adultos de *Arion molinae* miden 80 mm en vivo, y conservados en etanol al 70% tienen una longitud en torno a 30-50 mm. Los tubérculos de la piel son finos. En vivo, los animales tienen el dorso de color marrón oscuro cubierto de líneas negras. En los costados se observa una banda negra que se prolonga hasta el escudo. La banda derecha se arquea por encima del orificio respiratorio. Por encima de cada banda lateral oscura aparece una línea de tubérculos blancos. Los flancos del cuerpo son de color marrón claro amarillento. El reborde del pie es amarillento y con lineolas pardas transversales. La suela pedia es de color blanco amarillento. Los especímenes conservados en etanol tienen una zonación cromática semejante a la de los vivos, pero los colores de la suela pierden viveza y su tono amarillo se pierde para transformarse en gris, blanco o castaño pálido; además, los flancos pueden aparecer blancos. Los individuos juveniles tienen el mismo modelo cromático que los adultos.

Sistema genital

Disposición de los órganos. La desembocadura del epifalo, el canal del receptáculo seminal y el oviducto libre en el atrio proximal se realiza en un mismo plano, y el canal del receptáculo seminal está en posición media. En los individuos juveniles el atrio es más largo que en los adultos y la glándula de la albúmina es extremadamente pequeña en relación a la ovotestis. El epifalo puede ser más largo o de igual longitud que el canal deferente.

Epifalo. El epifalo puede llegar a medir 14 mm en los adultos en fase masculina y el canal deferente puede alcanzar los 23 mm. En la desembocadura del epifalo en el atrio existe un engrosamiento anular que suele aparecer pigmentado de negro.

Oviducto. En el interior del oviducto libre distal se aloja la lígula, la cual está formada por dos pliegues gruesos que se unen proximal y distalmente, dándole el aspecto de una elipse. En algunos ejemplares la parte distal de la lígula no tiene los pliegues fusionados, apareciendo una zona de discontinuidad en las proximidades del atrio. En esos casos, la lígula adopta forma de U.

Receptáculo seminal. Es esférico u ovoide y se une al atrio proximal por un corto canal.

Músculo retractor del genital. Tiene dos ramas, una se une a la porción distal del oviducto libre y la otra a la base del receptáculo seminal. Existe otro músculo retractor del genital, que se ancla al oviducto libre distal, en las proximidades del atrio.

Espermatóforo. El espermatóforo mide entre 10 y 13 mm. Los dientes no están marcados, en su lugar existe una faldilla que recorre longitudinalmente el espermatóforo.

Cópula. Se observaron y fotografiaron dos cópulas ya iniciadas, una en La Molina y otra en Labouiche. El tiempo de la cópula observada en La Molina fue de una hora y diez minutos. Los individuos se sitúan en sentido contrario con los cuerpos curvados en C, de forma que dejan los orificios genitales enfrentados. La cópula es estática, sin giro, y durante la misma los atrios y lígulas se evaginan y yuxtaponen. Al separarse los individuos, los extremos de los espermatóforos son visibles. Las masas genitales evaginadas y unidas de los dos participantes tienen la forma de un grueso cilindro, y es posible distinguir los atrios genitales. Finalmente, un individuo se retira, mientras el otro permanece en el lugar e ingiere el mucus producido en el proceso.

Distribución de *Arion molinae* en la Península Ibérica

La distribución de *Arion molinae* está restringida al noreste de España y el sureste de Francia: Pirineos Centrales, Andorra y Cordillera Costera Catalana (Figura 39). Posiblemente su dispersión hacia el sur de la Península Ibérica estuvo frenada por la depresión del Ebro.

Figura 39. Distribución de *Arion molinae* en la Península Ibérica.

Notas históricas sobre *Arion molinae* en la Península Ibérica

GARRIDO, CASTILLEJO e IGLESIAS (1995) describen *Arion molinae* a partir de ariónidos recogidos en el noroeste de España y el suroeste de Francia: Pirineos Centrales y Andorra; y engloban esta especie dentro del complejo de *Arion subfuscus*. Los tipos de la especie fueron recogidos en 1994 en La Molina, Serra del Cadí, Barcelona. Según los autores, en vivo «*los animales presentan un dorso superior de color marrón oscuro cubierto de líneas negras. Por cada costado discurre una banda negra, bandas que penetran en el escudo, arqueándose la derecha por encima del orificio respiratorio. Delimitando superiormente cada banda lateral oscura aparece una línea blanca estrecha. Los flancos son de color marrón claro amarillento».* También describen el margen de la suela pedia de color amarillento con interrupciones grises; mientras que la suela pedia es blanco-amarillenta. Posee tubérculos de piel finos y el mucus del cuerpo es amarillento. Del sistema genital indican *«que los tres conductos copuladores están dispuestos en un mismo plano, con el receptáculo seminal en el medio; el epifalo es más corto que el canal deferente (como media Cd/Ep = 1.4); y durante la cópula, las masas genitales evaginadas adoptan la forma de un grueso cilindro».* El epifalo, el conducto del receptáculo seminal y el oviducto libre se unen al atrio proximal en un mismo plano, quedando el conducto del receptáculo seminal en el medio.

Sinonimias

Arion molinae Garrido, C., Castillejo, J. & Iglesias, J. 1995. *Archiv für Molluskenkunde* 124 (1/2): 103-118.

Material utilizado para el estudio anatómico y molecular

1. La Molina, Alp, Serra del Cadí, Girona: 10-09-1994, 21-03-2012, 02-11-2015
2. Andorra, Las Escaldes: 06-07-2017
3. Andorra, Engolasters: 06-06-2018
4. Andorra, Parc Natural de la Vall de Sorteny: 09-06-2018
5. Labouiche, Baulou, Francia: 18-09-1991
6. Benasque, Presa de Paso Nuevo, Huesca: 08-11-2015
7. Andorra la Vella: 17-09-1991
8. Valle de Vallibierna, Benasque, Huesca: 10-11-1989
9. Bausen, Val d'Aran, Lleida: 23-07-1987
10. Bossòst, Val d'Aran, Lleida: 11-11-1989
11. Caldes de Boí, Vall de Boí, Lleida: 03-09-1985
12. Espot, Parque Nacional de Aigüestortes i Estany de Sant Maurici, Lleida: 20-11-1990
13. La Molina, Serra del Cadí, Barcelona: 16-09-1991
14. Requesens, Serra de l'Albera, Girona: 27-03-1986

15. Salardú, Val d'Aran, Lleida: 18-07-1987
16. Taüll, Vall de Boí, Lleida: 11-11-1989
17. Torres de Alàs, Lleida: 20-11-1990
18. Vielha, Vall d'Aran, Lleida: 11-11-1989
19. Tapis, Massanet de Cambrenys, Girona: 18-10-1990, 15-09-1994

En la siguiente tabla se detallan las localidades en las que se recolectaron ejemplares de *Arion molinae* para el estudio molecular llevado a cabo en esta monografía. Para cada localidad se indican los especímenes que fueron secuenciados, utilizando para ello el código asignado en la colección del Departamento de Zoología de la USC. En la última columna se indica el código del haplotipo único para el fragmento *barcode* del gen *cox1* que aparece en el detalle del árbol filogenético de esta especie. Nótese que un mismo haplotipo puede encontrarse en localidades diferentes. En otras palabras, ejemplares tanto de la misma localidad como de localidades diferentes pueden tener una secuencia del fragmento *barcode* idéntica y, en esos casos, en el árbol filogenético solo se muestra el código de uno de estos ejemplares, denominado «haplotipo *cox1-5'* de referencia». Si el haplotipo de referencia pertenece a una localidad diferente a la de los especímenes secuenciados a los que se hace referencia, se indica en cursiva.

Localidad	Especímenes secuenciados	Haplotipo *cox1-5'* de referencia
La Molina, Alp, Serra del Cadí, Girona	USCM7215 USCM7216	USCM7215
Font de les Ordigues, Engordany, Andorra	USCM13692	USCM13692
Andorra, Engolasters	USCM10343	USCM10343
	USCM10342	*USCM7215*
Andorra la Vella	USCM7212	USCM7212
	USCM7211	*USCM6577*
Labouiche, Baulou, Francia	USCM13702 USCM13703 USCM13704	USCM13702
	USCM13701	USCM13701
Benasque, Presa de Paso Nuevo (Huesca)	USCM6577 USCM6578 USCM6580	USCM6577
	USCM6579	USCM6579

Resultados del análisis filogenético de *Arion molinae*

Los resultados del análisis filogenético basado en el fragmento *barcode* del gen *cox1* muestran que los individuos morfológicamente identificados como *Arion molinae* forman un clado monofilético con soporte estadístico elevado (probabilidad posterior = 1, Figura 40). Estos resultados apoyan los estudios anatómicos y apoyan el estatus de *Arion molinae* como buena especie dentro del complejo *subfuscus*. Dentro del clado de *Arion molinae* se distinguen dos clados genéticamente diferenciados pero próximos entre sí (Figura 40).

En el árbol filogenético elaborado en base al marcador mitocondrial *cox1-5'* (Figura 53), *Arion molinae* aparece como clado hermano de *Arion fuscus*, si bien esta relación no está fuertemente soportada (PP = 0.6). Por el contrario, en el árbol multilocus, *Arion molinae* aparece como especie hermana de *Arion ponsi*, con un mayor soporte (Figura 54).

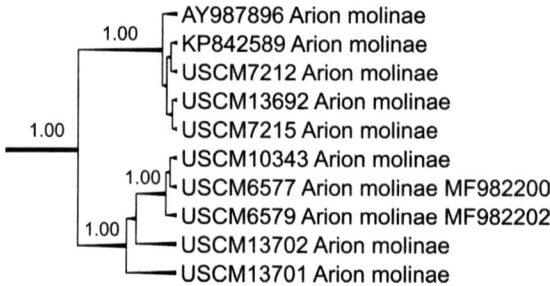

Figura 40. Detalle del árbol filogenético basado en el fragmento *barcode* del gen mitocondrial *cox1* que muestra las relaciones entre los especímenes de *Arion molinae* secuenciados en esta monografía (ver nota final, pág. 389).

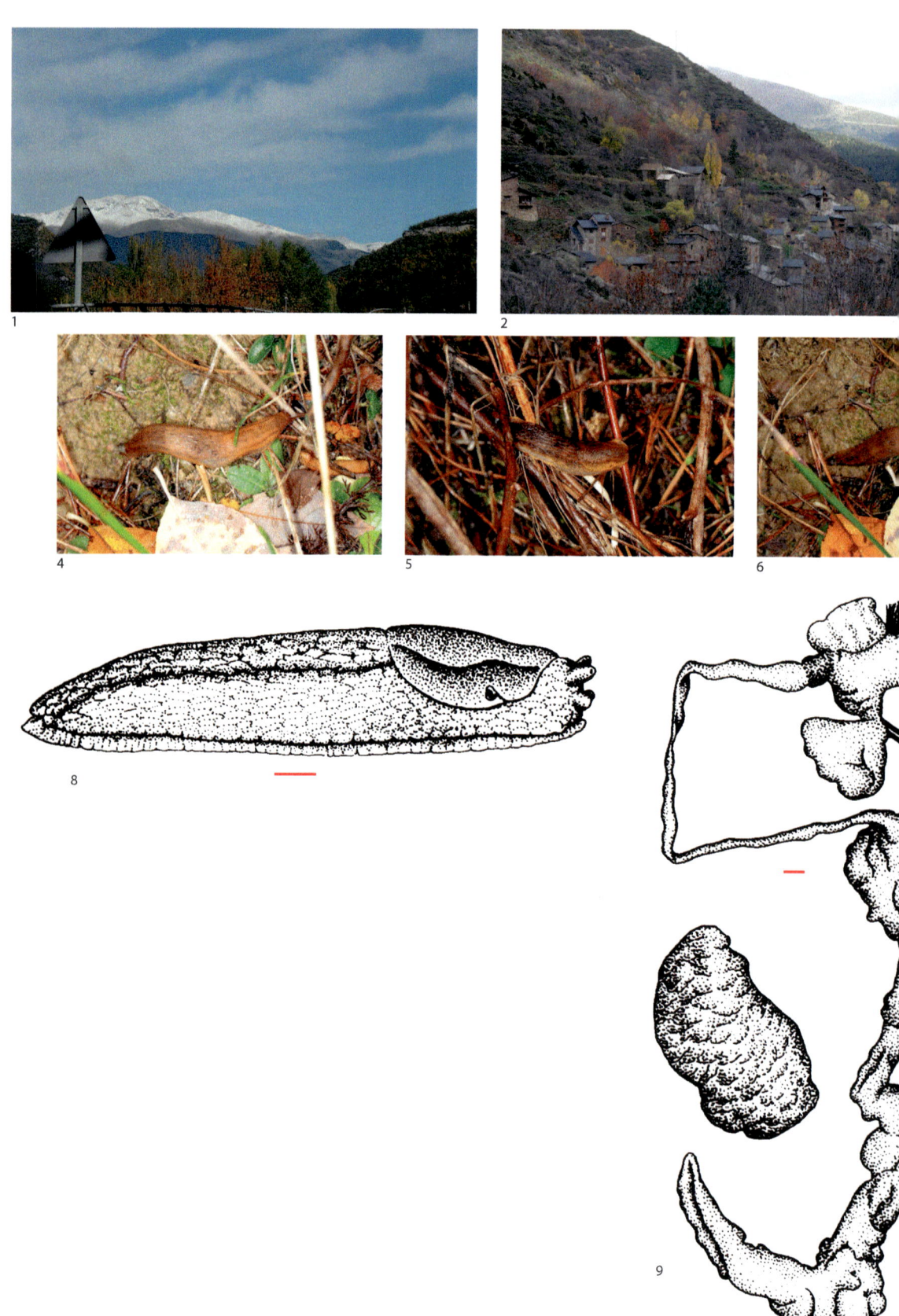

1

2

4

5

6

8

9

Lámina 11.1. *Arion molinae*

La Molina, Alp, Serra del Cadí, Girona, España

Figuras

1, 2 y 3: La Molina, Alp. Estación de esquí.

4 a 7: Especímenes adultos.

8: Dibujo de la morfología externa de un individuo conservado en etanol.

9: Sistema genital de un individuo adulto.

10: Lígula.

11: Espermatóforo.

Escala: 1 mm

7

10

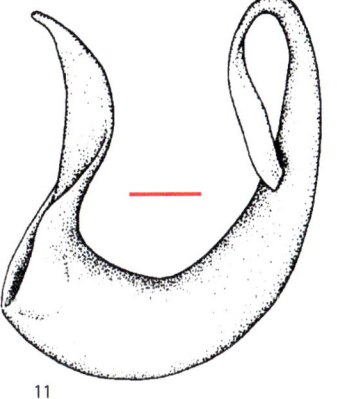

11

12

13

15

16

18

19

21

22

Lámina 11.1. (cont.) *Arion molinae*

La Molina, Alp, Serra del Cadí, Girona, España

Figuras

12 a 20: Distintas fases de la cópula de *Arion molinae* de La Molina.

21, 22 y 23: Espermatóforo y detalle de la cresta sin dentición.

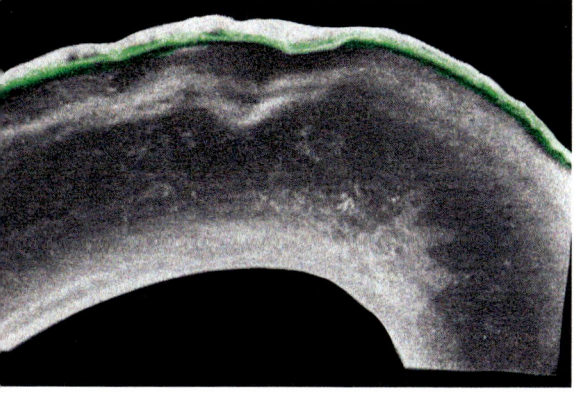

Figura 41. Fotografía de *Arion iratii* en la Selva de Irati (Navarra).

Arion iratii Garrido, Castillejo e Iglesias, 1995

Caracteres diagnósticos basados en la anatomía

i.   Babosas de tamaño medio, en extensión miden 70 mm. Son de color marrón en todas sus gamas, gris claro u oscuro, con dos bandas oscuras sobe el dorso y el escudo. La suela pedia es blanquecina o amarillenta.
ii. Los conductos copuladores están dispuestos en un mismo plano, ocupando el epifalo la posición intermedia entre el receptáculo seminal y el oviducto.
iii. El epifalo es ligeramente más largo que el canal deferente. En conjunto, las longitudes del epifalo y el canal deferente sobrepasan los 20 mm.

Observaciones: Debido a la existencia de especies crípticas en este complejo, es esencial tener en cuenta la procedencia de los ejemplares y los rangos de distribución de las especies. La distribución de *Arion iratii* está restringida a las sierras de Aralar y Urbasa, y a la Selva de Irati (Navarra y Gipuzkoa). Al sinonimizar *Arion iratii* y *Arion lizarrustii*, la distribución de *Arion iratii* no está restriginda únicamente a la Selva de Irati.

Descripción

Morfología externa y coloración

Los especímenes adultos de *Arion iratii* alcanzan en vivo los 70 mm de longitud, y conservados en etanol miden entre 38 y 46 mm. Los tubérculos de la piel son más gruesos que en ninguna otra especie del complejo de *Arion subfuscus*. La población de la Selva de Irati está formada por individuos marrones y negros. Los individuos marrones tienen dos bandas laterales oscuras bien marcadas en el dorso y el escudo, la derecha pasando por encima del pneumostoma. En los individuos negros, las bandas, aunque existen, no son fácilmente visibles. En el dorso de los individuos marrones las líneas son negras. Las bandas laterales oscuras están delimitadas superiormente por líneas blancas. Los costados del cuerpo son de tono más claro que el dorso, de color gris en los individuos marrones y de color marrón en los individuos negros. El reborde de la suela es de color gris con lineolas transversales negras. La suela pedia es blanca o amarillenta.

Sistema genital

Disposición de los órganos. El oviducto libre distal, el epifalo y el canal del receptáculo seminal desembocan en el atrio genital en un único plano, con el epifalo en el medio. El espermoviducto aparece pigmentado de tonos oscuros en algunos ejemplares.

Epifalo. La media de la longitud del epifalo en los ejemplares de la Selva de Irati es de 13 mm y la longitud del canal deferente es de 10 mm. En los ejemplares del Puerto de Lizarrusti el epifalo también mide 10 mm, igual que el canal deferente. El epifalo tiene un engrosamiento anular en su extremo distal pigmentado de negro.

Oviducto. En el oviducto libre distal se aloja la lígula compuesta por dos pliegues longitudinales que se unen en los extremos proximal y distal.

Receptáculo seminal. El canal del receptáculo seminal es largo y el receptáculo tiene forma esférica u ovoide.

Espermatóforo. La longitud del espermatóforo ronda los 15 mm de longitud, y tiene una carena longitudinal formada por pequeñas expansiones a modo de dientes de sierra.

Cópula. La cópula es estática y dura por lo menos dos horas. La cópula observada en el hayedo del Puerto de Lizarrusti evidenció que los órganos copuladores se evaginan de manera que constituyen una pequeña masa esférica e hialina que, en contraste con la correspondiente a *Arion subfuscus*, no ocupa todo el espacio comprendido entre los dos participantes en la cópula. Se pudo observar, además, que los oviductos libres evaginados asumen forma de espátula y se aplican, a modo de órganos estimuladores y de reconocimiento, contra la parte caudal, trasera, de cada participante. Al término de la cópula uno de los participantes, antes de alejarse, elevó la parte anterior del cuerpo sobre el otro individuo.

Principales diferencias con especies próximas

Arion iratii pertenece al complejo de *Arion subfuscus*. Las diferencias anatómicas entre las especies del complejo son pequeñas, por lo que es difícil separar la especie *Arion iratii* de *Arion subfuscus*, *Arion molinae* o *Arion ponsi* en base únicamente a caracteres morfológicos. El tamaño de los especímenes es el mismo, y el color del cuerpo presenta variaciones locales y estacionales. Las longitudes del epifalo y el canal deferente son muy parecidas en las cuatro especies.

Arion iratii se caracteriza por tener un aspecto externo más grácil que el resto de las especies del complejo. Presenta los tres conductos copuladores en un único plano, con el epifalo ocupando una posición central. El epifalo y el canal deferente tienen longitud similar: 10-15 mm dependiendo de la madurez sexual. La lígula tiene la misma forma que en las otras especies del complejo, elíptica en los no maduros y en forma de U en los individuos en fase de cópula.

A pesar de las diferencias observadas entre especies, es necesario mencionar que la posición y la localización de las aberturas del receptáculo seminal, el epifalo y el oviducto libre sobre el atrio no tienen valor taxonómico ni funcional, ya que en el momento de la cópula los orificios que se yuxtaponen son el orificio del epifalo y del oviducto libre. El orificio del receptáculo seminal no está evaginado.

Distribución de *Arion iratii* en la Península Ibérica

Arion iratii se ha encontrado en la Sierra Aralar (Gipuzkoa), donde fue descrita como *Arion lizarrustii*, y en la Sierra de Urbasa, la Selva de Irati y la Sierra de Abodi (Navarra), como se muestra en la Figura 42.

Figura 42. Distribución de *Arion iratii* en la Península Ibérica.

Notas históricas sobre *Arion iratii* en la Península Ibérica

En esta monografía se reconoce la sinonimia de *Arion iratii* y *Arion lizarrustii*.

GARRIDO, CASTILLEJO e IGLESIAS (1995) describen *Arion iratii* a partir de especímenes del género *Arion* recogidos en la Selva de Irati, Navarra. Son babosas de tamaño mediano, que en extensión miden 65 mm, su cuerpo es de color marrón y negro, con los costados más claros. Los individuos marrones tienen dos bandas laterales oscuras bien marcadas en el dorso posterior y escudo, pasando la derecha por encima del orificio respiratorio. En los individuos negros estas bandas, aunque existen, no son tan fácilmente visibles. El dorso de los individuos marrones tiene líneas negras. Las bandas laterales oscuras aparecen delimitadas superiormente por sendas líneas blancas. Los flancos son de tono más claro que el dorso superior, grises en los individuos marrones y marrones oscuros en los individuos negros. El borde de la suela pedia es gris con lineolas negras. Los tubérculos de la piel están bien marcados, gruesos. El mucus del cuerpo es amarillento. La suela pedia es blanca o amarilla. Del sistema genital dicen que «*los conductos copuladores están dispuestos en un plano, y el epifalo ocupa la posición intermedia entre el receptáculo seminal y el oviducto. El epifalo es más largo que el canal deferente, como media Cd/Ep = 0.8 (en conjunto, las longitudes del epifalo y del canal deferente sobrepasan los 20 mm). Durante la cópula el oviducto libre constituye un órgano estimulador en forma de embudo».* El receptáculo seminal es esférico u ovoide.

GARRIDO, CASTILLEJO e IGLESIAS (1995) describen un nuevo ariónido, *Arion lizarrustii*, que recogieron en 1989 en el Alto de Lizarrusti (Gipuzkoa) y en la Sierra de Urbasa (Navarrra). De esta especie indican que se caracteriza *«por su aspecto externo grácil y con los tubérculos dérmicos finos, el dorso es marrón oscuro y está cubierto de líneas negras, en los costados y en el escudo existen dos bandas laterales. Los tres conductos copuladores se sitúan en el mismo plano, con el epifalo ocupando una posición central; el epifalo es un poco más largo que el canal deferente, Cd/Ep = 0.9. Durante la cópula los órganos genitales evaginados aparecen como una pequeña masa esférica».* El reborde de la suela es amarillento y la suela pedia de color crema. La cabeza es gris, con tentáculos oscuros. Los tubérculos de la piel son finos. El mucus de la suela es blanco y el mucus corporal naranja.

Sinonimias

Arion iratii Garrido, C., Castillejo, J. & Iglesias, J. 1995. *Archiv für Molluskenkunde* 124 (1/2): 103-118.

Arion lizarrustii Garrido, C., Castillejo, J. & Iglesias, J. 1995. *Archiv für Molluskenkunde* 124 (1/2): 103-118.

Material utilizado para el estudio anatómico y molecular

1. Alto de Lizarrusti, Gipuzkoa: 24-03-2012, 09-06-2016
2. Casas de Irati, Pikatua, Selva de Irati, Ochagavía, Navarra: 10-11-2015, 30-05-2016
3. Selva de Irati, Ochagavía, Navarra: 24-09-1991, 18-09-1994
4. Puerto de Lizarrusti, Ataun, Gipuzkoa: 07-11-1989, 19-09-1994
5. Sierra de Urbasa, Navarra: 27-09-1991

En la siguiente tabla se detallan las localidades en las que se recolectaron ejemplares de *Arion iratii* para el estudio molecular llevado a cabo en esta monografía. Para cada localidad se indican los especímenes que fueron secuenciados, utilizando para ello el código asignado en la colección del Departamento de Zoología de la USC. En la última columna se indica el código del haplotipo único para el fragmento *barcode* del gen *cox1* que aparece en el detalle del árbol filogenético de esta especie.

Localidad	Especímenes secuenciados	Haplotipo *cox1-5'* de referencia
Casas de Irati, Pikatua, Selva de Irati, Ochagavía, Navarra	USCM6412	USCM6412
	USCM6413	USCM6413
	USCM6408 USCM6415	USCM6408
	USCM6399	USCM6399

Resultados del análisis filogenético de *Arion iratii*

Las secuencias obtenidas a partir de los especímenes recolectados en este estudio se engloban, dentro de la filogenia basada en el fragmento *barcode* del gen *cox1*, en un clado monofilético con buen soporte estadístico (probabilidad posterior = 0.96, Figura 43) que incluye además secuencias de GenBank pertenecientes a especímenes asignados a las especies *Arion iratii* y *Arion lizarrustii*. Estos resultados apoyan la sinonimización de ambos taxones hecha en base al estudio anatómico.

El clado de *Arion iratii* se sitúa dentro del complejo *subfuscus*, diferenciado del resto de las especies incluidas en dicho complejo, apoyándose así su estatus como buena especie (Figura 53). El árbol multilocus mostrado en la Figura 54 sitúa a *Arion iratii* como la especie hermana de *Arion fuscus*.

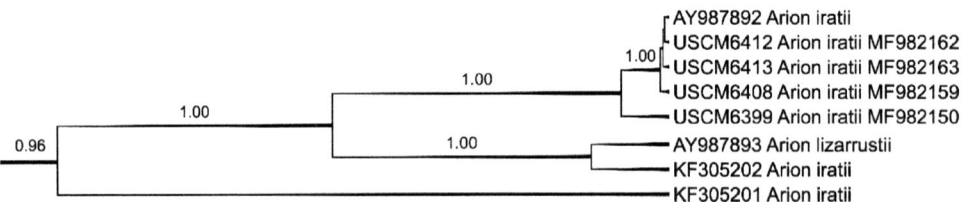

Figura 43. Detalle del árbol filogenético basado en el fragmento *barcode* del gen mitocondrial *cox1* que muestra las relaciones entre los especímenes de *Arion iratii* secuenciados en esta monografía (ver nota final, pág. 389).

1

2

4

5

6

7

8

Lámina 12.1. *Arion iratii*

Puerto de Lizarrusti, Ataun, Sierra de Aralar, Gipuzkoa, España

Población previamente atribuida a *Arion lizarrustii*

Figuras

1, 2 y 3: Puerto de Lizarrusti, Sierra de Aralar.

4 a 7: Ejemplares de *Arion iratii* previamente considerados *Arion lizarrustii*.

8: Suela pedia blanquecina.

Observaciones

GARRIDO, CASTILLEJO e IGLESIAS (1995) describieron la especie *Arion lizarrustii* a partir de ejemplares recogidos en el Alto de Lizarrusti (Gipuzkoa) y en la Sierra de Urbasa (Navarra).

Son individuos que alcanzan los 65 mm de longitud en extensión. El dorso es de color marrón rojizo con tintes negruzcos. Dos bandas laterales oscuras recorren los costados e invaden el escudo. Por encima de cada banda negra de los costados se puede apreciar una línea marrón amarillenta. Los flancos son de color marrón amarillento. La suela pedia es de color amarillento cremoso. El mucus de la suela es blanco, y el del cuerpo anaranjado.

En el sistema genital se observa que los tres conductos copuladores desembocan en el atrio en un único plano y el epifalo ocupa la posición central. El oviducto libre es muy largo y contiene en su porción distal la lígula, que tiene dos pliegues longitudinales que pueden aparecer unidos por sus extremos anteriores o posteriores. En su extremo anterior, la lígula se prolonga en el atrio por medio de pliegues secundarios para formar una estructura cónica protuberante alrededor de la desembocadura del epifalo. El epifalo y el canal deferente son de la misma longitud, 10 mm.

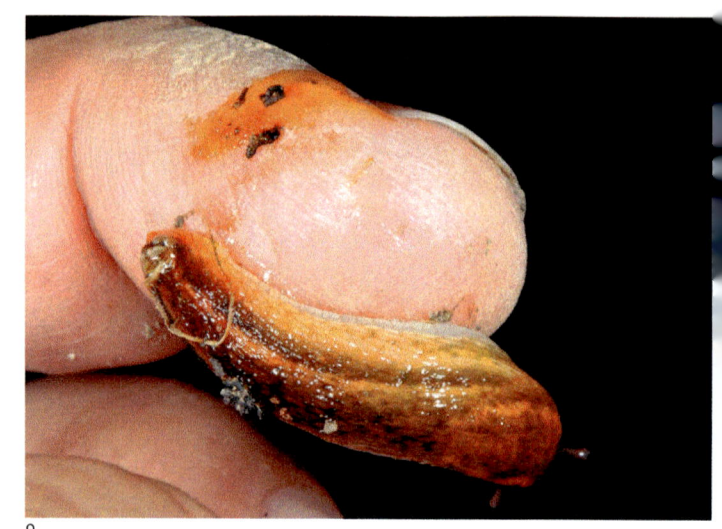

9

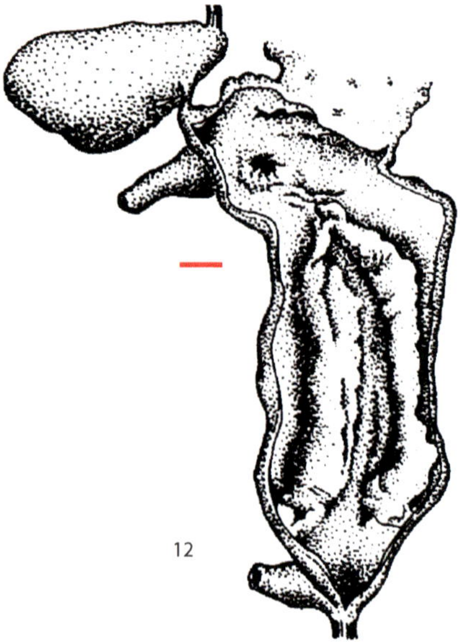

11

12

13

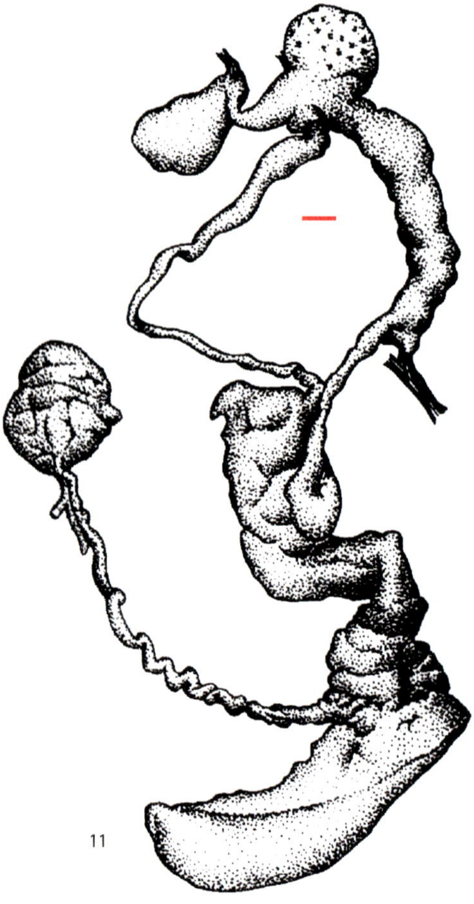

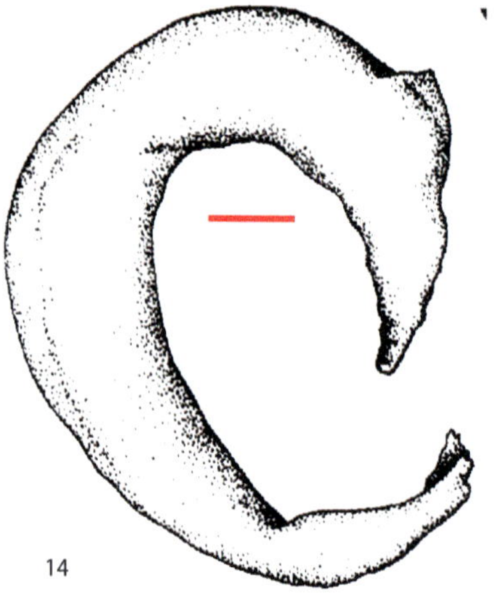

14

Lámina 12.1. (cont.) *Arion iratii*

Puerto de Lizarrusti, Ataun, Sierra de Aralar, Gipuzkoa, España

Población previamente atribuida a *Arion lizarrustii*

Figuras

9 y 10: Detalle del mucus del cuerpo anaranjado.

11: Sistema genital de un espécimen adulto en fase femenina.

12: Lígula en el interior del oviducto libre distal.

13: Dibujo de un individuo conservado en etanol.

14: Dibujo del espermatóforo.

15 y 16: Microfotografías al microscopio electrónico del espermatóforo y detalle de la carena dentada.

Escala: 1 mm

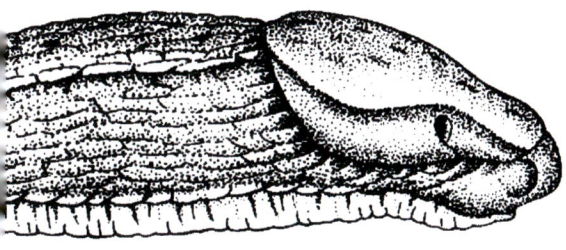

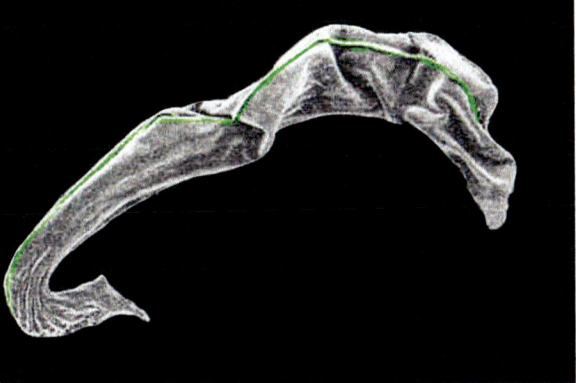

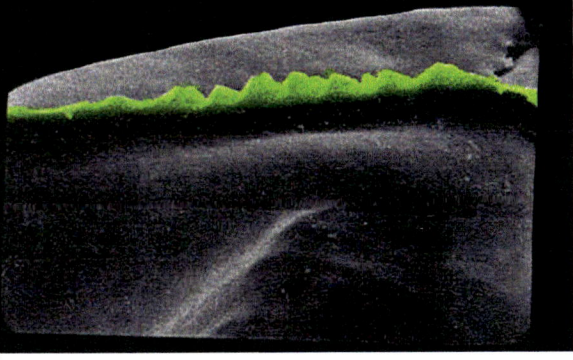

1

2

4

6

7

9

10

Lámina 12.2. *Arion iratii*

Casas de Irati, Pikatua, Selva de Irati, Ochagavía, Navarra, España

Figuras

1, 2 y 3: Casas de Irati, Selva de Irati.

4 a 10: Formas adultas, variabilidad del color del cuerpo.

11: Cópula observada en la Selva de Irati.

Observaciones

GARRIDO, CASTILLEJO e IGLESIAS (1995) describieron la especie *Arion iratii* a partir de especímenes recogidos en La Selva de Irati, en la zona de las Casas de Irati (Ochagavía, Navarra).

En la descripción de esta especie señalan que los individuos adultos pueden alcanzar los 65 mm en extensión. Son de color castaño claro u oscuro, con tintes rojos, algunos son de color gris, pero no negro azabache. Sobre el dorso existen dos bandas oscuras que se prolongan hasta el escudo. Las bandas laterales oscuras aparecen delimitadas superiormente por sendas líneas blancas. Los flancos son de tono más claro que el dorso, gris en los individuos marrones y marrón oscuro en los individuos negros. La suela pedia es blanquecina. El mucus del cuerpo es amarillento.

El oviducto libre, el epifalo y el canal del receptáculo seminal desembocan en el atrio genital en un único plano, con el epifalo en el medio. La longitud del epifalo es de 13 mm y la del canal deferente 10 mm. El epifalo puede estar pigmentado de negro. El oviducto libre distal aloja la ligula, la cual está compuesta por dos pliegues longitudinales que se unen por el extremo proximal.

El espermatóforo mide 15 mm, con una carena dentada a lo largo de toda su longitud. Estos autores indican que una noche de otoño encontraron siete cópulas en el hayedo de las Casas de Irati.

1

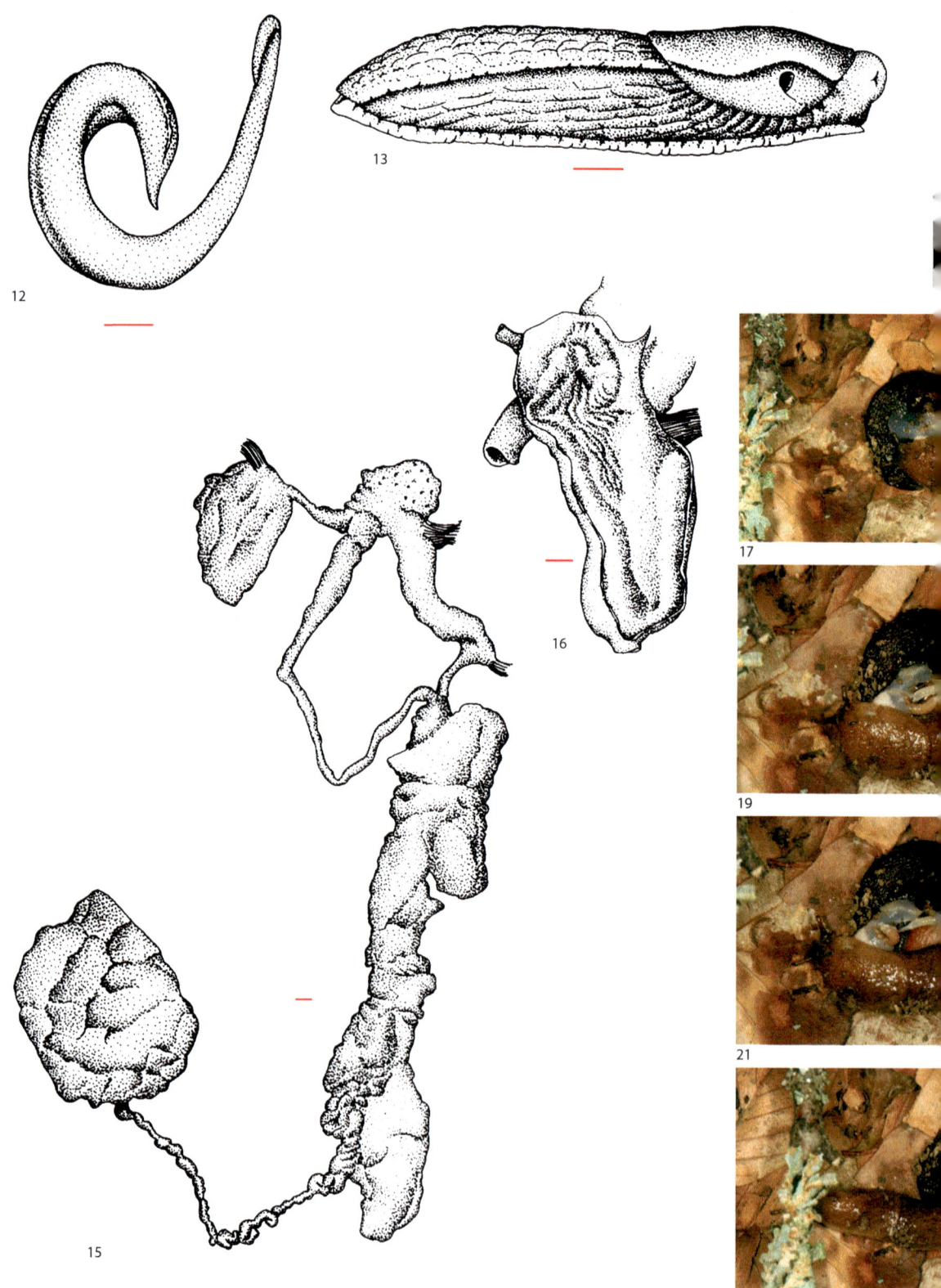

12

13

15

16

17

19

21

23

Lámina12.2. (cont.) *Arion iratii*

Casas de Irati, Pikatua, Selva de Irati, Ochagavía, Navarra, España

Figuras

12 y 14: Espermatóforo y detalle de los dentículos.

13: Dibujo de la morfología externa.

15: Sistema genital.

16: Lígula.

17 a 24: Distintas fases de la cópula de *Arion iratii* observada en la Selva de Irati.

Escala: 1 mm

18

20

22

24

Figura 44. Fotografía de *Arion ponsi* en la localidad de Barranc d'Algendar (Menorca).

Arion ponsi Quintana Cardona, 2007

Caracteres diagnósticos basados en la anatomía

i.   Babosa de color variable entre naranja y crema, en vivo alcanza los 75 mm de longitud.
ii. Posee dos bandas longitudinales oscuras en el manto y el dorso.
iii. La suela pedia es de color crema con tonalidad grisácea.
iv. Mucus amarillento.
v.   El epifalo y el canal deferente tienen igual longitud, 10 mm.
vi. Lígula piriforme en juveniles y en forma de U en adultos.

Observaciones: Debido a la existencia de especies crípticas en este complejo, es esencial tener en cuenta la procedencia de los ejemplares y los rangos de distribución de las especies. La distribución de *Arion ponsi* está restringida a la isla de Menorca en las Baleares.

Descripción

Morfología externa y coloración

En extensión los adultos miden 75 mm y conservados en etanol al 70% miden 45 mm. El cuerpo es de color grisáceo amarillento. Posee dos bandas dorsales de color oscuro que recorren el cuerpo y el escudo. El reborde de la suela pedia es de color amarillo-naranja. La suela pedia es de color blanco. El mucus de la suela es incoloro. El mucus del cuerpo es amarillento.

Sistema genital

Atrio distal. Esférico, globoso. Externamente recubierto de una capa de aspecto glanduloso. En el interior del atrio, en la luz, existe un abultamiento no muy prominente y de longitud igual al atrio distal, que ocupa casi el 50% de la luz del atrio distal.

Atrio proximal. Pequeño, en él desembocan el receptáculo seminal, el epifalo y el oviducto libre distal. El epifalo desemboca entre el receptáculo seminal y el oviducto libre.

Epifalo. En los cuatro individuos anatomizados, que fueron recogidos en tres localidades distintas, mide constantemente 10 mm. La comunicación entre epifalo y atrio proximal se realiza por un esfínter cónico, con digitaciones, cuya estructura y aspecto recuerda a la linterna de Aristóteles de los equinodermos, con las digitaciones dirigidas hacia el atrio. Se hipotetiza que esta estructura interviene en la transferencia del espermatóforo, sujetando el espermatóforo en el momento de la transferencia.

Interior/Luz del epifalo. La luz interna del epifalo está tapizada por papilas poliédricas, más o menos romboidales y de tamaño variable. Internamente, y coincidiendo con la parte externa cóncava, existe un surco longitudinal, que recorre el epifalo anteroposteriormente. En el epifalo se forma el espermatóforo. En el surco se debe formar la quilla o carena del espermatóforo. En la luz del surco no existen las pequeñas papilas, por lo que se sospecha que la quilla o carena del espermatóforo no debe tener dentículos muy marcados. Esto coincide con las observaciones de la ornamentación de la carena o quilla de los espermatóforos.

Canal deferente. Perfectamente separado del epifalo y de longitud casi igual a este, 10 mm.

Oviducto libre distal. La parte próxima al atrio está ligeramente curvada y alberga a la lígula. En el punto de entroncamiento del oviducto libre distal con el oviducto libre proximal se inserta la rama del paquete muscular que se une a la base del receptáculo seminal. El conjunto tiene forma de Y, cuyo tronco se une a la pared del cuerpo.

Lígula. En los individuos juveniles es piriforme, en los adultos tiene forma de U. Las ramas abiertas de la lígula miran hacia el atrio. La parte proximal de la lígula es musculosa, más abultada que la distal. En algunos ejemplares se encontraron trozos de espermatóforo en el receptáculo seminal. La longitud de la lígula es ligeramente inferior a la longitud del oviducto libre distal (mide alrededor de 7 mm). El oviducto libre proximal es muy corto (3 mm).

Receptáculo seminal. Esférico, muy voluminoso. El conducto del receptáculo seminal es muy corto (2 mm). En la base del receptáculo seminal se une la rama del músculo retractor que forma un haz en forma de Y con la rama que se une al oviducto libre.

Espermatóforo. Longitud aproximada de 15 mm, de tamaño superior al del epifalo, por lo que se deduce que el canal deferente puede intervenir en la formación del espermatóforo. Es decir, sugiere que el espermatóforo se transfiere a medida que se va formando. En la parte central y abultada del espermatóforo es donde se observa una masa amarillenta, que debe corresponder a los espermatozoides. En algunos ejemplares se han observado dos espermatóforos dentro del receptáculo seminal. Espermatóforo con quilla, pero la quilla sin dientes en forma de sierra.

Distribución de *Arion ponsi* en la Península Ibérica

Según QUINTANA CARDONA (2007) *Arion ponsi* es un componente autóctono de la malacofauna balear y añade que «*Se ha de tener presente que las Islas Baleares constituyen un territorio aislado desde el Mioceno medio (es decir, desde 14.8 Ma), un hecho que, sin duda, ha propiciado el aislamiento reproductivo de la fauna existente en estas islas y la formación de nuevas especies a partir de sus ancestros continentales*». Hasta el momento, en el archipiélago Balear, esta especie ha sido encontrada únicamente en la isla de Menorca.

Figura 45. Distribución de *Arion ponsi* en la Península Ibérica.

Notas históricas sobre *Arion ponsi* en la Península Ibérica

QUINTANA CARDONA (2007) describe un nuevo ariónido en las Islas Baleares, que denomina *Arion (Mesarion) ponsi*. La localidad tipo es el Barranc d'Algendar, Ferreries, Menorca. Según Quintana «*en vivo miden 70 mm de longitud. La coloración es variable, va desde el anaranjado al beige, con dos bandas oscuras sobre los costados y escudo. La suela pedia es blanquecina. El mucus del cuerpo es transparente. El epifalo mide 10 mm, y se entronca en el atrio en una posición intermedia entre el oviducto libre y la espermateca. El vaso deferente es de igual longitud que el epifalo. La lígula está alojada en el interior del oviducto libre, y tiene dos pliegues longitudinales que se unen en su extremo proximal, adquiriendo la forma de U.*» Según el autor, el carácter que separa *Arion ponsi* de *Arion gilvus*, de *Arion iratii* y de *Arion lizarrustii*, es que el epifalo es de menor longitud que el canal deferente. Quintana Cardona compara *Arion ponsi* con *Arion subfuscus* de Montagne Noir en Francia, y se fija exclusivamente en la relación entre el epifalo y el canal deferente para caracterizar a *Arion ponsi*.

Según nuestra revisión de las especies del complejo de *Arion subfuscus*, la morfología externa y el sistema genital son extremadamente variables y es muy difícil encontrar caracteres diagnósticos robustos que separen las distintas especies. No obstante, el estudio filogenético presentado en esta monografía refuerza la delimitación de *Arion ponsi* en términos evolutivos.

Sinonimias

Arion ponsi Quintana Cardona, J. 2007. *Spira* 2 (3): 139-146.

Material utilizado para el estudio anatómico

1. Barranc d'Algendar, Ferreries, Menorca: 16-03-2012
2. Parque Natural S'Albufera des Grau, Menorca: 13-03-2012
3. Barranc de Rafalet, S'Algar. Menorca: 15-03-2012

Resultados del análisis filogenético de *Arion ponsi*

Las secuencias de *Arion ponsi* utilizadas para la reconstrucción de los árboles filogenéticos llevada a cabo en esta monografía proceden en su totalidad de GenBank, ya que no pudimos disponer de material propio para la secuenciación del ADN. Estas secuencias fueron publicadas en el trabajo de BREUGELMANS et al. (2013) sobre las relaciones filogenéticas entre *Arion gilvus* y *Arion ponsi*. La información recogida en GenBank atribuye la localidad de estas secuencias a la Ciutadella de Menorca y a Ferreries, ambas en Menorca. De esta última localidad, Ferreries, proceden los ejemplares del Barranc d'Algendar estudiados anatómicamente en nuestra monografía. Los resultados del análisis basado en el fragmento *barcode* agrupan estas secuencias en un clado monofilético con buen soporte (valor de probabilidad posterior = 1, Figura 46), apoyando por tanto la identidad de *Arion ponsi* como buena especie dentro del complejo de *Arion subfuscus*.

El árbol multilocus (Figura 54) muestra a *Arion ponsi* y *Arion molinae* como especies hermanas, lo que concuerda con los resultados de la reconstrucción filogenética de BREUGELMANS et al. (2013) para ambas especies.

Figura 46. Detalle del árbol filogenético basado en el fragmento *barcode* del gen mitocondrial *cox1* que muestra las relaciones entre los especímenes de *Arion ponsi* en base a secuencias obtenidas de la base de datos GenBank. El soporte para los distintos clados viene dado por los valores de probabilidad posterior (PP). Se muestran únicamente aquellos valores de PP > 0.4. El árbol filogenético completo, en el que se incluyen todos los haplotipos de referencia y del cual se ha extraído este clado, se muestra en la Figura 53.

Lámina 13.1. *Arion ponsi*
Barranc d'Algendar | Menorca, Islas Baleares, España

Figuras

1, 2 y 3: Barranc d'Algendar.

4 a 7: *Arion ponsi* adulto.

8 y 9: *Arion ponsi* juvenil.

10: Individuo conservado en etanol.

11 y 12: Sistema genital de un individuo adulto en fase masculina.

13 y 14: Lígula en forma de U en individuadultos.

Escala: 1 mm

7

10

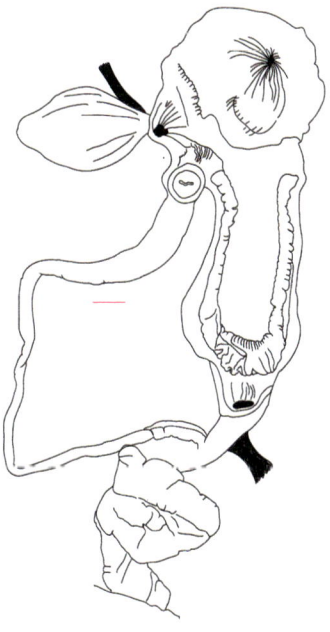

14

Observaciones

QUINTANA CARDONA (2007), al describir *Arion ponsi*, indica que es una especie endémica de Menorca y que se encuentra en todos los puntos de la isla. De su morfología externa indica que mide 65 mm, y es una babosa de color variable entre naranja y crema, con dos bandas longitudinales oscuras en manto y dorso que pueden ser borrosas en la sección posterior; la banda derecha pasa por encima del pneumostoma. El manto es generalmente un poco más claro, los tentáculos de color gris oscuro, la franja del pie del color del cuerpo y con algunas líneas transversales oscuras, la suela pedia de color crema con tonalidad grisácea, y el moco transparente. La anatomía interna es como la de *Arion lizarrustii*, *Arion gilvus* y *Arion iratii*, pero se diferencia en que el epifalo es más corto que el conducto deferente.

En la primavera de 2012 nos desplazamos a las Islas Baleares y tuvimos la oportunidad de recoger y estudiar topotipos de esta especie de tres localidades tipo donde QUINTANA CARDONA (2007) encontró *Arion ponsi*. La morfología externa de los topotipos que nosotros recogimos coincide con la indicada por el autor. Respecto a la anatomía del sistema genital, el autor indica que *Arion ponsi* se diferencia de las especies del complejo de *Arion subfuscus* de la Península Ibérica en que el epifalo es más corto que el conducto deferente. A este respecto, hay que indicar que las longitudes relativas del epifalo y el canal deferente de todos los ariónidos dependen del estado sexual; la mayor longitud del epifalo se da cuando se está formando el espermatóforo, y después se produce una paulatina reducción de la longitud y diámetro. Según nuestras observaciones, en todos los ejemplares anatomizados, el epifalo y el canal deferente tienen la misma longitud, 10 mm. Estas medidas coinciden con las señaladas por Quintana Cardona.

15

16

18

19

20

22

24

25

26

Lámina 13.1. (cont.) *Arion ponsi*

Barranc d'Algendar | Menorca, Islas Baleares, España

Figuras

15, 16 y 17: Parque Natural S'Albufera des Grau.

18 a 22: *Arion ponsi*, adultos fotografiados *in situ*.

23: Individuo conservado en etanol.

24: Sistema genital.

25: Lígula en forma de U de un individuo adulto.

26: Espermatóforo.

27: Interior del epifalo.

Escala: 1 mm

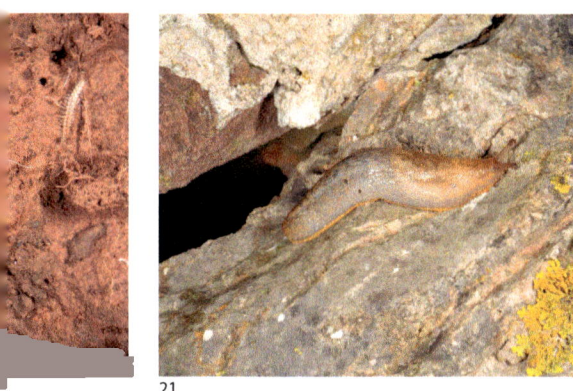

21

23

27

28

29

31

32

33

35

37

38

39

40

Lámina 13.1. (cont.) *Arion ponsi*
Barranc d'Algendar | Menorca, Islas Baleares, España

Figuras

28, 29 y 30: Barranc de Rafalet, S'Algar.

31: Individuo encontrado debajo de una piedra.

32 a 35: Individuos fotografiados *in situ*.

36: Individuo conservado en etanol.

37 y 40: Sistema genital de un individuo juvenil.

38 y 41: Lígula elíptica cerrada.

39: Interior del epifalo.

Escala: 1mm

34

36

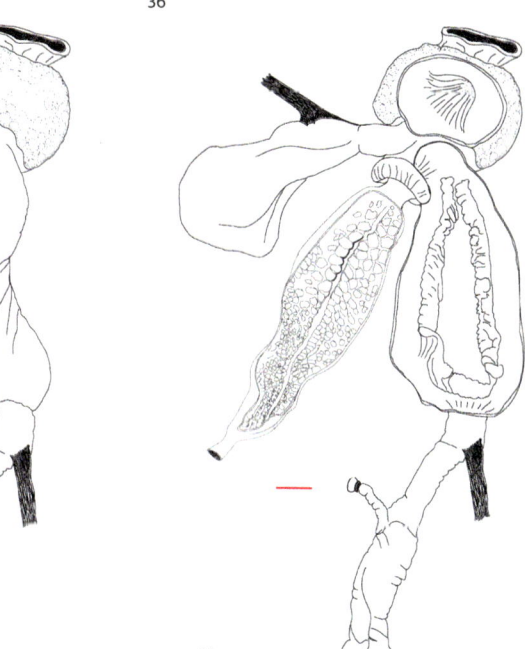

41

Complejo de *Arion hortensis*

Generalidades

En Europa se incluyen, dentro del complejo de *Arion hortensis*, a las siguientes especies: *Arion hortensis* Férussac, 1819, *Arion distinctus* Mabille, 1868, *Arion owenii* Davies, 1979 y *Arion occultus* Anderson, 2004.

En la Península Ibérica hemos encontrado ejemplares pertenecientes a este complejo, pero las diferencias anatómicas entre los ejemplares de la Península Ibérica y los de Centroeuropa, así como la gran variabilidad intraespecífica que dificulta encontrar caracteres diagnósticos claros, nos impiden resolver la taxonomía y la distribución de este complejo en la Península Ibérica en base a los datos de los que disponemos en este momento. El problema queda, pues, abierto para futuras investigaciones. Las relaciones filogenéticas deducidas a partir de nuestros análisis con el marcador mitocondrial *cox1*-5' (Figura 53) sugieren dos posibles hipótesis acerca de la sistemática de este complejo. Una de ellas, asumiendo la correcta identificación de los ejemplares de *Arion hortensis*, *Arion distinctus* y *Arion owenii* europeos para los que existen secuencias de ADN en Genbak, implicaría la presencia de al menos dos especies del complejo *hortensis* en la Península Ibérica (*Arion distinctus* y *Arion owenii*) y la existencia de diversidad críptica dentro de este complejo de especies. Alternativamente, todos estos linajes podrían considerarse conespecíficos, lo que implicaría sinonimizar las especies actualmente incluidas dentro del complejo de *Arion hortensis*. Dada la imposibilidad de resolver la sistemática de este complejo con los datos de los que disponemos, en este capítulo hacemos una descripción morfológica general para el complejo de especies en la Península Ibérica, omitiendo la distinción entre las posibles especies que puedan estar incluidas en el mismo.

Los especímenes incluidos en este complejo son ariónidos de tamaño mediano, que en extensión alcanzan los 45 mm y conservados en etanol al 70% miden 25 mm. El dorso es de color gris oscuro, casi negro y los tubérculos de la piel no están muy marcados. La suela pedia y su reborde son de color amarillo o anaranjado. La lígula tiene forma de elipse cerrada, con un pliegue distal que se proyecta hacia el atrio. El epifalo es más corto que el canal deferente, y ambos miden alrededor de 9 mm de longitud.

Según BOGON (1990), *Arion hortensis* en Centroeuropa se encuentra muy asociado a los campos de cultivo, por lo que fácilmente ha podido ser introducido asociado a los productos agrícolas en almacenes y bodegas, donde, en condiciones de humedad adecuadas, puede llegar a reproducirse. Esta especie es considerada en la actualidad invasora en numerosos países (ej. EEUU, Canadá, Sudáfrica), en los que causa daños graves en numerosos cultivos (CABI 2019).

Figura 47. Fotografía de *Arion* cfr. *hortensis* en la Selva de Irati (Navarra).

Arion cfr. *hortensis*

Caracteres diagnósticos basados en la anatomía

i. Ariónidos de tamaño mediano, en extensión alcanzan los 45 mm y conservados en etanol miden 25 mm.
ii. Dorso de color gris oscuro, casi negro. Los tubérculos de la piel no están muy marcados.
iii. La suela pedia y su reborde son de color amarillo o anaranjado.
iv. El oviducto libre está dividido en tres áreas de grosor creciente hacia el atrio.
v. La lígula está alojada en el oviducto libre distal.
vi. El epifalo es más corto que el canal deferente, y ambos miden alrededor de 9 mm de longitud.

Descripción

Morfología externa y coloración

Los adultos de *Arion* cfr. *hortensis* pueden llegar a alcanzar los 45-50 mm de longitud, mientras que conservados en etanol miden aproximadamente 25 mm. Los tubérculos de la piel son muy finos y poco marcados. El dorso es negruzco, en cada costado y sobre el escudo aparece una banda negra fuertemente marcada. La banda derecha se arquea en el escudo por encima del orificio respiratorio. Las bandas de los costados aparecen delimitadas superiormente por una línea clara, poco marcada y no siempre visible. Los flancos son de color gris blancuzco. En el interior de los tubérculos de los costados se observan acúmulos de pigmento blanco, a modo de puntitos. En ocasiones se pueden contar hasta 15 puntos blancos por tubérculo. Este acúmulo de pigmento blanco también se observa en los tubérculos del dorso. La orla o reborde del pie es de color amarillento y la suela es uniformemente amarilla o anaranjada.

Sistema genital

Los atrios genitales proximal y distal están bien definidos. En el atrio proximal se inserta el oviducto libre, el epifalo y el canal del receptáculo seminal. La inserción de los tres está en un mismo plano.

Epifalo. Es ligeramente más corto que el canal deferente. El epifalo mide 4 mm y el canal deferente 5 mm. La transición entre el canal deferente y el epifalo está bien marcada debido a una angostura del epifalo. El epifalo desemboca en el atrio proximal sin ninguna estructura especial que lo rodee, excepto unas arrugas presentes en el espacio intermedio entre él y la desembocadura del oviducto libre. En algunos ejemplares se observa, en la desembocadura del epifalo, un pliegue en forma de roseta que rodea la abertura del canal del receptáculo seminal y la oblitera.

Oviducto. El oviducto libre está dividido en tres segmentos: una porción proximal delgada, una media gruesa y una distal aún más gruesa que desemboca en el atrio proximal. La porción media del oviducto libre es de paredes gruesas y está cubierta por una vaina muscular, lisa y refulgente a la luz incidente. La porción distal del oviducto libre es gruesa y posee una pared flexible que encierra la lígula. La lígula tiene forma de elipse cerrada, con un pliegue distal que se proyecta hacia el atrio. Si la orientación del oviducto es incorrecta puede dar la sensación de que la lígula está formada por dos pliegues alargados en el sentido del oviducto libre. En la porción distal del oviducto libre se inserta un músculo retentor del genital.

Receptáculo seminal. El receptáculo seminal es esférico u ovoide y en la unión con su canal se inserta una de las ramas del músculo retractor del genital, la otra rama muscular se inserta en el abultamiento anular del epifalo que aparece antes de desembocar en el atrio proximal. En el interior de la pared atrial aparece un engrosamiento de sección rectangular, próximo a la desembocadura del epifalo. La pared exterior del atrio proximal está provista de músculos retentores. El atrio distal está recubierto por una capa de aspecto glanduloso.

Espermatóforo. En el atrio de un individuo de *Arion* cfr. *hortensis* del Puerto de Capsacosta se encontró un espermatóforo en buenas condiciones de conservación. Tiene una longitud de aproximadamente 4 mm y un grosor máximo de 1 mm. Presenta un extremo «caudal» en forma de gancho largo y recurvado como una S y un extremo aguzado y doblado formando un ángulo obtuso. Este extremo acaba en punta y sostiene una excrecencia laminar muy fina que, según la bibliografía consultada, podría servir para anclar el espermatóforo a la estructura rectangular del atrio arriba citada. El sentido de la flexión de este ápice del espermatóforo es contrario al del ápice caudal. En el extremo caudal hay una cresta de dentículos.

Distribución de *Arion* cfr. *hortensis* en la Península Ibérica

Los ejemplares del complejo de *Arion hortensis* estudiados en esta monografía fueron recogidos en ambas vertientes de los Pirineos y en la cabecera del Sistema Ibérico (Figura 48). Siempre lo hemos encontrado en zonas sin influencia humana, en zonas boscosas, pero esto puede estar causado por nuestra metodología de muestreo, en la que nos centrábamos en zonas no antropizadas. En la bibliografía existen citas atribuidas a *Arion hortensis* en el País Vasco, en Galicia y en el norte de Portugal, siendo necesario en un futuro la confirmación anatómica y/o molecular de la presencia de esta especie, o este complejo de especies, en dichas zonas.

Figura 48. Distribución de *Arion* cfr. *hortensis* en la Península Ibérica.

Notas históricas sobre *Arion* cfr. *hortensis* en la Península Ibérica

La especie *Arion hortensis* fue descrita por Férussac en 1819, quien señala que es una especie frecuente en los alrededores de París. Los individuos son de color negro azulado, con dos bandas grisáceas en los costados que se prolongan por el escudo. Los costados son de color gris pálido. La suela pedia es amarillenta rojiza.

En la década de 1970 la malacóloga Stella Davies (DAVIES, 1977; 1979) descubrió que bajo el nombre de *Arion hortensis* se englobaban en Gran Bretaña tres especies distintas (*Arion owenii, Arion distinctus* y *Arion occultus*). La morfología de estas especies es muy similar: son *Arion* de tamaño pequeño, de color gris y con bandas oscuras dorsales, y con el moco de la suela pedia de color naranja brillante. *Arion hortensis* s. str. sería frecuente en el sur de Inglaterra, poco común en el norte y en Irlanda y estaría probablemente ausente en Escocia.

DE WINTER (1984) redescribe *Arion hortensis* basándose en ejemplares holandeses y belgas. Según de Winter los ejemplares vivos de esta especie miden 50 mm en extensión. El dorso es de color azul oscuro, casi negro. La suela pedia es de color naranja intenso. Las primeras filas de tubérculos encima de la franja del pie están densamente salpicadas de gránulos de pigmento blanco como la nieve, y también en el dorso hay gránulos de pigmento blanco o amarillo pálido. En el dorso y el manto existen dos bandas oscuras. Los tentáculos tienen un tinte rojizo o violeta, más o menos claro cuando se estiran frente a un fondo blanco. De la anatomía del sistema genital, señala que el epifalo, el receptáculo seminal y el oviducto libre desembocan en el atrio proximal en un mismo plano. Dentro del oviducto libre distal se encuentra la lígula, que está formada por dos pliegues que eventualmente se fusionan distalmente y se pueden introducir en el atrio proximal formando una especie de papila. El epifalo está dilatado en la parte distal, antes de desembocar en el atrio. En el interior del epifalo hay hileras de papilas. Delante del epifalo, en la salida al atrio proximal, hay una estructura oblonga, que puede ser algo curvada, pero nunca cónica o triangular. El conducto del receptáculo seminal es corto.

Según DAVIES (1977; 1979), DE WILDE (1983) y DE WINTER (1984), en el atrio proximal de *Arion hortensis,* entre las desembocaduras del epifalo y el canal del receptáculo seminal, existe una estructura de gran consistencia y de forma oblonga que está asociada al epifalo. Esta estructura no está presente en los especímenes de la Península Ibérica, pero sí aparece en individuos de *Arion hortensis* procedentes de los Países Bajos y Francia que el Dr. A. J. de Winter proporcionó para su estudio al Dr. Castillejo en la década de los 80. Además, la estructura rectangular del atrio proximal presente en los ejemplares ibéricos, está ausente de los individuos de *Arion hortensis* de Inglaterra, Bélgica y Países Bajos y tampoco aparece en esas formas la roseta en la desembocadura del canal del receptáculo seminal.

DE WINTER (1986) indica que, según WEBB (1961), *Arion hortensis* presenta un músculo retractor insertado en el epifalo. No obstante, indica que ha realizado varios intentos de encontrar dicho músculo tanto en *Arion hortensis* como en *Arion distinctus* y nunca lo ha encontrado. Prosigue diciendo que parece probable que los especímenes observados por Webb pertenecieran en realidad a *Arion intermedius*.

DE WINTER (1986) describe un nuevo ariónido, *Arion (Kobeltia) fagophilus,* con ariónidos que recogió en la Sierra de Urbasa y Alsasua (Navarra) y en el Alto de Lizarrusti y Oñate (Gipuzkoa). Según de Winter, *Arion fagophilus* es una especie de tamaño pequeño a mediano, con el dorso y partes del escudo de color gris oscuro. Los costados del cuerpo son blancos. El reborde de la suela y la suela pedia son ambos de color naranja brillante. La lígula está formada por dos pliegues y se aloja en el oviducto libre distal. El color blanco de los costados no está causado por la concentración de gránulos de pigmento blanco, como sucede en *Arion hortensis*, sino que es el color de fondo en sí mismo. En los animales vivos, los gránulos de pigmento blanco se encuentran escasamente dispersos por el cuerpo. La transición de la parte superior gris del cuerpo a los flancos blancos está marcada por bandas laterales más oscuras y tenues. En algunos ejemplares estas bandas apenas se distinguen. La mayor parte del pigmento de la banda derecha del manto se encuentra por encima del orificio respiratorio. Los animales tienen una sección transversal algo acampanada, como en las especies del subgénero *Carinarion*. En los animales vivos, los tentáculos muestran un color rojizo brillante cuando se extienden sobre un fondo blanco.

Según QUINTEIRO et al. (2005) los análisis de ADN de los topotipos de *Arion fagophilus* de la Sierra de Urbasa y del Alto de Lizarrusti presentan una distancia genética pequeña con los especímenes de *Arion hortensis* del Alto de Capsacosta.

En términos generales, la bibliografía relacionada con el complejo de *Arion hortensis* es abundante en Europa, pero su distribución geográfica es solo parcialmente conocida; y lo mismo sucede en el caso de la Península Ibérica.

Material utilizado para el estudio anatómico y molecular

1. Puerto de Capsacosta, Sant Salvador de Bianya, Girona: 13-11 1989, 10-06-2018

2. Selva de Irati, Ochagavía, Navarra: 19-09-1994, 15-05-2009, 22-03-2012, 30-05-2016
3. Sierra de Urbasa, Alsasua, Navarra: 07-11-1989, 11-05-2011, 24-03-2012, 09-06-2016
4. Alto de Lizarrusti, Ataun, Gipuzkoa: 07-11-1989, 11-05-2011, 24-03-2012, 09-06-2016
5. Viniegra de Abajo (Venta de Goyo), La Rioja: 24-03-2012, 26-05-2016
6. Vielha, Val d'Aran, Lleida: 10-11-1989, 14-05-2011, 04-06-2016

En la siguiente tabla se detallan las localidades en las que se recolectaron ejemplares de *Arion* cfr. *hortensis* para el estudio molecular llevado a cabo en esta monografía. Para cada localidad se indican los especímenes que fueron secuenciados, utilizando para ello el código asignado en la colección del Departamento de Zoología de la USC. En la última columna se indica el código del haplotipo único para el fragmento *barcode* del gen *cox1* que aparece en el detalle del árbol filogenético de esta especie.

Localidad	Especímenes secuenciados	Haplotipo cox1-5′ de referencia
Benasque, Huesca	USCM6591	USCM6591
Valle de Eriste, Benasque, Huesca	USCM6562 USCM6563 USCM6564 USCM6566 USCM6567	USCM6562
Panticosa pueblo, Huesca	USCM13639	USCM13639
Beaucens, Préchac, Lourdes, Francia	USCM7260	USCM7260
	USCM7259	USCM7259

Resultados del análisis filogenético de *Arion* cfr. *hortensis*

Los resultados del análisis filogenético basado en el fragmento *barcode* del gen *cox1* sitúan a los especímenes recolectados en Lourdes, Panticosa y Benasque en un clado monofilético junto con secuencias de GenBank pertenecientes a especímenes asignados a las especies *Arion hortensis*, *Arion distinctus* y *Arion owenii* por los autores que publicaron dichas secuencias (Figura 49).

El haplotipo USCM7260 de Lourdes, Francia se agrupa en el mismo clado que varias secuencias de GenBank identificadas como *Arion hortensis* con soporte estadístico elevado (probabilidad posterior = 1, Figura 49). Este clado aparece claramente separado de otro clado con el resto de especímenes de este complejo analizados en esta monografía. En este otro clado también aparecen secuencias de GenBank identificadas como *Arion owenii* y *Arion distinctus* (Figura 49). Por tanto, y según los resultados del análisis molecular, podrían encontrarse en la Península Ibérica varias especies del complejo de *Arion hortensis*, si bien como se ha mencionado anteriormente, cabe la posibilidad de que se trate de linajes divergentes de una única especie. En cualquier caso y con los datos disponibles, no es posible resolver esta cuestión, la cual debe quedar abierta a futuras investigaciones.

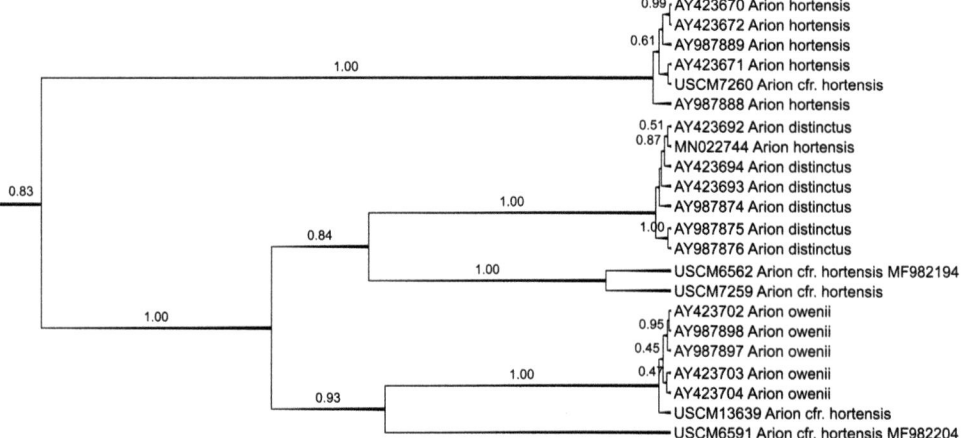

Figura 49. Detalle del árbol filogenético basado en el fragmento *barcode* del gen mitocondrial *cox1* que muestra las relaciones entre los especímenes de *Arion* cfr. *hortensis* secuenciados en esta monografía (ver nota final, pág. 389).

1

2

4

5

6

8

9

10

12

13

14

15

Lámina 14.1. *Arion* cfr. *hortensis*

Puerto de Capsacosta, Sant Salvador de Bianya, Girona, España

Figuras

1, 2 y 3: Puerto de Capsacosta, C-153, Girona.

4 a 9: *Arion* cfr. *hortensis*. Fotos analógicas tomadas en 1989.

10: Dorso y escudo con puntitos blancos.

11: Suela pedia de color amarillo.

12: Dibujo de individuo conservado en etanol.

13: Sistema genital de individuo en fase femenina.

14: Espermatóforo.

15: Parte distal del sistema genital. Detalle del músculo en el epifalo.

16: Lígula oblonga con un pliegue distal.

Escala: 1 mm

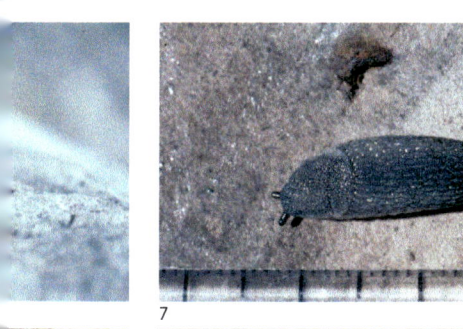

7

11

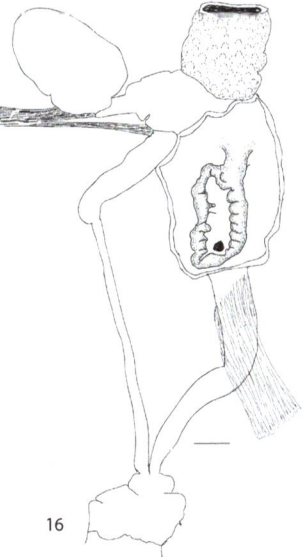

16

Observaciones

Los ejemplares que hemos asignado tentativamente a *Arion* cfr. *hortensis* son ariónidos pequeños, que en extensión pueden medir 50 mm. Son de color gris oscuro, con dos bandas más oscuras en dorso y escudo, delimitadas o no por una línea de tubérculos blanquecinos. Dentro de los tubérculos del dorso se observan muchos puntitos blancos. Los costados son blancos y dentro de los tubérculos siguen existiendo los puntitos blancos. En los individuos en fase femenina, el epifalo mide 4 mm y el canal deferente 7 mm. En la parte distal del epifalo se une una brida muscular que se bifurca de la rama muscular del receptáculo seminal. La lígula es elíptica oblonga con un pliegue distal que se introduce en el atrio. El espermatóforo es rechoncho y está aguzado en sus extremos.

La fotografía digital de alta resolución y el uso de flash anular en las fotografías de la morfología externa permiten apreciar los puntitos blancos en el interior de los tubérculos de la piel, tanto en el dorso como en los costados.

Cabe por tanto destacar que se han encontrado evidencias del músculo retractor del epifalo. En este sentido, DE WINTER (1986) indicó que nunca encontró en el sistema genital de *Arion hortensis* y *Arion distinctus* un músculo retractor sobe el epifalo. WEBB (1961) señala y figura en su Tesis Doctoral la existencia de un músculo retractor que se inserta en el epifalo de *Arion hortensis*. Esta observación de Webb le da pie a de Winter para indicar que *"parece probable que los especímenes de Webb pertenecían en realidad a Arion intermedius"*. Sin embargo, nuestras observaciones apoyarían la interpretación de Webb.

Por otra parte, el espermatóforo es algo diferente del atribuido al *Arion hortensis* de Inglaterra, pues los sentidos del incurvamiento de los ápices son contrarios entre sí en este ejemplar y coincidentes con los de la ilustración proporcionada por DAVIES (1977).

1

2

4

5

6

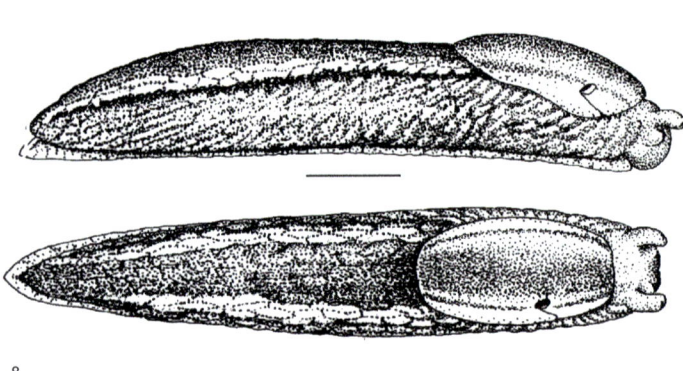

8

9

10

7

Lámina 14.2. *Arion* cfr. *hortensis*

(= *fagophilus*)

Sierra de Urbasa, Alsasua (Navarra) | Alto de Lizarrusti, Ataun (Gipuzkoa), España

Figuras

1, 2 y 3: Sierra de Urbasa. Dr. José Castillejo en las zonas de muestreo.

4 a 7: Especímenes vivos con el cuerpo de distinto color.

8 y 9: Dibujo y fotografía del mismo individuo conservado en etanol.

10: Sistema genital con bridas musculares sobre el epifalo.

11: Lígula y pliegues en el interior del atrio.

Escala: 1 mm

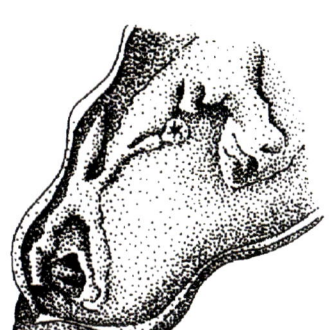

11

Observaciones

Es muy posible que *Arion fagophilus* de Winter, 1986 sea una sinonimia de *Arion hortensis* Férussac, 1819. Según DE WINTER (1986), las localidades típicas de *Arion fagophilus* son: Sierra de Urbasa, Alto de Lizarrusti y Sierra de Aitzgorri. DE WINTER (1986) define *Arion fagophilus* como "*Una especie de* Arion *de tamaño pequeño a mediano con un dorso y partes del manto de color gris opaco, flancos blancos y la suela y el reborde del pie de color naranja brillante. El oviducto libre tiene una parte grande y blanda que contiene una lígula, seguida de una parte musculosa y brillante, como en* Arion hortensis". Del aspecto externo resalta que "*El color blanco de los lados no es causado por una concentración de gránulos de pigmento blanco, como en* Arion hortensis, *sino que es el color de fondo en sí. En los animales vivos, los gránulos de pigmento blanco se encuentran escasamente dispersos por el cuerpo. La transición de la parte superior gris del cuerpo a los flancos blancos está marcada por bandas laterales más oscuras y tenues*".

Los ejemplares de *Arion* cfr. *hortensis* (= *fagophilus*) encontrados en la Sierra de Urbasa y en el Alto de Lizarrusti se ajustan muy bien a la descripción de *Arion fagophilus* dada por DE WINTER (1986). El Dr. De Winter examinó nuestro material de Urbasa y Lizarrusti, y confirmó su identificación como *Arion fagophilus*, aunque en el caso de los especímenes del Alto de Lizarrusti opinó que eran "*no típicos*".

12

13

15

16

17

18

19

20

21

22

23

Lámina 14.2. (cont.) *Arion* cfr. *hortensis*

(= *fagophilus*)

Sierra de Urbasa, Alsasua (Navarra) | Alto de Lizarrusti, Ataun (Gipuzkoa), España

Figuras

12, 13 y 14: Alto de Lizarrusti. Dr. J. Castillejo y Dr. J. Iglesias en la zona de muestreo.

15 a 22: Especímenes de *Arion* cfr. *hortensis* del Alto de Lizarrusti.

23: Individuo conservado en etanol.

24: Sistema genital.

Escala: 1 mm

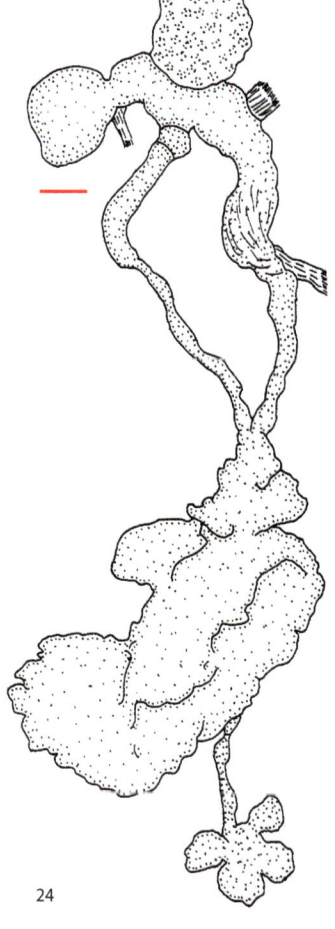

24

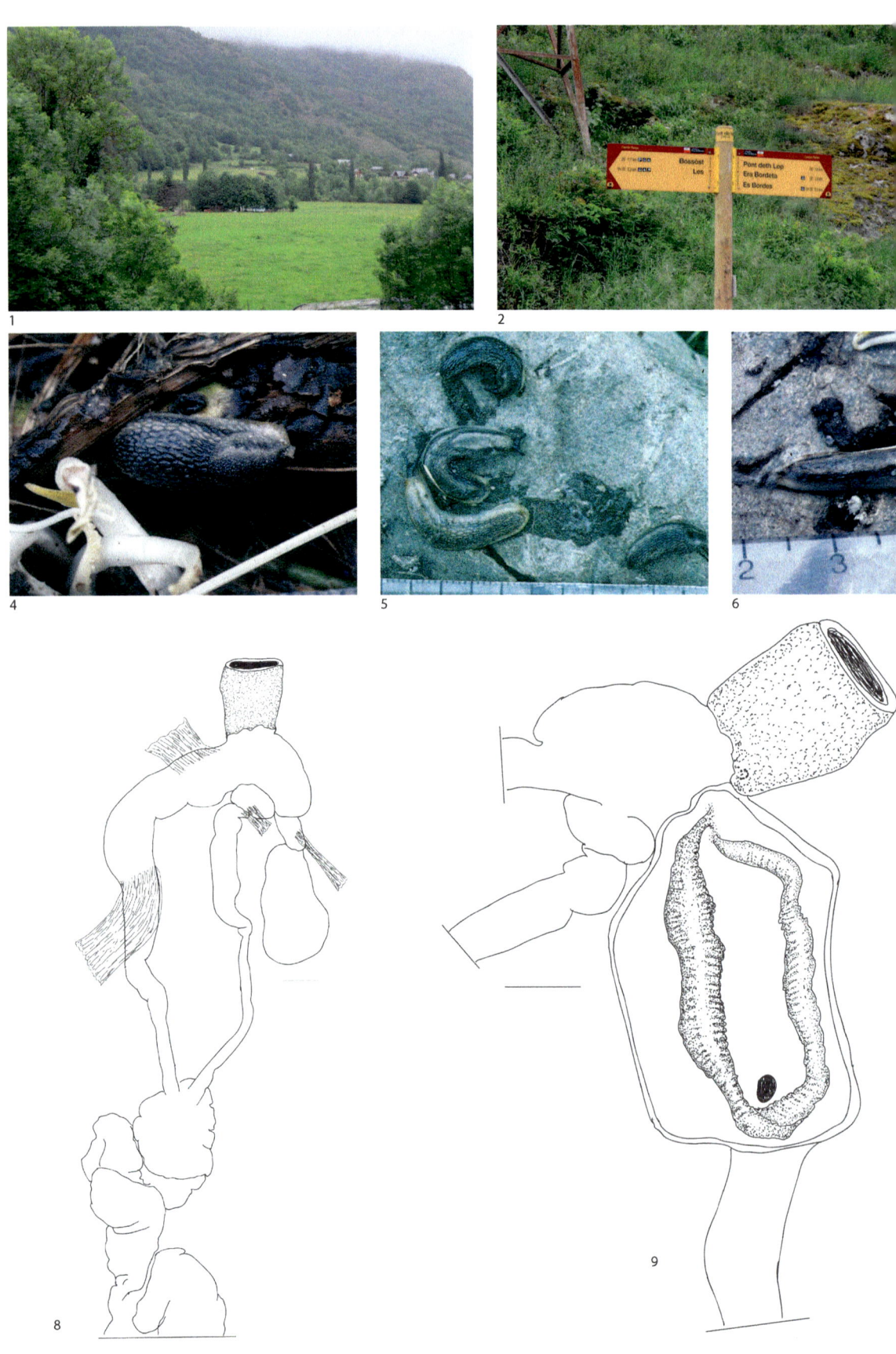

Lámina 14.3. *Arion* cfr. *hortensis*
Vielha, Val d'Aran, Lleida, España

Figuras

1, 2 y 3: Val d'Aran, cerca de Bossòst, Lleida.

4 a 7: Fotos analógicas tomadas *in situ* en 1989, digitalizadas posteriormente.

8: Sistema genital donde se observan los músculos sobre el epifalo.

9: Lígula oblonga, con los bordes distales ligeramente separados.

Escala: 1 mm

7

Observaciones

Los ejemplares de *Arion* cfr. *hortensis* recogidos en el Val d'Aran son animales pequeños, en vivo pueden sobrepasar los 40 mm, y conservados en etanol al 70% llegan a los 30 mm. El cuerpo es de color gris más o menos oscuro, o castaño amarillento, y los tubérculos están bien marcados. Presenta dos bandas oscuras sobre dorso y manto, flanqueadas superiormente por una fila de tubérculos más claros. Los costados son de color más claro. El mucus del cuerpo, el reborde de la suela y la suela pedia son de color amarillento.

El epifalo mide 4 mm de longitud y el canal deferente 5 mm. Sobre la parte distal del epifalo se inserta un músculo retractor que se bifurca de la rama muscular del receptáculo seminal. La lígula es oblonga, cerrada en la parte proximal y con los bordes abiertos en las proximidades del atrio. Cabe por tanto destacar que se han encontrado evidencias del músculo retractor del epifalo, al igual que en el ejemplar procedente del Puerto de Capsacosta (Girona).

Las fotografías analógicas disponibles de estos ejemplares del Val d'Aran (1989) no permiten definir la existencia o no de puntitos blancos en el interior de los tubérculos de la piel.

Complejo de *Arion intermedius*

Generalidades

Este complejo incluye animales de pequeña talla, que no suelen sobrepasar los 30 mm en marcha. Los tubérculos de la piel están medianamente marcados, mostrando una prominencia cónica, visible cuando el animal se contrae. El escudo tiene la superficie finamente granulada. El cuerpo es de color grisáceo pero varía entre amarillo, gris, marrón y gris oscuro, con dos bandas laterales que se pueden extender por el escudo y con puntitos blancos visibles al binocular. La suela pedia es de color amarillo pálido, y esta coloración se puede extender al reborde de la suela. El mucus es amarillento.

El sistema genital tiene paquetes musculares retractores bífidos, unidos al epifalo, al oviducto libre y al receptáculo seminal. El atrio distal es globoso, está bien desarrollado y cubierto de una masa de aspecto glandular. El atrio proximal está muy reducido. El receptáculo seminal es esférico y desemboca en el atrio distal por un corto canal. El oviducto libre y el epifalo son cortos. El canal deferente y el epifalo miden 2 mm cada uno. En el interior del epifalo existen papilas poligonales. En el interior del oviducto libre distal no aparece una lígula definida, sino que aparecen pliegues longitudinales muy finos. Los espermatóforos miden entre 3 y 4 mm, con o sin carena dentada.

En Portugal se describieron en el siglo XIX varias especies de babosas de pequeño tamaño. En la descripción de *Arion minimus* de SIMROTH (1891), el propio autor sugiere que puede tratarse de una sinonimia de *Arion intermedius*, y es así como se considera en la actualidad. Por otro lado, cuando Simroth redescribe el *Arion pascalianus* de Mabille, se está refiriendo a *Arion intermedius*. Por el tamaño, *Arion pascalianus* está próximo a *Arion fuscatus* Férussac, 1819. El *Arion pascalianus* descrito por Simroth mide poco más de 10 mm en etanol y el *Arion pascalianus* de Mabille mide 52 mm. Simroth ahonda en estas diferencias de tamaño e indica que muy posiblemente *Arion pascalianus* pueda ser incluido en *Arion minimus*, que falta como tal en Portugal, y unas líneas más abajo sitúa *Arion pascalianus* como intermedio entre *Arion hortensis* y *Arion minimus*.

Para realizar esta monografía se recogieron, en varias ocasiones, topotipos de las especies del género *Arion* descritas en Portugal. Se muestrearon las localidades donde Mabille, Pollonera y Simroth describieron nuevas especies. Se estudiaron las descripciones y dibujos que estos autores hacen sobre las especies de babosas portuguesas y se compararon con nuestras propias observaciones. Después de todo esto, y apoyándonos en análisis filogenéticos, llegamos a la conclusión de que las siguientes especies son sinonimias de *Arion intermedius* Normand, 1852:

> *Arion minimus* Simroth, 1885
> *Arion mollerii* Pollonera, 1889
> *Arion pascalianus* Mabille, 1868 *sensu* Simroth, 1891
> *Arion hessei* Simroth, 1893

A pesar de que solo hemos encontrado *Arion intermedius* en la Península Ibérica, mantenemos tentativamente el término complejo de especies por paralelismo con las anteriores secciones de esta monografía y por si en el futuro se confirmara la presencia de alguna otra especie de *Arion* de pequeño tamaño en la Península Ibérica que deba considerarse dentro de este complejo de especies.

Figura 50. Fotografía de *Arion intermedius* en Caldas do Gerês (Portugal).

Arion intermedius Normand, 1852

Caracteres diagnósticos basados en la anatomía

i. Animal de pequeño tamaño, en extensión alcanza los 30 mm.
ii. Alto grado de policromía. El color varía entre amarillo, gris, marrón y gris oscuro.
iii. Sobre el dorso y el escudo aparecen dos bandas de color distinto al color patrón del cuerpo.
iv. La suela pedia es amarilla, de intensidad variable. El mucus de la suela es amarillo.
v. En los individuos contraídos se dibuja una pequeña cúspide cónica sobre los tubérculos de la piel.
vi. El canal deferente y el epifalo miden 2 mm cada uno. En el interior del epifalo existen papilas poligonales.
vii. El músculo retractor del genital es complejo y consta de tres ramas, que se insertan en el epifalo, el canal del receptáculo seminal y la parte distal del oviducto libre, respectivamente.
viii. En el interior del oviducto libre distal no aparece una lígula definida, sino que aparecen pliegues longitudinales muy finos.
ix. Los espermatóforos miden entre 3 y 4 mm, con o sin carena dentada.

Observaciones: *Arion intermedius* es la especie de ariónido más pequeña de la Península Ibérica. Los adultos miden por término medio 25 mm de longitud en vivo. Debido a su pequeño tamaño a veces se confunde con individuos juveniles de otras especies, no obstante, por sus tubérculos puntiagudos y por su cara ventral de color amarillo claro, se distingue fácilmente de las restantes especies del género. Se trata de una especie ubiquista, que se encuentra en la mayor parte de los biotopos que se muestrearon para esta monografía.

Descripción

Morfología externa y coloración

El tamaño de los individuos adultos vivos alcanza los 25 mm de longitud y conservados en etanol alcanzan los 17 mm de longitud. Los tubérculos de la piel son pequeños y están bien marcados, si bien hemos encontrado ejemplares con tubérculos poco prominentes. Cuando el animal se contrae aparece una prominencia cónica sobre los tubérculos, dando al conjunto del dorso un aspecto granulado. Sobre el dorso de los individuos vivos y con ayuda de luz de flash fotográfico, se observan infinidad de puntitos blancos dentro de todos los tubérculos dorsales y de los costados. Estos puntitos no son reflejos de luz.

La parte superior del dorso es negra, gris claro u oscuro, o de color castaño claro u oscuro. Su policromía y polimorfismo son muy acusados. Los juveniles son de color blanquecino amarillento. En adultos y juveniles los flancos son de color blanco. Por cada costado discurre una banda negra, en el escudo la banda derecha rodea el orificio respiratorio. Por encima de cada banda oscura de los costados aparece una línea blanca formada por tubérculos más claros. La suela es amarilla pálida uniforme. Por transparencia, a través de la suela se puede ver la glándula de la albúmina y la masa visceral. La cabeza y los tentáculos son más oscuros. El mucus del cuerpo es amarillo. Es notorio en esta especie la existencia de un cúmulo de concreciones calcáreas bajo el escudo, constituyendo lo que CHEVALLIER (1972) llama pseudolimacela.

Sistema genital

En relación con el aparato genital, son llamativas las reducidas dimensiones del oviducto libre y del epifalo.

Ovotestis. La ovostestis, al igual que la glándula de la albúmina, es muy grande en relación al resto del aparato reproductor.

Glándula de la albúmina. La glándula de la albúmina, al igual que la ovotestis, es muy grande en relación al resto del aparato reproductor.

Espermoviducto. Corto y a veces muy grueso.

Oviducto. El oviducto libre distal es corto y fino. La inserción del músculo retractor se hace en su extremo distal, cerca del atrio. En el interior del oviducto no existe una lígula con forma definida, en su lugar aparecen numerosos pliegues longitudinales diminutos y poco profundos.

Epifalo. El punto de inserción del canal deferente con el epifalo está bien definido por la diferencia de diámetro. El epifalo presenta un gran engrosamiento anular en su desembocadura en el atrio, donde se unen musculillos retractores provenientes de la rama del receptáculo seminal. Tanto el epifalo como el canal deferente tienen la misma longitud, alrededor de 2 mm. El interior del epifalo está tapizado con filas de papilas poligonales, que pueden aparecer también en la zona del atrio proximal, cerca de la desembocadura del epifalo.

Receptáculo seminal. El canal del receptáculo seminal es corto. El receptáculo seminal es grande, de forma esférica u ovoide.

Atrio. El atrio proximal es reducido y el distal muy voluminoso, con la pared glandulosa de color amarillento.

Músculo retractor del sistema genital. Consta de tres ramas. Una se fija a la porción distal del oviducto libre, otra a la estructura anular del epifalo, y la tercera en el entronque del canal del receptáculo seminal con el receptáculo. Sobre el atrio, en las proximidades del oviducto libre distal, se inserta un músculo retentor.

Espermatóforo. Es aceptado que los ejemplares de *Arion intermedius* se pueden reproducir de manera uniparental. En nuestra investigación hemos encontrado en el interior del receptáculo seminal de algunos individuos de *Arion interme-dius* corpúsculos esféricos de un material blancuzco y deleznable que contiene fragmentos de espermatóforos. Este tipo de material, que aparece rellenando el receptáculo seminal de algunos individuos de *Arion intermedius*, había sido descrito por DAVIES (1977) para poblaciones británicas y para poblaciones portuguesas por RODRÍGUEZ (1990), pero sin referencia a indicios de existir espermatóforo. En cuatro ejemplares de *Arion intermedius* de tres localidades distintas de la Península Ibérica hemos encontrado espermatóforos comple-tos. La longitud del espermatóforo oscila entre 3 y 4 mm. Los espermatóforos aparecen curvados en forma de U y presentan un extremo redondeado y otro puntiagudo. En el tercio próximo al extremo romo se produce un ligero engro-samiento que es precedido de algunas crestas y hendiduras laterales. En uno de los espermatóforos, encontrado en un espécimen de la Sierra de Urbasa, se puede ver una cresta de dentículos.

Distribución de *Arion intermedius* en la Península Ibérica

Arion intermedius tiene una gran capacidad de adaptación y aparece en los más variados ambientes, desde bosques a prados, pasando por campos de cultivo y jardines. La especie ha sido citada en toda la Península Ibérica, existiendo mayor cantidad de citas por encima del paralelo 40; mientras que el número de citas es bastante menor en Andalucía y las regiones del sur del levante (Figura

51). Dado su pequeño tamaño, existe la posibilidad de que esta especie haya pasado inadvertida en los muestreos realizados en algunas localidades.

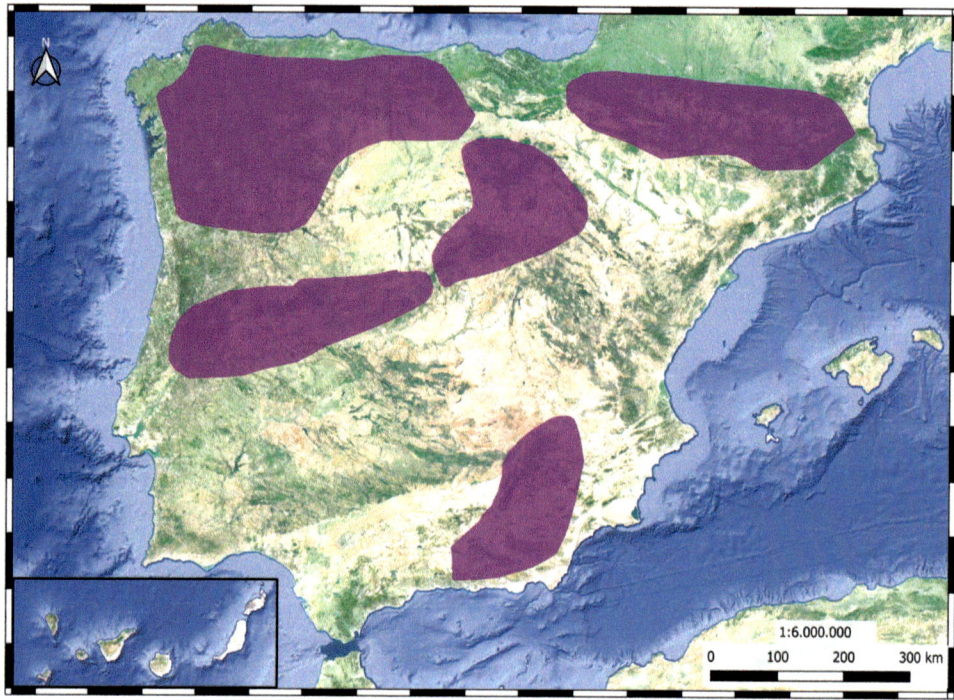

Figura 51. Distribución de *Arion intermedius* en la Península Ibérica.

Notas históricas sobre *Arion intermedius* en la Península Ibérica

Tradicionalmente, la especie *Arion intermedius* Normand, 1852 se clasifica dentro del subgénero *Kolbetia* Seibert, 1871. Es característico del subgénero *Kobeltia* el tener la suela pedia de color amarillo o anaranjado e incluso blanca, el dorso redondeado sin carena (dorso no «aquillado»), el mucus generalmente amarillento, el receptáculo seminal globoso, no puntiagudo, el oviducto libre dividido en tres porciones y la lígula, de existir, adopta formas variadas.

Arion intermedius fue descrito por NORMAND (1852) en su obra «*Description de six limaces nouvelles observées aux environs de Valenciennes. (Extrait du catalogue des mollusques terrestres et fluviatiles du département du Nord, ouvrage inédit du même auteur). - pp. 1-8. Valenciennes.*»

MABILLE (1868) describió *Arion pascalianus* con material recogido en la provincia de Trás-Os-Montes, al norte de Portugal. Esta especie, según Mabille, era la misma que *Arion fuscatus* Férussac *sensu* Morelet, 1845. Años más tarde SIMROTH (1891) redescribe el *Arion pascalianus* de Mabille como un animal de 10 mm de longitud, con mucus de la suela amarillo-naranja y la parte superior del cuerpo a veces gris y otras veces negra oscura con bandas. En el interior del escudo se encuentra una pequeña limacela. Mabille encontró esta especie en Portugal, en las zonas de montaña.

SIMROTH (1885) describe como *Arion minimus* a una pequeña babosa alemana con arrugas cortas y poligonales en el dorso, con pequeñas glándulas en el escudo cuya secreción hace que el lomo aparezca granuloso y con el sistema genital muy sencillo.

POLLONERA (1889) describió *Arion mollerii* basándose en tres ejemplares recogidos en la Mata de Buçaco (Luso) por Adolfo Moller, Inspector del Jardín Botánico de Coimbra. De la morfología interna indicó que el genital era muy parecido al de *Arion intermedius,* del que se diferenciaba por tener el epifalo y la porción infraprostática del oviducto más finos, y por el conducto del receptáculo seminal, que era más grueso. Añadió que externamente tenía el dorso de color córneo amarillento, con dos bandas castaño negruzcas a ambos lados, el margen del pie era amarillento y la suela pedia de color amarillo pálido. La longitud máxima no sobrepasaba los 28 mm. SIMROTH (1891), al hablar de su *Arion minimus,* que encontró en las Islas Azores, indicó que consideraba *Arion mollerii* de Buçaco como un *Arion minimus* o un *Arion intermedius.* TAYLOR (1907) la incluyó como la subvariedad *mollerii* de la variedad *appenina* de Pollonera dentro del *Arion intermedius.* HESSE (1926), sin embargo, la consideró como variedad de *Arion pascalianus,* y por su parte NOBRE (1941) la citó como sinónimo de *Arion intermedius.*

SIMROTH (1893) describió *Arion hessei* con un único ejemplar recogido en Coimbra, del que dice que es un animal pequeño, de coloración próxima a la de *Arion timidus* Morelet, 1845, aunque un poco más oscuro y con dos bandas sobre el dorso. Del sistema genital dice que una de las ramas de la musculatura genital se inserta en el epifalo.

WIKTOR (1973) describe *Arion intermedius* de Polonia como una babosa pequeña y de color amarillo, incluida la suela pedia, y con el mucus amarillo.

CASTILLEJO y RODRIGUEZ (1993b), al hablar de las especies descritas en Portugal, indican que hay que considerar sinonimias de *Arion intermedius* a:

- *Arion mollerii* Pollonera, 1889 [*locus typicus*: Buçaco, POLLONERA, 1889]
- *Arian pascalianus* Simroth, 1891 (non Mabille, 1868) [*locus typicus*: Gerês, Porto, Sintra. SIMROTH, 1891]
- *Arion hessei* Simroth, 1893 [*locus typicus*: Coimbra. SIMROTH, 1893]

Opinan que las descripciones que los autores dan de estas tres especies se refieren a *Arion intermedius*. Las tres especies son de tamaño pequeño, no sobrepasan los 30 mm de longitud, tienen dos bandas oscuras en el dorso y el escudo, la suela pedia es amarilla, el mucus es amarillo, y el genital es idéntico al de *Arion intermedius*. A esta conclusión llegan después de estudiar los topotipos de estas especies, recogidos en las mismas localidades donde fueron recogidas por Mabille, Pollonera y Simroth.

Sinonimias

Arion minimus Simroth, H. 1885. *Rij. Nat. Hist. Leiden*, 203-366.
Arion minimus Simroth, H. 1891. *Nova Acta der Ksl. Leop.-Carol. Deutschen Akademie der Naturforscher*, tomo LVI, número 2. Halle: 333.
Arion mollerii Pollonera, C. 1889. *Atti della R. Accademia delle Scienze di Torino* 24 (13, 15): 401-418 (or 623-640), Tav. IX [= 9].
Arion pascalianus Simroth, H. 1891. *Nova Acta der Ksl. Leop.-Carol. Deutschen Akademie der Naturforscher*, tomo LVI, número 2. Halle: 362.
Arion hessei Simroth, H. 1893. *Abhandlungen der Senckenbergische Naturforschende Gesellschaft*, 18: 290-307.

Material utilizado para el estudio anatómico y molecular

1. Curral de Leonte, Caldas do Gerês, Serra do Gerês, Portugal: 28-04-2009
2. Sierra de Urbasa, Navarra: 11-05-2011
3. Pinar de Valsaín, Real Sitio de San Idelfonso, Segovia: 02-03-2012
4. Vielha, Val d'Aran, Lleida: 05-06-2016
5. El Chorco de los Lobos, Caín, Posada de Valdeón, Picos de Europa, León: 14-11-2015
6. Inicio, Riello, León: 10-19-2015
7. Sierra de la Encina de Lastra, Rubiá, León: 19-09-2015
8. Os Cabaniños, Vilarello, Serra dos Ancares, Lugo: 17-09-2015
9. La Mata de Monteagudo, Puente Almuey, Valle del Tuéjar, León: 10-10-2015
10. Salto de Saucelle, Arribes del Duero, Salamanca: 01-10-2015
11. Garganta la Olla, La Vera, Cáceres: 28-11-2015
12. Curral de Leonte, Caldas do Gerês, Portugal: 28-04-2009, 12-04-2013
13. Sierra de Urbasa, Navarra: 11-05-2011, 23-03-2012
14. Val d'Aran, Lleida: 17-05-2004, 05-06-2016

15. Mata Nacional do Buçaco, Luso, Coimbra, Portugal: 14-11-2010, 21-11-2015
16. Arroyo Frío, Sierra de Cazorla, Segura y Las Villas, Jaén: 24-04-2018
17. Inicio, Riello, Omaña, León: 10-10-2015

En la siguiente tabla se detallan las localidades en las que se recolectaron ejemplares de *Arion intermedius* para el estudio molecular llevado a cabo en esta monografía. Para cada localidad se indican los especímenes que fueron secuenciados, utilizando para ello el código asignado en la colección del Departamento de Zoología de la USC. En la última columna se indica el código del haplotipo único para el fragmento *barcode* del gen *cox1* que aparece en el detalle del árbol filogenético de esta especie (Figura 52). Nótese que un mismo haplotipo puede encontrarse en localidades diferentes. En otras palabras, ejemplares tanto de la misma localidad como de localidades diferentes pueden tener una secuencia del fragmento *barcode* idéntica y, en esos casos, en el árbol filogenético solo se muestra el código de uno de estos ejemplares, denominado «haplotipo *cox1*-5' de referencia». Si el haplotipo de referencia pertenece a una localidad diferente a la de los especímenes secuenciados a los que se hace referencia, se indica en cursiva.

Localidad	Especímenes secuenciados	Haplotipo *cox1*-5' de referencia
Garganta la Olla, La Vera, Cáceres	USCM5379	USCM5379
Os Cabaniños, Vilarello, Serra dos Ancares, Lugo	USCM5953 USCM5954 USCM5955 USCM5956 USCM5957 USCM5958 USCM5959 USCM5961	*USCM5542*
Serra da Enciña de Lastra, Rubiá, León	USCM5535 USCM5539 USCM5540 USCM5541	USCM5535
	USCM5544	USCM5544
	USCM5538	USCM5538
	USCM5537	USCM5537
	USCM5542	USCM5542

Localidad	Especímenes secuenciados	Haplotipo *cox1-5'* de referencia
La Mata de Monteagudo, Puente Almuey, Valle del Tuéjar, León	USCM5734	USCM5734
	USCM5729	USCM5729
	USCM5730 USCM5731	USCM5730
	USCM5736	USCM5736
	USCM5735	USCM5735
	USCM5738	*USCM5535*
	USCM5732 USCM5737	*USCM5625*
Riello, Omaña, León	USCM5625	USCM5625
	USCM5621	USCM5621
	USCM5619 USCM5620 USCM5622 USCM5624 USCM5627 USCM5628	*USCM5538*
El Chorco de los Lobos, Posada de Valdeón, León	USCM7208	USCM7208
	USCM7207	*USCM5735*
Pueblo de Ochagavía, Irati, Navarra	USCM6435	*USCM5538*

Resultados del análisis filogenético de *Arion intermedius*

Los resultados del análisis filogenético basado en el fragmento *barcode* del gen *cox1* sitúan a todos los especímenes morfológicamente identificados como *Arion intermedius* dentro de un clado monofilético con buen soporte estadístico (probabilidad posterior = 1, Figura 52), junto con varias secuencias de GenBank de especímenes también identificados como *Arion intermedius*. Estos resultados apoyan la identidad de *Arion intermedius* como buena especie. El árbol multilocus incluye a *Arion intermedius* en un clado con las especies del complejo de *Arion hortensis* (Figura 54), cuestión que deberá ser abordada en futuros estudios.

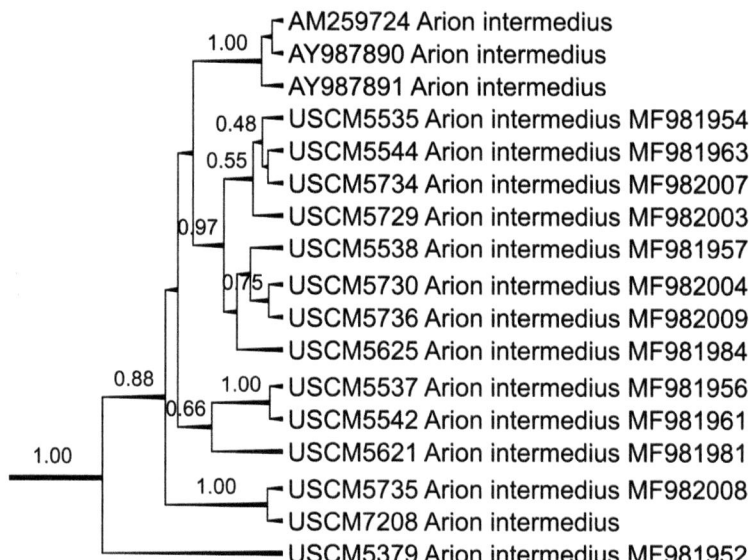

Figura 52. Detalle del árbol filogenético basado en el fragmento *barcode* del gen mitocondrial *cox1* que muestra las relaciones entre los especímenes de *Arion intermedius* secuenciados en esta monografía (ver nota final, pág. 389).

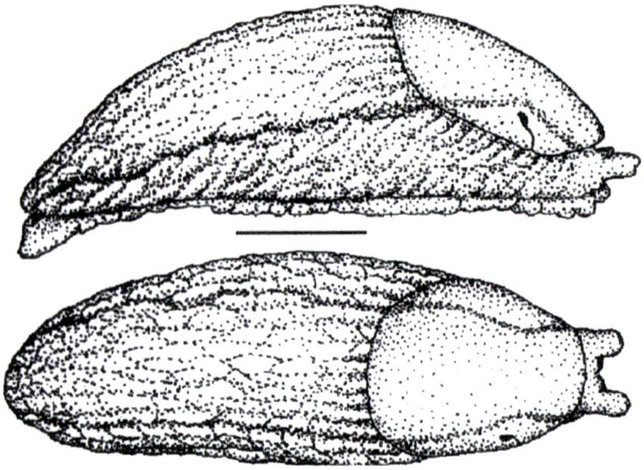

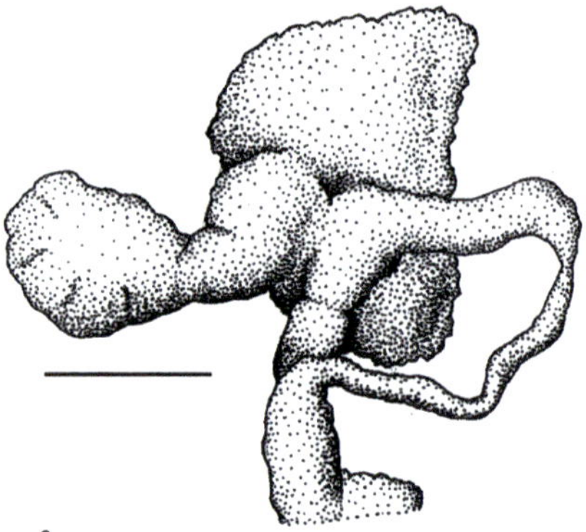

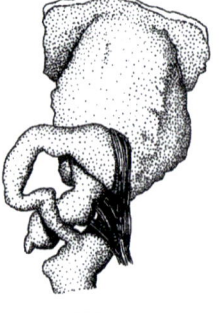

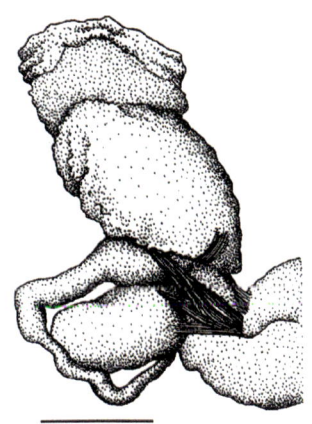

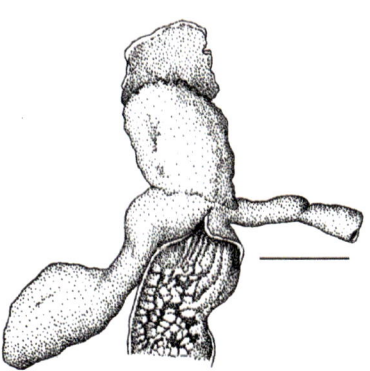

9

11

Lámina 15.1. *Arion intermedius*
Curral de Leonte, Caldas do Gerês, Portugal

Figuras

1, 2 y 3: Parque Nacional da Peneda-Gerês, Gerês, Portugal.

4, 5 y 6: Fotos de *Arion intermedius in situ*.

7: Dibujos de un individuo conservado en etanol.

8, 9 y 10: Parte distal del sistema genital, detalle de la musculatura genital.

11: Papilas poligonales en el interior del epifalo.

Escala: 1 mm

Observaciones

La Serra do Gerês es una de las localidades donde SIMROTH (1891) encontró *Arion pascalianus* Mabille, 1868. Cuando Simroth redescribe esta especie, indica que el "*Arion pascalianus de Mabille mide 10 mm, el mucus de la suela pedia es amarillo naranja, color que también alcanza el borde de la suela*". Sobre el color del dorso indica "*que unos ejemplares son grises y otros negros oscuros, con dos bandas longitudinales en el escudo y cola, de color oscuro en las formas claras, y claras en las oscuras*".

Al analizar el sistema genital, Simroth señaló que se parece al de *Arion minimus*; como mucho, el oviducto es un poco más largo. Añade que debajo del escudo "*se encuentra una pequeña limacela formada por algunas placas calcáreas aisladas, que parecen encajar unas sobre otras*". En la discusión de esta especie señala que apenas tiene dudas de que *Arion pascalianus* se pudiera incluir entre los sinónimos de *Arion minimus*, aunque señala que el *Arion pascalianus* portugués parecía ser un miembro intermedio entre *Arion minimus* y *Arion hortensis*. El material que estudió Simroth provenía de Gerês, Braga, Porto y Sintra.

Por la descripción y por las figuras que SIMROTH (1891) da de *Arion minimus*, se deduce que las figuras y la descripción coinciden con la iconografía y anatomía de *Arion intermedius*. Estudiados los topotipos de *Arion pascalianus sensu* Simroth, llegamos a la conclusión de que esta especie se puede considerar una sinonimia de *Arion intermedius* Normand, 1852.

Arion pascalianus Mabille, 1868 es una especie problemática. Mabille la describe a partir del *Arion fuscatus* Morelet, 1845 (non Férussac, 1819). Para POLLONERA (1890a) era una especie grande (52 mm), negra, con bandas en el dorso. Sin embargo, para SIMROTH (1891) *Arion pascalianus* medía 10 mm, tenía la suela pedia amarilla, y el dorso tenía dos bandas. Con estos datos se deduce que la especie que vio Simroth no coincide con lo que recogió Morelet. Posiblemente la especie que estudió Simroth se pueda asemejar o relacionar con *Arion intermedius* más que con *Arion subfuscus*. Los ejemplares que recogió Simroth (o le enviaron), eran de la misma zona donde años antes Morelet había descrito *Arion pascalianus*, por lo que creyó que estaba estudiando la especie de Morelet. Según CASTILLEJO y RODRIGUEZ (1993a) ambas descripciones, la de Morelet y la de Simroth, se refieren a especies distintas: *Arion pascalianus* Mabille, 1858 *sensu* Simroth 1891 es *Arion intermedius*, y la descripción de Morelet se refiere a *Arion fuligineus*.

4

8

11

Lámina 15.2. *Arion intermedius*
Sierra de Urbasa, Navarra, España

Figuras

1, 3 y 4: Sierra de Urbasa.

2: Dr. José Castillejo, coautor de esta monografía, en la zona de muestreo.

5, 6, 7, 8 y 11: Individuos de *Arion intermedius* sobre tronco de haya, fotos *in situ*.

9: Sistema genital de especímenes de la Sierra de Urbasa.

10: Espermatóforo.

Escala: 1 mm

Observaciones

La morfología de los especímenes encontrados en la Sierra de Urbasa encaja dentro de los criterios empleados para definir esta especie: individuos con dorso de color gris claro, dos bandas oscuras sobre el dorso, costados claros, tubérculos con una pequeña cúspide, suela pedia amarillenta. Sistema genital característico de la especie, espermatóforo de 3 mm de longitud, sin expansiones de dientecillos aserrados.

1

2

4

5

6

7

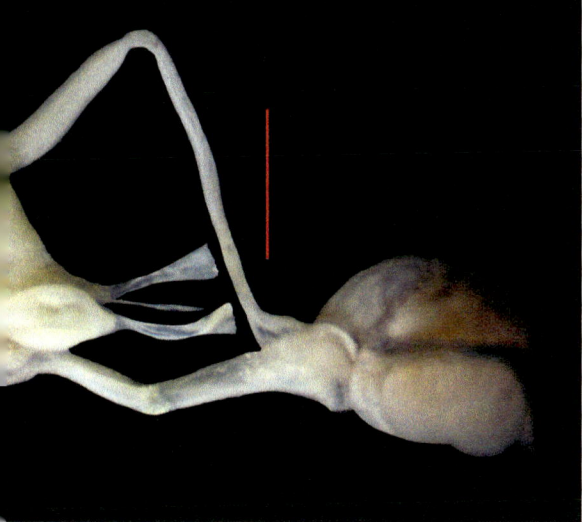

Lámina 15.3. *Arion intermedius*
Riello, Omaña, León, España

Figuras

1 y 2: Riello, Omaña, León.

3: Marzán, ermita cerca del río Vallegordo, Omaña.

4 y 5: Huevos de *Arion intermedius.*

6: Individuo semi-extendido.

7: Fotografía del sistema genital.

Escala: 1 mm

Observaciones

La morfología externa y el sistema genital siguen el patrón de *Arion intermedius*. Dorso de color gris castaño, dos franjas en dorso y escudo, costados claros, suela amarillenta. El individuo poniendo huevos lo encontramos debajo de un tronco.

Los *Arion* ibéricos: Taxonomía integrativa

Los análisis filogenéticos se han revelado como una fuente de información crucial para abordar la sistemática de los *Arion* ibéricos. Es importante recalcar que la información molecular resulta crucial no solo para estimar las relaciones filogenéticas entre diferentes especies, sino también para la propia delimitación de las especies, permitiendo una aproximación de taxonomía integrativa (DAYRAT, 2005) que combina la información morfológica y la filogenética. En esta sección discutimos ambos aspectos, empezando por los relacionados con la delimitación de las especies. Para ello, nos basaremos en dos árboles filogenéticos construidos con diferentes marcadores moleculares. En primer lugar, el soporte filogenético usado para confirmar la delimitación de las especies basada en caracteres morfológicos ha sido el árbol bayesiano construido con el marcador mitocondrial *cox1*-5' (fragmento *barcode*), ya que disponemos de un muestreo extraordinariamente extenso de múltiples poblaciones a lo largo de todo el territorio peninsular. La alta variabilidad del fragmento *barcode* y su naturaleza neutral resultan ideales para la delimitación de las especies. Además, al ser uno de los marcadores moleculares más utilizados en sistemática, nos ha permitido incorporar a nuestra base de datos secuencias de ADN disponibles en bases de datos públicas (GenBank) para aquellas especies menos representadas de las cuales carecíamos de datos. Por todo ello, consideramos el marcador mitocondrial *cox1*-5' el más apropiado para contrastar las hipótesis sobre los límites específicos basadas en el ADN con los datos obtenidos a partir de los análisis morfológicos. En segundo lugar, para estudiar las relaciones filogenéticas entre especies, utilizamos un árbol que combina dos marcadores mitocondriales (*cox1*-5' y *16s*). Este árbol está construido con un número reducido de individuos (ya que el marcador *16s* se secuenció solo para un pequeño subconjunto de las muestras) pero, a cambio, permite mejorar la resolución de los nodos basales del árbol filogenético y estimar las relaciones evolutivas entre las especies y los complejos de especies.

Delimitación de las especies: taxonomía integrativa

La taxonomía integrativa permite identificar los límites entre especies confrontando la información filogenética, que nos revela linajes evolutivos coherentes, con la información morfológica, que nos permite identificar cuales de esos linajes son diagnosticables e inferir posibles aislamientos reproductores entre ellos. Es decir, ambas fuentes de información sirven para poner a prueba las hipótesis sobre los límites específicos derivadas de la fuente de información alternativa, permitiendo hipótesis más robustas para la delimitación de especies.

Varias conclusiones derivadas de este ejercicio de taxonomía integrativa son particularmente destacables. Teniendo en cuenta todos estos aspectos y las dificultades señaladas, hemos delimitado las especies de *Arion* de la Península Ibérica procurando encontrar entidades coherentes desde el punto de vista evolutivo (grupos monofiléticos con claras diferencias genéticas de sus clados hermanos) y diagnosticables morfológicamente, preferiblemente mediante caracteres del sistema genital que sugieran aislamiento reproductor. Por ejemplo, en los complejos de especies de *Arion ater-rufus* y *Arion vulgaris*, esto ha permitido identificar dos especies nuevas, *Arion torquiformis* y *Arion amygdaliformis*, respectivamente. Sin embargo, también nos hemos tenido que enfrentar a complejos de especies donde los caracteres diagnósticos son pocos, variables o virtualmente inexistentes. Este es el caso, por ejemplo, de los complejos de *Arion fuligineus* y *Arion subfuscus*, en los que debemos considerar la existencia de especies crípticas. Por último, nuestro análisis ha revelado la posible existencia de linajes genéticos divergentes dentro del clado de *Arion flagellus*. Debido a la marcada estructura espacial en la variabilidad genética antes mencionada, la delimitación de especies en estos casos es extremadamente difícil, y ha de equilibrarse entre dos extremos. En un extremo, existe la posibilidad de sinonimizar todas las especies del complejo. En el otro, podrían describirse decenas de especies, la mayoría de distribución alopátrica, basándose en pequeñas poblaciones con cierto grado de aislamiento genético, pero imposibles de diferenciar morfológicamente. Hemos intentado encontrar una posición equilibrada entre ambos extremos, que nos ha llevado a proponer diferentes sinonimias y considerar aun así especies que podrían considerarse crípticas, pero que muestran distribuciones solapadas en algunas áreas (sugiriendo por tanto aislamiento reproductor y no diferencias genéticas puramente causadas por la alopatría). De todas las estructuras del sistema genital, la que presenta mayor utilidad para diagnosticar las diferentes especies es la lígula. Sin embargo, la forma de la lígula es variable a lo largo del ciclo vital de los individuos, lo que puede dificultar su uso como carácter diagnóstico. Por ejemplo, la forma de la lígula puede pasar de piriforme a oval según la fase de desarrollo en la que se encuentra y en el momento que se intercambia el espermatóforo. Es importante aclarar que la lígula no es un órgano estimulador, sino que funciona como órgano transportador, facilitando la transferencia del espermatóforo. De esta forma, durante la cópula se produce la evaginación del oviducto distal, quedando evaginada la lígula de cada uno de los especímenes. El papel de la lígula es arrastrar el espermatóforo que está en el epifalo del otro individuo e introducirlo en su propio sistema genital. El espermatóforo no se desliza de forma pasiva dentro del epifalo u oviducto distal, sino que la lígula tira de él. Esto explicaría que los dientes del espermatóforo estén orientados en contra corriente en el oviducto del individuo receptor, para impedir el retroceso del espermatóforo. Igualmente, en el epifalo del individuo donante, los dientes del espermatóforo están orientados a favor de la salida, para no ofrecer resistencia en la transferencia.

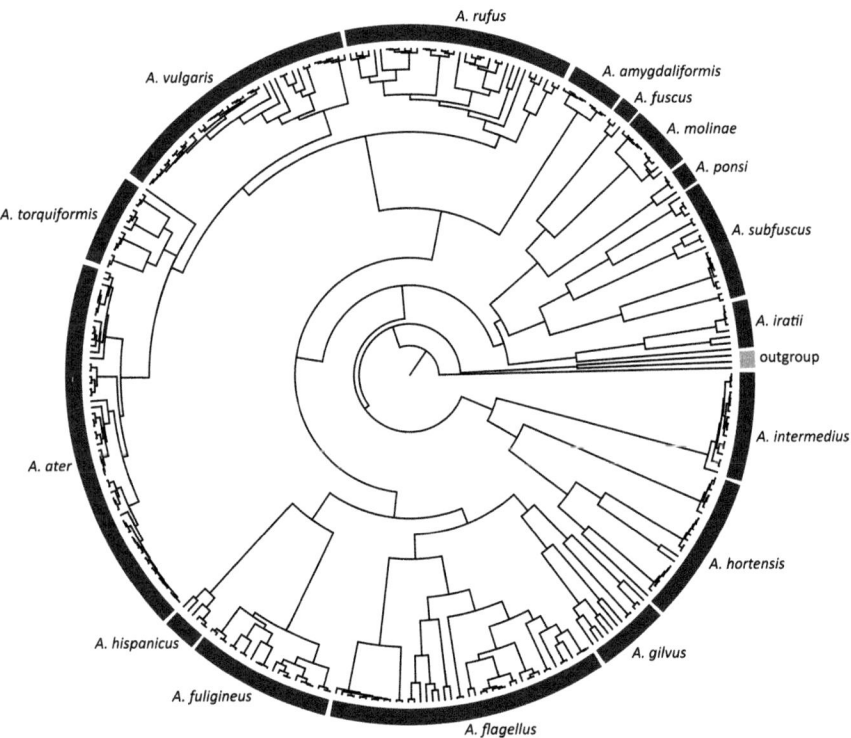

Figura 53. Árbol bayesiano construido en base al marcador mitocondrial *cox1*-5'que muestra las relaciones entre todos los ejemplares de las especies de *Arion* estudiadas en esta monografía, y en el que nos hemos basado a la hora de definir las distintas especies, junto con los resultados de los estudios morfológicos y anatómicos. Como grupo externo (*outgroup*) para enraizar este árbol se seleccionaron secuencias de las especies *Deroceras reticulatum, Limax* sp. y *Geomalacus anguiformis.*

Relaciones filogenéticas entre las especies de *Arion* de la Península Ibérica

Las relaciones filogenéticas entre las diferentes especies del género *Arion* presentes en la Península Ibérica y examinadas en esta monografía no han podido resolverse de manera definitiva en base a los marcadores moleculares que hemos utilizado. El estudio de las relaciones entre las especies de ariónidos de la Península Ibérica deberá abordarse en el futuro empleando información procedente de un mayor número de marcadores moleculares, incluyendo no solamente secuencias de ADN mitocondrial, sino también genes nucleares, de forma que se puedan obtener conclusiones más robustas acerca de las relaciones entre las distintas especies, especialmente en aquellos casos en los que los marcadores mitocondriales sugieren la existencia de linajes divergentes. Esto es especialmente relevante en el caso de las babosas terrestres, en las que es frecuente observar divergencias genéticas elevadas entre individuos de la misma especie al analizar el ADN mitocondrial, las cuales no se ven reflejadas en el patrón de variación del ADN nuclear (GEENEN et al., 2006; DAVISON et al., 2009).

A grandes rasgos, los datos moleculares apoyan los complejos de especies derivados del estudio de la morfología, aunque sugieren que los complejos de *Arion ater-rufus* y *Arion vulgaris* deberían probablemente fusionarse. Esta relación estrecha entre ambos complejos de especies ya había sido sugerida en base a resultados previos empleando marcadores moleculares (QUINTEIRO et al., 2005; BREUGELMANS et al., 2013; ZAJĄC et al., 2020). Además, la ocurrencia frecuente de hibridación entre *Arion vulgaris* y *Arion ater-rufus* (ROTH et al., 2012; HATTELAND et al., 2015; REISE et al., 2020) nos permite inferir una relación evolutiva estrecha entre estas especies. En el caso de la relación entre los complejos de *Arion intermedius* y *Arion hortensis*, también existe incertidumbre y no puede descartarse del todo la posibilidad de fusionar estos dos complejos.

No obstante, el árbol basado en los dos marcadores mitocondriales (*cox1* y *16s*) sí que nos permite obtener algunas conclusiones más robustas acerca de las relaciones filogenéticas entre algunos de los grupos de especies aquí estudiados (Figura 54).

Figura 54. Arbol bayesiano construido en base a los datos de dos marcadores mitocondriales (*cox1* y *16s*). El soporte para los distintos clados viene dado por los valores de probabilidad posterior (PP), mostrándose únicamente los valores de PP de los clados principales (es decir, relaciones entre complejos y soportes para las distintas especies). En este análisis se seleccionaron secuencias de *Geomalacus maculosus* como *outgroup* para enraizar el árbol. El *outgroup* no se muestra en esta figura para una mejor visualización.

En la base del árbol multilocus, observamos que el clado (A), que incluye los complejos de especies de *Arion hortensis* y *Arion intermedius,* es el grupo hermano del resto de los *Arion* (B); un resultado similar al obtenido por QUINTEIRO et al. (2005) en su estudio molecular de los ariónidos ibéricos. La relación entre los complejos de *Arion hortensis* y *Arion intermedius* no está resuelta, por lo que en esta monografía preferimos mantenerlos tentativamente como complejos separados, dejando esta cuestión abierta a futuros estudios que deberán incluir un mayor número de marcadores moleculares – incluyendo secuencias de ADN nuclear – para incrementar el grado de resolución de los análisis filogenéticos.

En el caso del clado de *Arion* cfr. *hortensis,* y si se interpreta de forma conjunta este árbol con la filogenia basada en el fragmento *barcode* del gen *cox1* (Figura 53), que también incluye secuencias procedentes de GenBank, observamos que los clados de *Arion hortensis, Arion distinctus* y *Arion owenii* aparecen claramente diferenciados y muy soportados, lo que apoyaría el considerarlas como especies diferentes, a pesar de que en esta monografía no hayamos estudiado la anatomía de las especies *Arion distinctus* y *Arion owenii*. Sin embargo, dadas las limitaciones mencionadas acerca de nuestro análisis de este complejo, y de la misma forma que para las relaciones entre los complejos de *Arion hortensis* y *Arion intermedius*, preferimos dejar la cuestión acerca de la identidad de los especímenes de *Arion* cfr. *hortensis* recolectados en la Península Ibérica abierta a estudios futuros.

Dentro del clado hermano de *Arion* cfr. *hortensis* + *Arion intermedius* (clado B), se observan dos clados bien soportados, en los que el complejo de especies de *Arion fuligineus* (C) sería el grupo hermano del clado (D), que incluye los complejos de *Arion ater-rufus, Arion vulgaris* y la especie *Arion subfuscus*.

Dentro del clado C (complejo de *Arion fuligineus*), *Arion gilvus*, la especie distribuida en las mesetas y el sur de la Península Ibérica, parece ser el grupo hermano de un clado que incluye las especies del oeste y el norte de la Península: *Arion flagellus, Arion fuligineus* y *Arion hispanicus*.

La topología del clado D es la menos resuelta en este análisis, particularmente la posición de *Arion subfuscus* s. str., que tiene una alta incertidumbre. Además, este árbol sugiere que la separación de los complejos de especies de *Arion ater-rufus* y *Arion vulgaris* no está apoyada por los datos filogenéticos. En este grupo de especies, la nueva especie *Arion amygdaliformis*, descrita en esta monografía, aparece como grupo hermano del clado que incluye las especies de los complejos de *Arion ater-rufus* y *Arion vulgaris*. Además, en el árbol *cox1-5'* (Figura 53) puede observarse que la otra nueva especie descrita en esta monografía, *Arion torquiformis*, conforma un clado claramente diferenciado de *Arion ater* y *Arion rufus*.

Agradecimientos

Este trabajo ha sido posible gracias a la financiación proporcionada por el Ministerio de Economía y Competitividad a través de los proyectos «Macroecología multi-jerárquica: la variación de las comunidades biológicas a nivel genético y específico» (CGL2016-76637-P) y «El continuo espaciotemporal de la biodiversidad: una nueva aproximación multi-jerárquica para discernir procesos neutrales y no neutrales» (CGL2013-43350-P). Asimismo, queremos agradecer a Kirsten E. Miller, Andrea Freijeiro y Sara Martínez-Santalla el trabajo realizado en el laboratorio molecular para la obtención de las secuencias de ADN utilizadas en este trabajo. Silvia Pérez Vidal ha colaborado en la elaboración de los mapas de distribución y tareas iniciales de maquetación.

REFERENCIAS

BACKELJAU T., DE WINTER A.J., MARTÍN R., RODRÍGUEZ T. y DE BRUYN L. (1994). Genital and allozyme similarity between *Arion urbiae* and *Arion anguloi* (Mollusca: Pulmonata). *Zoological Journal of the Linnean Society* 110: 1-18.

BARR N.B., COOK A., ELDER P., MOLONGOSKI J., PRASHER D. y ROBINSON D.G. (2009). Application of a DNA barcode using the 16S rRNA gene to diagnose pest *Arion* species in the USA. *Journal of Molluscan Studies* 75 (2): 187–191.

BOGON K. (1990). *Landschnecken. Biologie, Ökologie, Biotopschutz.* Natur-Verlag. Augsburgo. 404 pp.

BORREDÀ V. y MARTÍNEZ–ORTÍ A. (2014). *Arion (Kobeltia) luisae* spec. nov. (Mollusca: Gastropoda: Pulmonata), un nuevo ariónido español. *Bol. R. Soc. Hist. Nat. (Sec.Biol.)* 109: 9-19.

BORREDÀ V. y MARTÍNEZ–ORTÍ A. (2023). El complejo *Arion lusitanicus* en Cataluña y Andorra, con la descripción de dos nuevas especies de *Arion* A. Férussac, 1819 y la recuperación de *Arion lineispede* Torres–Mínguez, 1927. *Zoolentia* 3: 30–54.

BORREDÀ V. (1996). *Pulmonados desnudos (Mollusca: Gastropoda: Pulmonata) del este de la Península Ibérica.* Tesis Doctoral. Universitat de Valencia. 475 pp.

BOUCHET P., ROCROI J.-P., HAUSDORF B., KAIM A., KANO Y., NÜTZEL A., PARKHAEV P., SCHRÖDL M. y STRONG E.E. (2017). Revised classification, nomenclator and typification of gastropod and monoplacophoran families. *Malacologia* 61 (1-2): 1-526.

BOUCKAERT R., HELED J., KÜHNERT D., VAUGHAN T., WU C.-H., XIE D., SUCHARD M.A., RAMBAUT A., y DRUMMOND A.J. (2014). BEAST 2: A Software Platform for Bayesian Evolutionary Analysis. *PLoS Computational Biology* 10 (4): e1003537.

BOUILLET J.P. (1836). *Catalogue des espèces et varietés de mollusques terrestres et fluviatiles, observés jusqu'à ce jour à l'état vivant, dans la Haute et la Basse-Auvergne*. A Clermont – Ferrand Publisher, de l'Imprimerie de Thibaud-Landriot. 176 pp.

BREUGELMANS K., JORDAENS K., ADRIAENS E., REMON J.P., CARDONA J.Q. y BACKELJAU T. (2013). DNA barcodes and phylogenetic affinities of the terrestrial slugs *Arion gilvus* and *Arion ponsi* (Gastropoda, Pulmonata, Arionidae). *ZooKeys* 365: 83–104.

BRUSCA R.C., MOORE W. y SHUSTER S.M. (2016). *Invertebrates*. (3a edición). Sinauer Associates. Sunderland, Massachusetts. ISBN: 978-1-60535-375-3.

CABI (2019) *Arion hortensis* (garden slug). *PlantwisePlus Knowledge Bank*: https://doi.org/10.1079/pwkb.species.6962

CAIN A.J. y WILLIAMSON M. (1958). Variation and specific limits in the *Arion ater* aggregate. *Proceedings of the Malacological Society of London* 33: 7286.

CASTILLEJO J. (1981). *Los Moluscos terrestres de Galicia (Subclase Pulmonata)*. Tesis Doctoral. Universidade de Santiago de Compostela. 515 pp.

CASTILLEJO, J. (1990). Babosas de la Península Ibérica. I. Los Ariónidos. Catálogo crítico y mapas de distribución. (Gastropoda, Pulmonata, Arionidae). *Iberus* 9 (1- 2): 331- 345.

CASTILLEJO J. (1992). The anatomy of *Arion flagellus* Collinge, 1893, present on the Iberian Peninsula. *The Veliger* 35 (2): 146–156.

CASTILLEJO J. (1997). Las babosas de la Familia Arionidae Gray, 1840 en la Península Ibérica e Islas Baleares. Morfología y distribución. (Gastropoda, Pulmonata, Terrestria nuda). *Revista Real Academia Galega de Ciencias* 14: 5–51.

CASTILLEJO J. (1998). *Guía de las babosas ibéricas*. Real Academia Galega de Ciencias. Santiago de Compostela. 192 pp.

CASTILLEJO J. y RODRÍGUEZ T. (1991). *Babosas de la Península Ibérica y Baleares. Inventario crítico, citas y mapas de distribución. (Gastropoda, Pulmonata, terrestria nuda)*. Servicio de Publicaciones de la Universidad de Santiago de Compostela. Santiago de Compostela. ISBN: 84-7191-785-8.

CASTILLEJO J. y RODRÍGUEZ T. (1993a). Reseñas históricas sobre el género *Arion* Férussac, 1819 en Portugal (Gastropoda, Pulmonata, Arionidae). *Graellsia* 49: 5-16.

CASTILLEJO J. y RODRÍGUEZ T. (1993b). Las especies del género *Arion* Férussac, 1819 en Portugal (Gastropoda, Pulmonata: Arionidae). *Graellsia* 49: 17-37.

CASTILLEJO J., RODRÍGUEZ–CASTRO J. e IGLESIAS J. (2017). Las babosas de Cataluña (NE de la Península Ibérica): las especies del género *Arion* de Alejandro Torres Mínguez (Gastropoda: Pulmonata: Arionidae). *Spira* 6: 137–169.

CASTILLEJO J., RODRÍGUEZ–CASTRO J. e IGLESIAS–PIÑEIRO J. (2019). Estudio comparativo de la anatomía y caracterización del ADN de los ariónidos descritos por Torres Mínguez (1925) en Cantabria (España): *Arion cendreroi* y *A. fulvipes,* y la de *Arion rufus* y *Arion vulgaris* (Gastropoda Pulmonata: Arionidae). *Spira* 7: 49–69.

CESARI P. (1978). Nota preliminare sulla diffusione in Italia e l'esplosiones demografica nel veneto di *Arion lusitanicus* Mabille (Mollusca, Pulconata). *Societa Veneziana di Scienze Naturali Lavori* 3: 3-7.

CHEN Z., DOĞAN Ö., GUIGLIELMONI N., GUICHARD A. y SCHRÖDLL M. (2020). Pulmonate slug evolution is reflected in the de novo genome of *Arion vulgaris* Moquin-Tandon, 1855. *Scientific Reports* 12: 14226.

CHEVALLIER, H. (1969). Taxonomie et biologie des grands *Arion* de France. Malacologia, 9 (1): 73-78.

CHEVALLIER H. (1972). Arionidae des Alpes et du Jura français. *Haliotis* 2 (1): 723.

COLLINGE W.E. (1893). Description of anatomy of a new species and variety of *Arion. Annals and Magazine of Natural History,* 12: 252-254.

COLLINGE W.E. (1897). Some observations on certain species of *Arion. Journal of the Malacologia* 6: 7-10.

DAVIES S.M. (1977). The *Arion hortensis* complex, with notes on *Arion intermedius* Normand. *Journal of Conchology* 29: 173-187.

DAVIES S.M. (1979). Segregates of the *Arion hortensis* complex, with the description of a new species, *Arion owenii. Journal of Conchology* 30: 123-127.

DAVIES S.M. (1987). *Arion flagellus* Collinge and *Arion lusitanicus* Mabille in the British Isles: a morphological, biological and taxonomic investigation. *Journal of Conchology* 32: 339354.

DAVISON A., BLACKIE R.L.E. y SCOTHERN, G.P. (2009). DNA barcoding of stylommatophoran land snails: a test of existing sequences. *Molecular Ecology Resources* 9: 1092-1101.

DAYRAT B. (2005). Towards integrative taxonomy. *Biological Journal of the Linnean Society* 85 (3): 407-415.

DE WINTER A.J. (1984). The *Arion hortensis* complex: Designation of types, descriptions, and distributional patterns, with special reference to The Netherlands. *Zoologische Mededelingen Leiden* 59 (1): 117.

DE WINTER A.J. (1986). Little known and new southwest European slugs (Pulmonata: Agriolimacidae, Arionidae). *Zoologische Mededelingen Leiden* 60 (10): 135158.

DIRECTIVA 92/43/CEE del Consejo, de 21 de mayo de 1992, relativa a la conservación de los hábitats naturales y de la fauna y flora silvestres. *Diario Oficial de las Comunidades Europeas* 206, de 22 de julio de 1992.

DOĞAN Ö., SCHRÖDL M. y CHEN Z. (2020). The complete mitogenome of *Arion vulgaris* Moquin-Tandon, 1855 (Gastropoda: Stylommatophora): mitochondrial genome architecture, evolution and phylogenetic considerations within Stylommatophora. *Peer J* 8: e8603.

DRAPARNAUD J.P.R. (1805). *Histoire Naturelle des Mollusques terrestres et fluviatiles de la France*. París. pp. 125-126, 154.

DREIJERS E., REISE H. y HUTCHINSON J.M.C. (2013). Mating of the slugs *Arion lusitanicus* auct. non Mabille and *Arion rufus* (L.): different genitalia and mating behaviours are incomplete barriers to interspecific sperm exchange. *Journal of Molluscan Studies* 79: 51–63.

DRUMMOND A.J. y RAMBAUT A. (2007). BEAST: Bayesian evolutionary analysis by sampling trees. *BMC Evolutionary Biology* 7:214.

EVANS N.J. (1986). An investigation of the status of the terrestrial slugs *Arion ater ater* (L.) and *Arion ater rufus* (L.) in Britain. *Zoologica Scripta* 15 (4): 313322.

FAGOT M.P. (1884). Contribution à la faune malacologique de la Catalogne. *Annales de Malacologia* 2: 169-194.

FAGOT M.P. (1887). Contribuciones a la fauna malacológica de Aragón. Catálogo razonado de los moluscos del Valle del Essera. *Crónica Científica* 10 (242):481-484.

FAGOT M.P. (1889). Contribuciones a la fauna malacológica de Aragón y de Navarra Oriental. Catálogo razonado de los Moluscos de los valles de los ríos Ezca, de la Sierra de Leire y Salazar. *Crónica Científica* 12: 274-282.

FAGOT M.P. (1907). Comunicaciones. Contribution à la faune Malacologique de la province d'Aragon. *Boletín de la Sociedad Aragonesa de Ciencias Naturales* 6: 136-160.

FALKNER G., RIPKEN T.E. y FALKNER M. (2002). *Mollusques continentaux de France. Liste de Référence annoté et Bibliographie*. Publications Scientifiques du Muséum national d'Histoire naturelle. París. 356 pp.

FÉRUSSAC A.E.J.P.J.F.d'A. y DESHAYES G.P. (1819-1851). *Histoire naturelle générale et particulière des mollusques terrestres et fluviatiles, tant des espèces que l'on trouve aujourd'hui vivantes, que des dépouilles fossiles de celles qui n'existent plus; classés d'après les caractères essentiels que présentent ces animaux et leurs coquilles. Tome premier*. Baillière. París. pp. I-VIII, 1-402.

FOLMER O., BLACK M., HOEH W., LUTZ R. y VRIJENHOEK R. (1994). DNA primers for amplification of mitochondrial cytochrome c oxidase subunit I from diverse metazoan invertebrates. *Molecular Marine Biology and Biotechnology* 3 (5): 294–299.

GARGOMINY O., PRIE V., BICHAIN J.-M., CUCHERAT X. y FONTAINE B. (2011). Liste de référence annotée des mollusques continentaux de France. *MalaCo* 7: 307-382.

GARRIDO C. (1994). *A fauna de Ariónidas da parte nororiental da Península Ibérica. (Gastropoda: Pulmonata. Arionidae).* Tesis de Licenciatura. Universidade de Santiago de Compostela. 236 pp.

GARRIDO C., CASTILLEJO J. e IGLESIAS J. (1994). Description of *Arion baeticus* sp. n. from the Iberian Peninsula. *Malakologische Abhandlungen Dresden* 17 (2): 37-45.

GARRIDO C., CASTILLEJO, J. e IGLESIAS, J. (1995). The *Arion subfuscus* complex in the eastern part of the Iberian Peninsula, with redescription of *Arion subfuscus* (Draparnaud, 1805). (Gastropoda: Pulmonata: Arionidae). *Archiv für Molluskenkunde* 124 :103-118.

GEENEN S., JORDAENS K. y THIERRY BACKELJAU T. (2006) Molecular systematics of the *Carinarion* complex (Mollusca: Gastropoda: Pulmonata): a taxonomic riddle caused by a mixed breeding system. *Biological Journal of the Linnean Society* 89 (4):589–604.

GERMAIN L. (1930). *Mollusques terrestres et fluviatiles* (Volúmenes 1-2). Faune de France. Société Nouvelle des Éditions Boubee. París. 897 pp.

GIRIBET G. y EDGECOMBE G.D. (2020). *The Invertebrate Tree of Life.* Princeton University Press. 608 pp. ISBN: 9780691170251.

GRAELLS M.P. (1846). *Catálogo de los moluscos terrestres y de agua dulce observados en España y descripción y notas de algunas especies nuevas o poco conocidas del mismo país.* Librería de los Señores Viuda e Hijos de D. Antonio Calleja. Madrid. 33 pp.

HATTELAND B.A., SOLHØY T., SCHANDER C., SKAGE M., VON PROSCHWITZ T. y NOBLE L.R. (2015) Introgression and differentiation of the invasive slug *Arion vulgaris* from native *Arion ater*. *Malacologia* 58(1–2): 303-321.

HESSE P. (1926). Die Nacktschnecken der palaearktischen Region. *Abhandlungen des Archiv* für Molluskenkunde 2 (1): 1-152.

HIDALGO J.G. (1875). *Catálogo iconográfico y descriptivo de los moluscos terrestres de España, Portugal y las Baleares.* Imprenta Segundo Martínez. Madrid. pp. 1-224 (1A), 1-16 (2A).

HIDALGO J.G. (1916). Datos para la fauna española (Moluscos y Braquiópodos). *Boletín de la Real Sociedad Española de Historia Natural* 16: 235-246.

HUTCHINSON J.M.C., SCHLITT B. y REISE H. (2021). One town's invasion by the pest slug *Arion vulgaris* (Gastropoda: Arionidae): microsatellites reveal little introgression from *Arion ater* and limited gene flow between infraspecific races in both species. *Biological Journal of the Linnean Society* 134 (4): 835–850.

JORDAENS K., PINCEEL J., VAN HOUTTE N., BREUGELMANS K. y BACKELJAU T. (2010). *Arion transsylvanus* (Mollusca, Pulmonata, Arionidae): rediscovery of a cryptic species. *Zoologica Scripta* 39: 343-362.

KATOH K., MISAWA K., KUMA K. y MIYATA T. (2002). MAFFT: a novel method for rapid multiple sequence alignment based on fast Fourier transform. *Nucleic Acids Research* 30 (14): 3059–3066.

KERNEY M.P., CAMERON R.A.D. y JUNGBLUTH J. H. (1983). *Die Landschnecken Nord und Mitteleuropas*. Parey. Hamburgo, Berlín. 384 pp.

LINNAEUS C. (1758). *Systema naturæ per regna tria naturæ, secundum classes, ordines, genera, species, cum characteribus, differentiis, synonymis, locis*. (10ª edición, Volumen 1). Salvius. Holmiæ. pp. [1-4], 1-824.

MABILLE M.J. (1868). Des Limaciens européens. I. Travaux inédites. *Revue Et Magasin De Zoologie Pure Et Appliquée* 20: 129-145.

MARTÍN R. y GÓMEZ B. J. (1988). A new slug from the Iberian Peninsula: *Arion anguloi* n. sp. *Archiv für Molluskenkunde* 118: 167174.

McDONNELL R.J., RUGMAN-JONES P., BACKELJAU T., BREUGELMANS K., JORDAENS K., STOUTHAMER R., PAINE T. y GORMALLY M. (2011). Molecular identification of the exotic slug *Arion subfuscus* sensu stricto (Gastropoda: Pulmonata) in California, with comments on the source location of introduced populations. *Biological Invasions* 13: 61–66.

MOQUIN-TANDON A. (1855). *Histoire naturelle des Mollusques terrestres et fluviatiles de France*. París. VIII pp. y 416 pp. (Volumen 1), 646 pp. (Volumen 2), 82 pp. (Atlas).

MORELET A. (1845). *Description des Mollusques terrestres et fluviatiles du Portugal*. París. 113 pp.

NOBLE L.R. (1992). Differentiation of large arionid slugs (Mollusca, Pulmonata) using ligula morphology. *Zoologica Scripta* 21(3): 255-263.

NOBRE A. (1941). *Fauna malacológica de Portugal. II. Moluscos terrestres e fluviais*. Coímbra. 277 pp.

NORMAND N.A.J. (1852). *Description de six limaces nouvelles observées aux environs de Valenciennes. (Extrait du catalogue des mollusques terrestres et fluviatiles du département du Nord, ouvrage inédit du même auteur)*. Valenciennes, Francia. pp. 1-8.

PALUMBI S. (1996). Nucleic acids II: The polymerase chain reaction. En Hillis D., Moritz C., y Mable B. (Eds.), *Molecular systematics*. Sunderland. Sinauer Associates, pp. 205-247.

PAREJO C. y MARTÍN R. (1990). *Arion wiktori* sp. n. from the Iberian Peninsula. *Malakologische Abhandlungen* 15 (3): 2535.

PELÁEZ M.L., VALDECASAS A.G., MARTINEZ D. y HORREO J.L. (2018). Towards the unravelling of the slug *Arion ater–Arion rufus* complex (Gastropoda Arionidae): new genetic approaches. *Web Ecology* 18: 115–119.

PFENNINGER M., WEIGAND A., BÁLINT M. y KLUSSMANN-KOLB A. (2014). Misperceived invasion: the Lusitanian slug (*Arion lusitanicus* auct. non-Mabille or *Arion vulgaris* Moquin-Tandon 1855) is native to Central Europe. *Evolutionary Applications* 7: 702-713.

PINCEEL J., JORDAENS K., VAN HOUTTE N., DE WINTER A.J. y BACKELJAU T. (2004). Molecular and morphological data reveal cryptic taxonomic diversity in the terrestrial slug complex *Arion subfuscus/fuscus* (Mollusca, Pulmonata, Arionidae) in continental north-west Europe. *Biological Journal of the Linnean Society* 83 (1): 23–38.

PINCEEL J., JORDAENS K. y BACKELJAU T. (2005a). Extreme mtDNA divergences in a terrestrial slug (Gastropoda, Pulmonata, Arionidae): accelerated evolution, allopatric divergence and secondary contact. *Journal of Evolutionary Biology* 18 (5): 1264–1280.

PINCEEL J., JORDAENS K., PFENNINGER M. y BACKELJAU, T. (2005b). Rangewide phylogeography of a terrestrial slug in Europe: evidence for Alpine refugia and rapid colonization after the Pleistocene glaciations. *Molecular Ecology* 14: 1133-1150.

POLLONERA C. (1887). Specie nuove o mal conosciute di Arion europei. *Real Accademia della Scienze di Torino* 22: 1-27.

POLLONERA C. (1889). Nuove contribuzioni allo studio degli *Arion* europei, I. Specie portoghesi dell gruppo dell *Arion rufus*. *Real Accademia della Scienze di Torino* 24: 1-20.

POLLONERA C. (1890a). Recensement dos Arionidae de la Region Paléarctique. *Bolletino Museo Zoologia Anatomia Comparata* 87 (5): 1-40.

POLLONERA C. (1890b). Subsidios para o estudo das especies portuguezas do género *Arion*. *O Instituto* 37 (2): 238-240.

POLLONERA C. (1890c). A proposito degli *Arion* del Portogallo. Risposta al Dr. Sirnroth. *Bollettino dei Musei di Zoologia e Anatomia Comparata della R. Università di Torino* 80 (5): 1-7.

PONDER W.F., LINDBERG D.R. y PONDER J.M. (2020). *Biology and Evolution of the Mollusca*. CRC Press. Taylor & Francis Group. ISBN: 9781032173542.

QUICK H.E. (1952). Rediscovery of *Arion lusitanicus* Mabille in Britain. *Proceedings of the Malacological Society of London* 29 (2-3): 93-101.

QUICK H.E. (1960). British slugs (Pulmonata; Testacellidae, Arionidae, Limacidae). *The Bulletin of the British Museum (Natural History)* 6 (3): 106-226.

QUINTANA CARDONA J. (2007). Un nuevo molusco terrestre para la fauna balear: *Arion (Mesarion) ponsi* sp. nov. (Gastropoda: Pulmonata: Arionidae). *Spira* 2 (3): 139-146.

QUINTEIRO J., RODRIGUEZ-CASTRO J., CASTILLEJO J., IGLESIAS-PIÑEIRO J. y REY-MÉNDEZ M. (2005). Phylogeny of slug species of the genus *Arion*: evidence of monophyly of Iberian endemics and of the existence of relict species in Pyrenean refuges. *Journal of Zoological Systematics and Evolutionary Research* 43: 139-148.

RABITSCH W. (2006) DAISIE—Delivering Alien Invasive Species Inventoried for Europe. http://www.europe-aliens.org

RAMBAUT A., DRUMMOND A.J., XIE D., BAELE G. y SUCHARD M.A. (2018). Posterior summarisation in Bayesian phylogenetics using Tracer 1.7. *Systematic Biology* 67 (5): 901-904.

REAL DECRETO 139/2011, de 4 de febrero, para el desarrollo del Listado de Especies Silvestres en Régimen de Protección Especial y del Catálogo Español de Especies Amenazadas. *Boletín Oficial del Estado* 46, de 23 de febrero de 2011.

REAL DECRETO 630/2013, de 2 de agosto, por el que se regula el Catálogo español de especies exóticas invasoras. *Boletín Oficial del Estado* 185, de 3 de agosto de 2013.

REGTEREN ALTENA C. O., VAN (1956). Notes sur limaces, 3. Sur la présence en France d'*Arion lusitanicus* Mabille. *Journal of Conchology* 95 (3): 89-99.

REISE H., SCHWARZER A.-K., HUTCHINSON J.M.C. y SCHLITT B. (2020). Genital morphology differentiates three subspecies of the terrestrial slug *Arion ater* (Linnæus, 1758) s.l. and reveals a continuum of intermediates with the invasive *Arion vulgaris* Moquin-Tandon, 1855. *Folia Malacologica* 28 (1): 1–34.

RODRÍGUEZ T. (1990). *Babosas de Portugal*. Tesis Doctoral. Universidade de Santiago de Compostela. 408 pp.

ROMERO P.E., WEIGAND A.M. y PFENNINGER M. (2016). Positive selection on panpulmonate mitogenomes provide new clues on adaptations to terrestrial life. *BMC Evolutionary Biology* 16: 164.

ROTH S., HATTELAND B.A. Y SOLHØY T. (2012). Some notes on reproductive biology and mating behaviour of *Arion vulgaris* Moquin-Tandon 1855 in Norway including a mating experiment with a hybrid of *Arion rufus* (Linnaeus 1758) x *ater* (Linnaeus 1758). *Journal of Conchology* 41: 249–257.

ROWSON B., ANDERSON R., TURNER J.A. y SYMONDSON W.O.C. (2014). The slugs of Britain and Ireland: Undetected and undescribed species increase a well-studied, economically important fauna by more than 20%. *PLoS One* 9 (4): e91907.

SEIXAS M.M.P. (1976). Gasterópodes terrestres da fauna portuguesa. *Volume da Sociedade Portuguesa de Ciências Naturais* 16: 21-46.

SIMROTH H. (1885). Versuch einer naturgeschichte der deutschen Nacktochnecken und ihrer Europaischen Verwandten. *Zeitschrift für Wissenschaftliche Zoologie* 42 (2): 203-366.

SIMROTH H. (1886). Weitere Mittheilungen über palaearktische Nacktschnecken. *Jahrbuch der deutschen Malakozoologischen Gesellschaft* 13: 16-34.

SIMROTH, H. 1888. Über die azorisch-portugiesische Nacktschneckenfauna und ihre Beziehungen. *Zoologischer Anzeiger*, 11: 66-70, 86-90.

SIMROTH H. (1889). Beitrage zur kenntniss der Nacktschnecken. *Nachrichtsblatt der Deutschen Malakozoologischen Gesellschaft* 11: 177-186.

SIMROTH H. (1891). Die Nacktschnecken der portugiesisch-azorischen fauna. *Nova Acta der Kaiserlich Leopoldinisch-Carolinischen Deutschen Akademie der Naturforscher* 56 (2): 1-224.

SIMROTH H. (1893). Beiträge zur Kenntnis der portugiesischen und der ostrafriskanischen Nacktschneckenfauna. *Abhandlungen der Senckenb. Naturforschung Gesellschaft* 18: 290-307.

TAYLOR J.W. (1907). *Monography of the land freshwater Mollusca of the British Isles. Testacellidae, Limacidae, Arionidae.* Leeds. 312 pp.

TORRES MÍNGUEZ A. (1923). Notes Malacologiques I. *Butlletí de la Societat de Ciències Naturals de Barcelona* 1: 8-10.

TORRES MÍNGUEZ A. (1924). Notas Malacológicas. Una nueva especie de un género desconocido en Europa, un nuevo *Arion* y una nueva variedad del *Arion hortensis* FÉRUSSAC. *Butlletí de la Institució Catalana d'Història Natural* 4(5): 104-114.

TORRES MÍNGUEZ A. (1925). Notas malacológicas V: Tres nuevos *Arion* de España. (Moluscos pulmonados desnudos). *Butlletí de la Institució Catalana d'Història Natural* 5 (3): 102-106.

TORRES MINGUEZ A. (1927). Notas malacológicas XI. *Arion lineispede*. *Butlletí de la Institució Catalana d'Història Natural 2ª serie* 7 (3): 43 - 44.

VERDÚ J.R., NUMA C. y GALANTE E. (Eds) (2011). *Atlas y Libro Rojo de los Invertebrados amenazados de España (Especies Vulnerables)*. Dirección General de Medio Natural y Política Forestal, Ministerio de Medio Ambiente, Medio rural y Marino. Madrid. 1.318 pp.

VILLESEN P. (2007). FaBox: an online toolbox for FASTA sequences. *Molecular Ecology Notes* 7 (6): 965-968.

WEBB G.R. (1961). The phylogeny of American land snails, with emphasis on the Polygyridae, Arionidae, and Ammonitellidae. The University of Oklahoma. Graduate College. *Gastropodia* 1: 31-42.

WIKTOR A. (1973). *Die Nacktschnecken Polens (Arionidae, Milacidae, Limacidae) (Gastropoda, Stylommatophora)*. Monographiae Fauny Polski. 1.180 pp.

WIKTOR A. (1984). Die Abstammung der holarktischen Landnacktschnecken (Mollusca: Gastropoda). *Mitteilungen der Deutschen Malakologischen Gesellschaft* 37: 119-137.

WIKTOR A. y PAREJO C. (1989). *Arion (Kobeltia) paularensis* sp. n. from Central Spain (Gastropoda, Pulmonata: Arionidae). *Malakologische Abhandlungen Dresden* 14 (4): 27-33.

WILDE J. J. A. DE (1983). Notes on the *Arion hortensis* complex in Belgium. *Annales de la Société Royale Zoologique de Belgique* 113 (1): 8796.

WU X., WANG X., SHANG Y., SUN G. WEI, Q. Y ZHANG, H. (2021). Complete mitochondrial genome sequence and phylogenetic analysis of *Arion ater* (Stylommatophora: Arionidae). *Mitochondrial DNA Part B* 6(10): 2928–2930.

ZAJĄC K.S., GAWEŁ M., FILIPIAK A. y KRAMARZ, P. (2017). *Arion vulgaris* Moquin-Tandon, 1855 – the aetiology of an invasive species. *Folia Malacologica* 25(2): 81-93.

ZAJĄC K.S., HATTELAND B.A., FELDMEYER B., PFENNINGER M., FILIPIAK A., NOBLE L.R. y DOROTA LACHOWSKA-CIERLIK D. (2020) A comprehensive phylogeographic study of *Arion vulgaris* Moquin-Tandon, 1855 (Gastropoda: Pulmonata: Arionidae) in Europe. *Organisms Diversity & Evolution* 20: 37–50.

ZEMANOVA M.A., KNOP E. y HECKEL G. (2016). Phylogeographic past and invasive presence of *Arion* pest slugs in Europe. *Molecular Ecology* 25: 5747-5764.

ZEMANOVA M.A., KNOP E. y HECKEL G. (2017) Introgressive replacement of natives by invading *Arion* pest slugs. *Scientific Reports* 7: 14908.

ZEMANOVA M. (2022) *Arion flagellus* (Durham slug). CABI Compendium Datasheets. Disponible en: https://doi.org/10.1079/cabicompendium.112413

Nota final

La correspondencia entre los códigos de los haplotipos de referencia que se muestran en el árbol y las localidades en las que fueron recogidos ejemplares con dicha secuencia de ADN se muestra en la tabla correspondiente de cada especie. Para algunos ejemplares se muestra tanto el código propio de esta monografía (USCMXXXX) como el asignado en GenBank (MFXXXXXX), ya que dichas secuencias fueron previamente depositadas en esta base de datos por los autores de la monografía. El soporte para los distintos clados viene dado por los valores de probabilidad posterior (PP). Se muestran únicamente aquellos valores de PP > 0.4. El árbol filogenético completo, en el que se incluyen todos los haplotipos de referencia analizados y del cual se han extraído las figuras con las relaciones filogenéticas dentro de cada especie, se muestra en la Figura 53.